U0237837

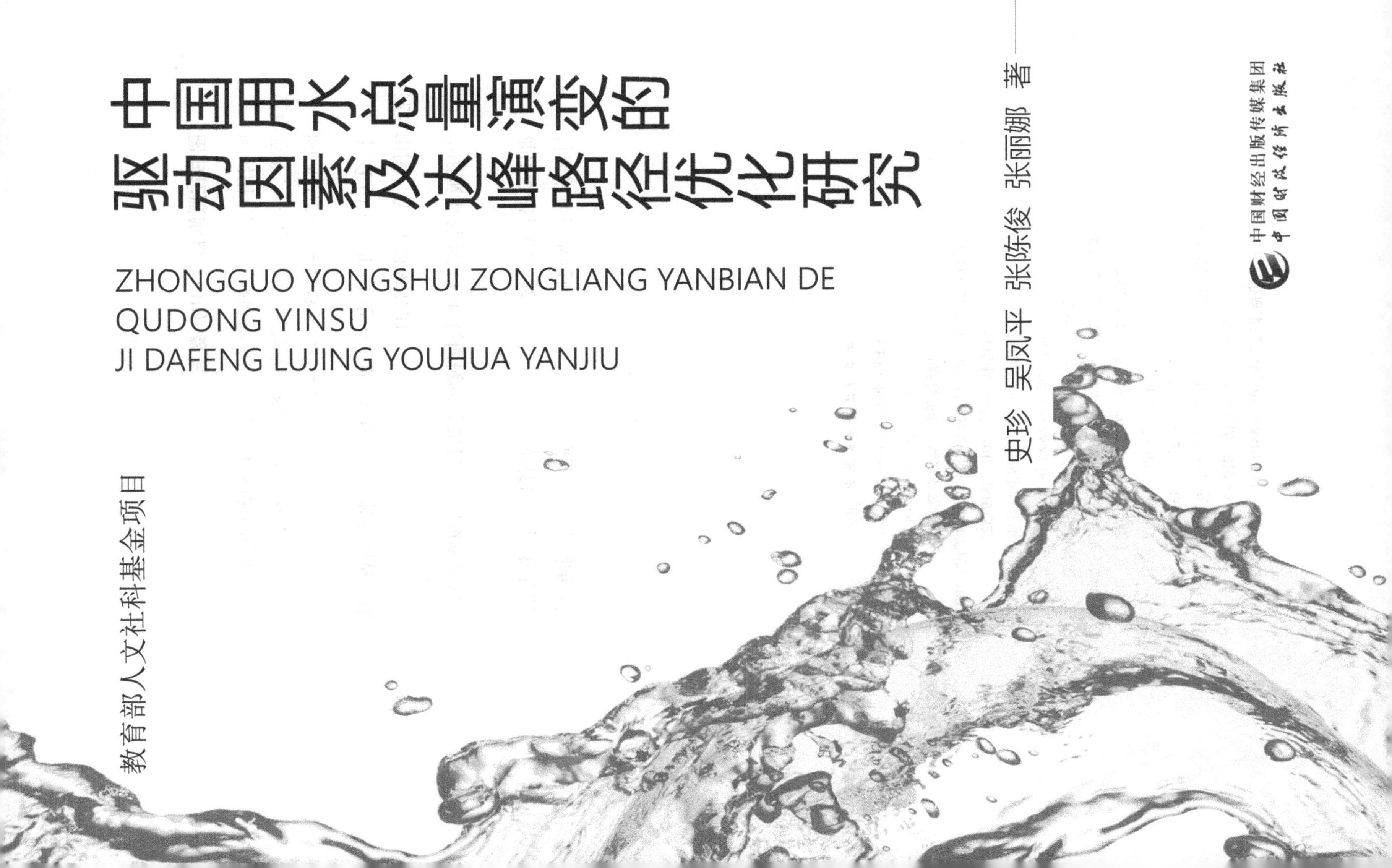

中国用水总量演变的驱动因素及达峰路径优化研究

ZHONGGUO YONGSHUI ZONGLIANG YANBIAN DE
QUDONG YINSU
JI DAFENG LUJING YOUHUA YANJIU

史珍 吴凤平 张陈俊 张丽娜 著

中国财经出版传媒集团
中国财政经济出版社

教育部人文社科基金项目

图书在版编目（CIP）数据

中国用水总量演变的驱动因素及达峰路径优化研究／史珍等著. --北京：中国财政经济出版社，2022.7

ISBN 978-7-5223-1432-7

Ⅰ.①中… Ⅱ.①史… Ⅲ.①用水量-水利调查-研究-中国 Ⅳ.①TU991.31

中国版本图书馆 CIP 数据核字（2022）第 080683 号

责任编辑：彭　波　　　　责任印制：史大鹏

封面设计：卜建辰　　　　责任校对：徐艳丽

中国财政经济出版社 出版

URL：http：//www.cfeph.cn

E-mail：cfeph@cfeph.cn

社址：北京市海淀区阜成路甲 28 号　邮政编码：100142

营销中心电话：010-88191522

天猫网店：中国财政经济出版社旗舰店

网址：https：//zgczjjcbs.tmall.com

北京财经印刷厂印刷　各地新华书店经销

成品尺寸：170mm×240mm　16 开　15.5 印张　244 000 字

2022 年 7 月第 1 版　2022 年 7 月北京第 1 次印刷

定价：78.00 元

ISBN 978-7-5223-1432-7

（图书出现印装问题，本社负责调换，电话：010-88190548）

本社质量投诉电话：010-88190744

打击盗版举报热线：010-88191661　QQ：2242791300

前　言

面对水资源短缺，我国贯彻落实最严格水资源管理制度以及国家节水行动方案等水资源管理制度。水资源短缺、水污染严重和水生态恶化等问题日益突出，已经成为制约社会经济可持续发展的主要“瓶颈”，也制约了生态文明建设。为实现用水总量控制目标，我国迫切需要采取科学的节水路径以实现用水总量达峰。

本书以总量控制为研究视角，研究中国用水总量演变的驱动因素及达峰路径优化问题。本书的研究不仅有利于丰富现有用水总量演变驱动因素识别理论体系，拓展现有用水总量达峰路径研究理论方法，还有利于为我国用水总量控制工作精准施策提供决策参考，有助于保障我国水安全助推实现高质量发展，具有理论意义与实践意义。

研究思路如下：识别用水总量历史演变的驱动因素与作用机制，模拟用水总量潜在演变的趋势，优化科学的用水总量达峰路径，探究用水总量达峰路径实现的贡献因素，提出控制用水总量增加的政策建议。本书的主要创新点可以归纳为以下四点：

(1) 基于“总量控制”视角研究用水总量达峰的优化路径。面对中国用水量紧缺现状，提出基于“总量控制”视角开展研究，模拟用水总量达峰的路径优化及实现问题，研究视角具有特色，符合《国务院关于实行最严格水资源管理制度的意见》和《国家节水行动方案》所提出用水总量控制的客观要求。

(2) 构建用水总量历史演变驱动因素识别模型。基于用水总量组成的复杂性以及各类别用水量演变影响机理的差异性，基于 LMDI 方法，构建多层次用水总量历史演变驱动因素识别模型，将用水总量历史演变分解为农田灌溉、工业、建筑业、服务业、生活、生态和林牧渔畜用水等 7 个一级因素，再进一步分解为亩均净灌溉用水量、农田灌溉水有效利用系数、实际灌溉比例、有效灌溉面积、工业用水强度、工业增加值、建筑业用水强度、建筑业增加值、服务业用水强度、服务业增加值、居民生活用水强度、城市化和人口等 13 个二级驱动因素。

(3) 构建用水总量潜在演变趋势预测模型。基于用水总量潜在演变各驱动因素的年均变化率具有不确定性，应该为一个取值范围而非特定取值，采用蒙特卡洛模拟可以有效解决不确定性难题，将其与情景分析相结合，可以模拟得到各类别用水量潜在的分布演变趋势及出现概率最大的用水量，进一步得到用水总量潜在演变趋势以及出现概率最大的用水量。

(4) 构建用水总量达峰路径实现的贡献因素分解模型。为用水总量达峰路径的实现提供更加细致科学的政策依据，不能仅从历史演变趋势获取，而是应该将历史演变和动态视野相结合对用水总量达峰演变过程及差异的驱动因素予以掌握，基于因素分解模型，构建各类别用水量时空情景分解模型，从而得到用水总量达峰实现的时空情景分解模型，从时间与空间两个维度为用水总量实现达峰提供政策依据。

目　录

第1章　绪论 …………………………………………………………… 1
1.1　研究背景及研究意义 ……………………………………………… 1
1.2　相关概念界定 ……………………………………………………… 4
1.3　国内外研究进展及评述 …………………………………………… 7
1.4　研究目标及研究内容 ……………………………………………… 16
1.5　研究方法及技术路线 ……………………………………………… 18
1.6　创新点 ……………………………………………………………… 20

第2章　理论基础 ………………………………………………………… 21
2.1　水资源需求规律 …………………………………………………… 21
2.2　用水量达峰理论 …………………………………………………… 27
2.3　指数分解法理论 …………………………………………………… 29
2.4　生产函数理论 ……………………………………………………… 35
2.5　本章小结 …………………………………………………………… 42

第3章　用水总量历史演变驱动因素的识别研究 ……………………… 43
3.1　用水总量历史演变驱动因素识别的研究思路与影响机理 ……… 43

3.2 农田灌溉用水量历史演变驱动因素识别研究 …………………… 48
3.3 工业与建筑业用水量历史演变驱动因素识别研究 ……………… 51
3.4 服务业与生活用水量历史演变驱动因素识别研究 ……………… 54
3.5 用水总量历史演变驱动因素集构建 ……………………………… 57
3.6 本章小结 …………………………………………………………… 59

第4章 用水总量预测方法研究 …………………………………… 61
4.1 基于动态情景的用水总量预测思路 ……………………………… 61
4.2 用水总量潜在演变的预测模型构建 ……………………………… 62
4.3 用水总量潜在演变的动态情景设计 ……………………………… 69
4.4 用水量潜在演变的模拟方法 ……………………………………… 81
4.5 本章小结 …………………………………………………………… 83

第5章 用水总量达峰路径优化研究 ……………………………… 85
5.1 用水总量达峰路径优化研究思路 ………………………………… 85
5.2 用水总量达峰路径优化判断原则 ………………………………… 86
5.3 用水总量对经济增长的阻力模型构建 …………………………… 87
5.4 用水总量达峰路径优化分析 ……………………………………… 99
5.5 本章小结 …………………………………………………………… 100

第6章 用水总量达峰实现的因素贡献研究 ……………………… 101
6.1 情景分解法内涵与特点 …………………………………………… 101
6.2 农田灌溉用水量情景分解模型构建 ……………………………… 108
6.3 工业与建筑业用水量情景分解模型构建 ………………………… 110
6.4 服务业与生活用水量情景分解模型构建 ………………………… 112
6.5 用水总量情景分解模型构建 ……………………………………… 115
6.6 本章小结 …………………………………………………………… 116

第7章 实证分析 …………………………………………………… 117
7.1 数据来源与说明 …………………………………………………… 117

7.2 中国各类别用水量历史演变驱动因素识别分析 …… 119
7.3 中国各类别用水量潜在演变的动态情景模拟 …… 132
7.4 中国用水总量达峰路径优化研究 …… 160
7.5 中国用水总量达峰的因素贡献研究 …… 164
7.6 本章小结 …… 171

第8章 结论与展望 …… 173
8.1 主要成果与结论 …… 173
8.2 政策建议 …… 176
8.3 展望 …… 179

参考文献 …… 180
附录 …… 200

| 第1章 |

绪　　论

1.1　研究背景及研究意义

1.1.1　研究背景

针对水资源短缺，我国贯彻落实最严格水资源管理制度以及国家节水行动方案等水资源管理制度。我国的淡水资源总量不足28000亿m^3，占全球水资源的6%（而人口占比超过18%），仅次于巴西、俄罗斯和加拿大，列世界第四位，但我国人均水资源量约2100m^3，不足世界人均水平的1/3，但我国是世界上用水量最多的国家，用水总量由1997年的5566亿m^3增加到2019年的6021.2亿m^3，年均增长率为0.36%，呈波动式增长趋势①。2012年，国务院发布《国务院关于实行最严格水资源管理制度的意见》（国发〔2012〕3号），提出“三条红线”，即确立水资源开发利用控制红线、用水效率控制红线和水功能区限制纳污红线。2014年，习近平总书记在中央财经领导小组第五次会议上，明确提出“节水优先、空间均衡、系统治理、两手发力”的新时期水利工作思路，指出“当前的关键环节是节水，从观念、意识、措施等各方面都要把节水放在优先位置。”为贯彻落实党的十九大精神，大力推动全社会节水，全面提升水资源利用效率，形成节水型生产生活方

① 水利部自1997年开始发布《中国水资源公报》，数据来源于水利部网站。

式，保障国家水安全，促进高质量发展，国家发展改革委和水利部印发并实施《国家节水行动方案》，提出总量强度双控、农业节水增效、工业节水减排、城镇节水降损、重点地区节水开源和科技创新引领等六大重点行动。《中共中央关于制定国民经济和社会发展第十四个五年规划和二〇三五年远景目标的建议》指出实施国家节水行动，建立水资源刚性约束制度。这充分体现了我国对水资源管理的战略需求和制度安排。

面对用水总量控制目标，我国迫切需要采取科学的节水路径以实现用水总量达峰。《国务院关于实行最严格水资源管理制度的意见》要求到 2030 年全国用水总量控制在 7000 亿 m^3 以内。考虑到未来一个时期我国水资源承载能力和生态保护需求、经济社会发展布局规模、产业结构调整、节水水平以及用水需求等因素，《国家节水行动方案》明确 2035 年全国用水总量仍然控制在 7000 亿 m^3 以内。为顺利完成用水总量控制目标，以实现用水总量达峰，我国需要积极采取各种科学合理的节水路径，而节水路径选择的前提在于精准识别用水总量演变的驱动因素。我国用水总量构成复杂，主要由农业、工业、建筑业、服务业、生活和生态用水量构成①，而各类别用水量演变的驱动因素存在较大差异。因此，需要采用合适的研究方法识别各类别用水量历史演变的驱动因素，掌握各类别用水量潜在演变的趋势，结合我国发展实际以及相关规划要求，选择适宜的节水路径，以顺利完成用水总量控制目标，实现用水总量达峰。

水资源短缺已经成为制约社会经济可持续发展的主要"瓶颈"，也制约了生态文明建设。人多水少、水资源时空分布不均是中国的基本国情和水情，水资源短缺、水污染严重、水生态恶化等问题十分突出。一方面，随着产业结构优化升级，农业与工业用水量得以下降，但是服务业用水量呈上升趋势，同时，随着人们生活水平提高以及人口规模扩大，对水资源具有个性化、多样化升级需求，从而增加了对水资源的需求；生态文明建设作为"五位一体"之一，对"美丽中国"建设与实现中华民族永续发展具有重要意义，而水资源作为"生态之基"，将发挥着不可替代的作用。另外，2018 年废污水排放总量达到 708.8 亿吨，进一步加剧了水资源紧张态势。因此，测算水资源利用

① 关于用水总量分类，本书将在 1.2 节详细介绍。

约束对经济增长的制约，并以此为依据，研判用水总量科学的达峰路径。

1.1.2 问题提出

本书以总量控制为视角，研究我国用水总量演变的驱动因素、达峰路径及其实现的因素贡献问题。本书将着力解决以下科学问题：

（1）用水总量历史演变的驱动因素有哪些？

基于用水总量构成的复杂性，结合用水总量驱动因素识别的思路及影响机理，分别探讨农田灌溉用水量、工业用水量、建筑业用水量、服务业用水量和生活用水量等演变的驱动因素，分析各驱动因素对用水量演变的驱动机制，从而构建用水总量演变的驱动因素集。

（2）如何精确模拟用水总量潜在演变趋势？

基于用水总量历史演变驱动因素识别结果，构建各类别用水量潜在演变的预测模型，设计各类别用水量潜在演变的动态情景，采用克服不确定性的模拟方法预测各类别用水量潜在演变趋势，进一步地，得到用水总量潜在演变的预测模型。

（3）如何探寻用水总量达峰的科学路径？

构建用水总量对经济增长的阻力模型，率定模型中各变量参数取值，结合各情景下用水总量潜在演变趋势，测算用水总量对经济增长的阻力，以增长阻力和用水总量控制目标为判断依据，探寻科学的合适的用水总量达峰路径。

（4）用水总量达峰实现的因素贡献有哪些？

基于文献研究，分析情景分解方法的内涵、应用领域和特点，将情景分解法推广到水资源领域，将历史维度和动态视野相结合，构建各类别用水量时间情景分解模型与空间情景分解模型，研究用水总量达峰演变过程及差异的因素贡献，为达峰路径的实现提供更加科学的政策依据。

1.1.3 研究意义

本书以总量控制为研究视角，识别用水总量历史演变的驱动因素与作用机制，模拟用水总量潜在演变的趋势，选择科学的用水总量达峰路径，掌握用水总量达峰路径实现的贡献因素，提出控制用水总量增加的政策建议，具有重要的理论意义和实践意义。

理论意义：(1) 丰富了现有用水总量演变驱动因素识别理论体系。针对用水总量构成的复杂性，本书将用水总量划分为农田灌溉、工业、建筑业、服务业、生活、林牧渔畜和生态用水量，基于用水量演变的影响机理，构建用水量历史演变驱动因素识别模型，分解各类别用水量演变的驱动因素，弥补了现有用水量类别尚不全面的不足，丰富了用水量演变驱动因素识别理论体系。(2) 拓展了现有用水总量达峰路径研究理论方法。本书按照“用水总量历史演变驱动因素识别—用水总量潜在演变趋势模拟—用水总量达峰路径选择—达峰路径实现的因素贡献”思路开展用水总量达峰路径研究，从而保证相关政策建议更加具有针对性和科学性，拓展了用水总量达峰路径研究理论方法。

实践意义：(1) 有利于为我国用水总量控制工作精准施策提供决策参考。本书深入挖掘各类别用水量历史演变的驱动因素，模拟各情景下用水量潜在演变趋势，研判科学的用水总量达峰路径，掌握用水总量达峰路径实现的因素贡献，从而可以有针对性地提出用水总量控制方案，为我国用水总量控制工作精准施策提供决策参考。(2) 有助于保障我国水安全，助推实现高质量发展。本书以总量控制为视角，研究用水总量达峰的路径及其实现的贡献因素，可以有效控制用水总量，从而提高用水效率，降低废污水排放，将有助于保障我国水安全，同时，促进绿色发展，保护生态环境，将促进我国高质量发展。

1.2 相关概念界定

1.2.1 用水总量与用水量

根据《中国水资源公报 2019》[1]，对用水总量概念进行界定，用水总量指各类河道外用水户取用的包括输水损失在内的毛水量之和。按生活用水、工业用水、农业用水和人工生态环境补水四大类用户统计，不包括海水直接利用量以及水力发电、航运等河道内用水量。生活用水包括城镇生活用水和农村生活用水，其中城镇生活用水由城镇居民生活用水和公共用水（含第三产业和建筑业等用水）组成；农村生活用水指农村居民生活用水。工业用水指工矿企业在生产过程中用于制造、加工、冷却、空调、净化、洗涤等方面的用水，按新取水量计，不包括企业内部的重复利用水量。农业用水包括耕地灌溉和林地、园地、牧草地灌溉，鱼塘补水及牲畜用水。人工生态环境补水仅包括人为措施供给的城镇环境用水和部分河湖、湿地补水，而不包括降水、径流自然满足的水量。

基于研究需要，本书采用《中国水资源公报 2019》[1]中另一个统计口径，即按居民生活用水、生产用水和人工生态环境补水划分，其中，生产用水包括第一、第二、第三产业用水。第一产业用水由农田灌溉用水和林牧渔畜用水组成，第二产业用水由工业用水和建筑业用水组成。居民生活用水由城镇居民生活用水和农村居民生活用水组成。人工生态环境补水的界定如前所述。该分类口径下的用水总量构成情况如图 1.1 所示。

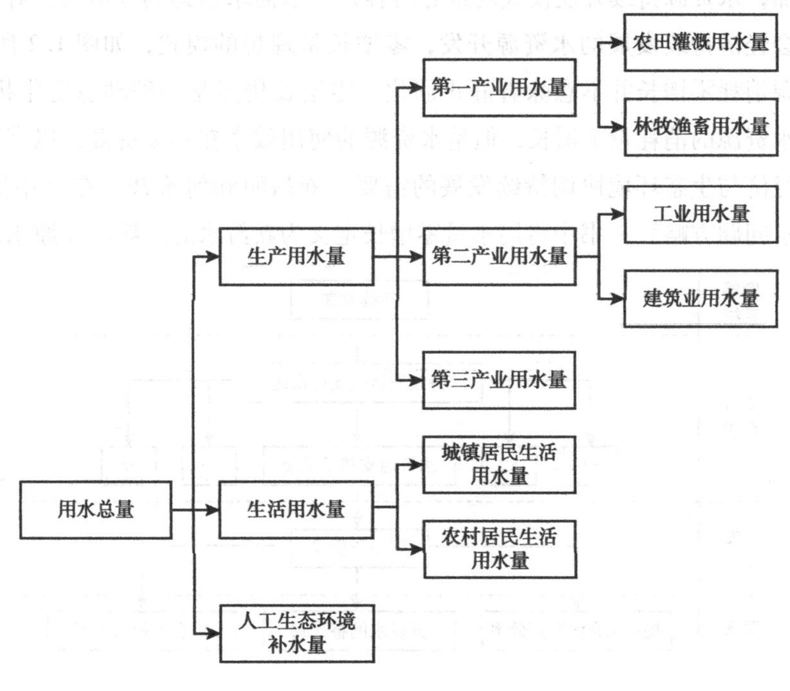

图 1.1 用水总量构成

1.2.2 用水量达峰

通过文献检索研究，尚未发现用水量达峰的相关研究，与此相关或相近的词语，如顶峰、零增长。其中，贾绍凤和张士锋[2]于2000年提出中国的农业用水量、工业用水量和总用水量均已接近顶峰，可望在10年内达到顶峰，他们将顶峰解释为最大值，并且认为最大用水量不大可能超过6500亿 m^3。与顶峰相比，零增长的研究相对较多。零增长的概念是美国学者 Meadows Denns 在《增长的极限》一书中提出的一种社会发展模式，书中的零增长理解为增长速度为零，即保持原来的规模，不增长也不减少。

国内学者对用水量零增长进行了相关界定。牟海省[3]从水资源持续开发的概念引申出水资源消耗零增长，认为水资源持续开发为在不超过水资源再生能力、社会经济持续发展或者保持当前的发展速度的前提下，水资源开发利用的模式。持续发展应该依赖于科技进步，而不是资源（水资源）净消耗的增加，水资源持续开发模式的重心内容是原水需求量达到零增长。对于维持社会经济持续发展的水资源开发，零增长是理想的模式，如图1.2所示。水资源消耗零增长并不意味着静止僵化，零增长仍然是一种动态变化状态，指原水资源的消耗量不增长，但是水资源的使用效率在不断提高，以满足社会、经济与生态环境协调持续发展的需要。刘昌明和何希吾[4]在《中国21世纪水问题方略》一书中将用水量零增长定义为新鲜水的消耗量（原水取用

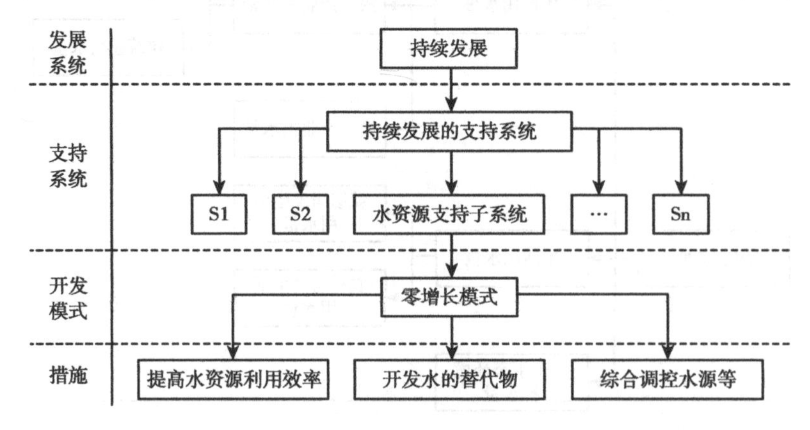

图1.2 水资源持续开发的零增长模式

量）不再增长，但水资源的使用效率不断提高，以满足社会、经济与生态环境协调发展的需要。并且提出“用水量零增长的研究实质是预测未来水资源量的需求，着重于水量的研究”。

本书将用水总量达峰界定为：用水总量在某一个时间点达到历史峰值，这个时间点并非一个特定的时间点，而是一个平台期，期间用水总量依然会有波动，但是总体趋势平缓，之后用水总量会逐渐稳步回落。

1.2.3 增长阻力

Romer[5]于2001年提出“Growth drag”的概念，即在索洛模型的基础上，将自然资源和土地引入索洛模型，考察自然资源和土地约束如何影响长期经济增长。“Growth drag”可以用来衡量由于资源和土地的约束使经济增长下降了多少。不同的学者对“Growth drag”的翻译不尽相同，主要有增长阻力[6,7]、增长尾效[8,9]和增长阻尼[10,11]三种，其中，“尾效”一般指一种滞后的效果或在当前没有发挥完的作用，在后面的阶段还会继续产生效果，因此，用“尾效”一词描述水资源约束对经济增长的限制不太贴切。本书依据Romer提出的“Growth drag”概念模型及其本身的英文字面意义，将其译为“增长阻力”。

本书将自然资源和土地扩展到水资源，对水资源对经济的增长阻力定义为：由于水资源的约束引致劳动力平均资源利用量的下降，从而使经济增长速度比没有资源约束下的增长速度降低的程度，即“不存在水资源约束”的增长速度与“存在水资源约束”的增长速度之间的差额。

1.3 国内外研究进展及评述

1.3.1 用水量历史演变驱动因素研究进展

指数分解法（Index Decomposition Analysis，IDA）被广泛运用于用水量变化驱动因素识别研究。基于我国用水总量两种划分：一是将用水总量划分为生产（第一、第二和第三产业）、生活和生态用水三大类；二是将用水总量划分为农业、工业、生活（建筑业、服务业和生活）和生态用水四大类。本节将根据用水类别对现有研究进行分类，从用水总量、生产用水量、农业用水量、工业用水量及生活用水量等方面予以考察，主要观点或成果如下。

（1）用水总量历史演变的驱动因素。

王月菊等[12]采用 Laspeyres 指数分解模型，将 1997～2010 年我国用水总量变化的驱动因素分解为户数、家庭规模、经济增长和技术变化。张豫芳等[13]采用 LMDI 模型，将乌鲁木齐用水总量变化的驱动因素分解为用水强度、产业结构、经济水平和人口规模；葛通达等以江苏省盐城市为研究对象，也将用水总量变化分解为上述四个因素。张陈俊和章恒全[16]采用 LMDI 模型，将中国 2006～2010 年用水总量变化的驱动因素分解为经济增长、区域结构、省份结构和用水强度，除了区域经济份额外，该学者还考察了产业行业结构和人口结构（区域人口分布）对用水总量变化的影响[17,18]。秦腾等[19]将生活用水和生态用水合并为第三产业用水，采用 LMDI 模型，将中国 1997～2014 年用水总量变化的驱动因素分解为人口规模、人口城镇化、居民消费、消费抑制因子、技术进步和产业结构。张乐勤和方宇媛[20,21]将第三产业用水量界定为城镇公共和生态用水，分别采用完全分解模型、LMDI 模型将安徽省用水总量变化分解为人口、人均 GDP、产业结构和用水强度。刘晨跃和徐盈之[22]借鉴 Kaya 恒等式，采用 LMDI 模型分析驱动中国 2003～2014 年水资源消耗总量变化的经济效应、人口效应和用水效率效应的时空演绎特征。张陈俊等[23]采用 LMDI 模型，将长江经济带 2000～2016 年用水总量变化分解为生产用水强度、产业结构、经济规模、生活用水强度和人口规模。童国平和陈岩[24]利用 LMDI 分解模型，把用水总量（农业用水量与工业用水量之和）影响因素定义为人口效应、经济水平效应、产业结构效应和水资源利用效应。张陈俊等[25,26]、章恒全等[27]、武翠芳等[28]、曹俊文和方晓娟[29]将农业用水量作为第一产业用水量，工业用水量作为第二产业用水量，生活用水量作为第三产业用水量，三次产业用水量之和作为用水总量，都采用 LMDI 模型，将长江三角洲地区、长江经济带、西部地区、京津冀地区用水总量变化分解为产业用水强度、产业结构、经济增长和人口规模 4 个驱动因素。张丽娜等[30]采用 LMDI 模型，将长江经济带 2000～2018 年用水总量变化分解为节水技术、城镇化水平、工业化收入、产业结构高级化、第三产业提取和人口规模等因素。朱世垚等[31]采用LMDI模型，将陕西榆林市用水总量变化分解为人口规模、经济发展水平、节水技术水平。

Li等[32]采用LMDI方法将北京市2002~2017年用水量变化驱动因素分解为产业用水强度、产业结构、经济增长、生活用水强度、居民收入、城市化和人口，其中，产业用水强度、生活用水强度、产业结构和城市化促进了用水量下降，而经济增长、居民收入和人口对用水量增加起到推动作用。Long等[33]构建LMDI模型将中国2000~2015年用水量变化分解为12个驱动因素，分别为农业用水强度、单位耕地产值、农业劳动生产率、农业从业人口、工业用水强度、产业结构、人均GDP、人口规模、生活用水强度、人均收入、家庭规模和家庭户数等。Wang和Wang[34]采用LMDI模型，将中国31个省区市（不含港澳台）用水总量变化的影响因素分解为产业用水强度、产业结构、经济增长、水资源利用率、水资源禀赋和人口规模。Zhang等[35,36]将用水总量用生产用水和生活用水之和表示，将其变化分解为生产强度、产业结构、经济发展、生活强度和人口规模5个因素。

（2）生产用水量历史演变的驱动因素。

秦昌波等[37]采用LMDI模型，将陕西省生产用水量变化分解为经济增长、产业结构和产业用水强度。庄立等[38]采用完全分解模型，研究了2003~2013年京津冀地区生产用水量变化的规模效应、结构效应和技术效应。刘晨跃等[39]采用LMDI模型，将中国2003~2014年生产用水量变化分解为人口、经济水平和用水效率。常建军等、易晶晶和陈志和[41]都使用LMDI模型，将武汉城市圈、广东省生产用水量变化分解为产业用水强度、产业结构、经济增长和人口规模。白夏等[42]和轩党委等[43]采用LMDI模型，将山东省、江苏省淮安市生产用水量变化分解为水资源禀赋、水资源开发利用、人口规模、经济水平、产业结构和用水效率六个驱动因素。陈美琳等[44]采用LMDI方法，将广东省生产用水量变化分解为人口规模、人口分布、经济发展、产业结构和用水强度5个因素。

Chen等[45]采用LMDI模型，将大连市生产用水量变化分解为经济增长、产业结构和产业用水强度三个驱动因素。Liu等[46]采用LMDI模型，将河北省生产用水量变化的驱动因素分解为经济规模、产业结构和产业用水强度。

Li 等[47]采用 LMDI 模型分解将西北五省（新疆、甘肃、陕西、宁夏和内蒙古）生产用水量变化分解为产业用水强度、产业结构、经济增长和人口规模 4 个驱动因素。

（3）农业用水量历史演变的驱动因素。

谢娟和粟晓玲[48]采用 LMDI 模型，将甘肃省武威市是 1995～2012 年灌溉用水量变化分解为种植规模效应、种植结构效应、气候变化效应和节水工程效应。谢文宝等[49]采用 LMDI 模型，将新疆 2001～2015 年农业用水量变化的驱动因素分解为农用地面积、单位农用地的农业产值和单位农业产值的农业用水量。朱赟等[50]采用 LMDI 模型，将滇中受水区农业用水量变化的主要影响因素分解为粮食作物种植面积、高耗水作物种植比例、综合灌溉定额和农业人口效应。

Zou 等[51]和 Zhang 等[52]都采用 LMDI 模型，研究黑河流域农业用水量变化的驱动因素，虽然称谓不同，但是都可以将其归结为种植规模、种植结构、灌溉定额和灌溉效率。

（4）工业用水量历史演变的驱动因素。

吴欣颖等[53]、李俊和许家伟[53]和程亮等[55]都采用 LMDI 模型，将山东省、河南省和山东省工业用水量变化的驱动因素分解为工业增加值、工业行业结构和工业用水强度。张礼兵等[56]采用 LMDI 模型，将安徽省 2003～2011 年工业用水量变化分解为工业用水重复利用率、工业总产值、工业产业结构和行业万元产值用水量。

Shang 等[57,58]运用完全分解模型和 LMDI 模型，将天津市 2003～2012 年工业用水量变化分解为产出效应、结构效应和技术效应。Zhang 等[59]采用 LMDI 模型将中国 2000～2015 年热电行业用水量变化分解为总发电量、燃料结构、原动机结构、冷却技术结构、燃煤发电机组规模结构和燃煤发电取水效率。Zhao 等[60]采用 LMDI 模型，将宁夏回族自治区能源产业用水量变化的驱动因素分解为产量、产量结构和用水强度。

（5）生活用水量历史演变的驱动因素。

聂志萍等[61]采用 LMDI 模型，将中国 2004～2017 年生活用水量变化的驱动因素分解为用水结构、技术进步、经济增长和人口规模。

1.3.2 用水量潜在演变趋势模拟方法的研究进展

用水量潜在演变趋势预测是用水量达峰出现的时间及用水量最大值的重要内容，国内外学者采用多种方法对用水量潜在演变趋势进行预测，主要观点或成果如下。

（1）定额法。

项潇智和贾绍凤[62]采用定额法，预测得到中国能源产业2020年、2030年需水量分别为655亿 m^3 和677亿 m^3。李析男等[63]采用灰色模型预测经济产值，Logsitic模型预测人口，采用定额法预测贵安新区2020年和2030年需水量。向龙等[64]、庞志平等[65]、刁维杰等[66]、何伟和宋国君[67]、陈立华等[68]、刘鑫等[69]、杨连海[70]采用定额法分别预测浙江台州市玉环县，山东省南四湖流域、潍坊市，河北省地级市、钦州市、袁河流域、黑河流域甘州区分项用水量。

（2）时间序列回归模型。

邹庆荣和刘秀丽[71]建立了以工业增加值、工业增加值平方项、工业用水重复利用率为解释变量的多元回归模型，预测得到我国2014年和2015年的工业用水量。王洁等[72]根据2000～2009年影响青海省农业用水的11个因子的基础数据，建立偏最小二乘回归模型，选取2010～2013年数据进行模型检验，结果表明运用偏最小二乘法预测的结果与实际情况贴近。郭磊等[73]构建基于经济、人口为自变量的二元回归模型，对珠三角城市群用水量进行预测。孙彩云和常梦颖[74]通过对北京市需水量及其影响因素分析的基础上，采用普通线性回归和偏最小二乘线性回归模型进行需水量预测。彭岳津等[75]建立经过统计检验的中国用水总量预测模型，对中国用水总量极值及出现的时间进行预测。田涛等[76]利用ARIMA模型，预测广州市2017～2020年用水总量。

Perera等[77]构建带有外生变量的自回归移动平均模型，预测澳大利亚维多利亚GMID（Goulburn－Murray Irrigation District）灌区灌溉用水量。Ashoori等[78]将降雨、气温、水价、人口、自觉节水行为等纳入回归模型，预测美国洛杉矶2050年居民生活用水量。Sardinha－Lourenço等[79]采用ARIMA模型和短期预测启发式算法预测葡萄牙中部和北部两个地区的需水量。Mohammad 和 Pezhman[80]构建扩展的自回归移动平均模型和非线性自回归外生模型，预测伊朗德黑兰城市用水量。

(3) 灰色预测方法。

针对传统灰色预测模型的不足，众多学者对传统灰色预测模型进行改进。杨皓翔等[81]构建加权灰色马尔可夫 GM (1, 1) 模型，对成都市用水量城市需水量进行预测。陈继光[82]针对统计数据中小样本振荡序列建模和预测问题，构建 GM (1,1) 幂模型，对大连市城市用水量进行预测。石永琦[83]构建粒子群优化 GM (1,1) 模型，对新疆阿克苏地区农业用水量进行预测。孙丽芹等[84]以灰色预测理论为基础，运用 AM (简单滑动平均) 残差来修正 GM (1, 1) 模型，对北京市总用水量进行预测。杜懿和麻荣永[85]构建传统灰色 GM (1, 1) 模型、函数变化改进的灰色模型、残差修正后的灰色模型和经弱化算子处理后的灰色模型四种灰色模型，对广西用水量进行预测。李俊等[86]针对农业用水量序列的振荡特性以及传统灰色预测模型的过拟合问题，提出分数阶灰色预测模型，预测通辽市和宝鸡市农业用水量。刘献等[87]在传统灰色理论预测基础上，建立了改进残差灰色预测模型，即对残差绝对值建立灰色模型，再结合马尔科夫状态转移矩阵对灰色预测值进行修改，并将该模型运用于河南省生活用水量。

Yuan 等[88]构建分数阶 GPM (1, 1) 模型，对武汉市工业用水量进行预测，并发现改进后的灰色预测模型比传统灰色预测模型具有更高的预测精度。

(4) 神经网络方法。

潘雪倩等[89]采用 BP 神经网络模型预测 2020 年成都市需水量为 $40.02\times10^8m^3$。王兆吉[90]建立 RBP 神经网络模型，预测河北省某城市需水量。占敏等[91]构建了 BP 神经网络模型，并利用贝叶斯正则化对 BP 神经网络进行优化，以广州某自来水公司为例，预测城市短期用水量。桑慧茹等[92]、高学平等[93]、孔祥仟等[94]都采用主成分分析对用水量影响因素进行降维，消除多重共线性，然后分别选用 RBF、RBF、BP 神经网络方法对凌源市、枣庄市、南昌市用水量进行预测。李晓英等[95,96]分别利用主成分分析与灰色关联分析筛选需水量主要影响因子，采用思维进化算法优化 BP 神经网络，预测江苏省泰州市需水量。崔惠敏等[97]以 BP 神经网络构建预测模型，运用皮尔逊相关系数—决策试验评估（PCCs - DEMATEL）方法对统计指标筛选，预测广州市用水量。郭强等、乔俊飞等[99]、杨利纳等[99]分别采用贝叶斯 BP 神经网络模型、自组织模糊神经网络（SSOFNN）模型、遗传算法优化的 BP 神经网络模型预测校园用水量。陆维佳等[101]建立多因素长短时神经网络模型预测杭州某示范区的用水量，并且发现预测结果优于传统的人工神经网络。

Dos Santos 和 Pereira Filho[102]利用人工神经网络（ANN）系统，对圣保罗州用水量进行预测。Ajbar 和 Ali[103]利用历史用水量数据和游客分布来调整神经网络模型，预测麦加城用水量。González Perea 等[104]采用动态 ANN 模型预测西班牙南部本贝萨尔 MD 灌区的灌溉用水量。

（5）系统动力学模型。

潘应骥[105]构建上海市未来综合生活用水需求量的系统动力学模型，预测上海市未来综合生活用水量的变化态势。陈燕飞等[106]采用系统动力学方法，以汉江中下游流域的武汉市和仙桃市为例，并利用 VensimPIE 建模、模拟、仿真，建立了汉江中下游水资源短缺系统，预测了未来水资源短缺发展趋势。杨海燕等[107]运用系统动力学模型，预测山东省泰安市 2030 年需水总量。秦欢欢等[108]采用 MIKE SHE 模型和 SD 模型耦合的方式，模拟华北平原农业用水量。易彬等[109]提出了耦合社会—水文多因素的生活需水预测系统动力学模型，模拟出 2050 年珠江上中游流域内生活需水量。

（6）支持向量机模型。

李传刚等[110]基于支持向量机的水资源短缺量预测模型，预测了北京市缺水量。常浩娟等[111]采用支持向量机方法构建需水模型，并对玛纳斯河流域进行短期需水预测。陈磊[112]利用支持向量机建立日用水量预测模型。

Brentan 等[113]建议采用支持向量机模型用于短期需水量预测，并以巴西为例。Candelieri 等[114]提出了一种并行全局优化模型改进支持向量机回归，预测米兰城市需水量。

（7）组合预测方法。

王有娟等[114]将 GM（1，1）模型与灰色 Verhulst 模型相结合，构建灰色组合模型，预测浙江省 2013 ~ 2020 年用水总量。展金岩等[116]将多元线性回归模型、灰色预测模型和神经网络模型相结合，预测需水量。郭泽宇和陈玲俐[117]结合季节性时间序列模型（SARIMA）和 BP 神经网络两者优点，构建了一种新型的组合预测模型，对上海市用水量进行不同时间尺度的预测。

（8）其他预测方法。

除上述用水量预测方法外，还有气象水文模型[118]、集对分析聚类预测模型[119]、集对分析相似预测模型[120]、随机森林模型[121]等。

1.3.3 用水量对经济的增长阻力研究进展

自然资源的有限性，导致经济增长较没有资源约束情况下降低的现象，被称为资源对经济增长的“阻力”效应[5]。水资源对经济增长的制约也受到学者的广泛重视，根据生产函数差异，将现有研究划分为柯布—道格拉斯生产函数、超越对数生产函数。主要观点或成果如下。

（1）柯布—道格拉斯生产函数（C－D函数）。

谢书玲等[122]深入分析了中国经济增长中资源耗费尾效，发现水资源对中国经济影响的尾效为0.001397。杨杨等[123]测算得到1978～2004年中国水资源的增长阻尼是0.26%。王学渊和韩洪云[124]利用1997～2006年省区市农业生产面板数据，研究发现，由于水资源不能随着农作物播种面积同比增长，使单位面积农业产值增长速度比没有水资源限制情形下降低了0.1121%。聂华林等[125]测算出1978～2008年农业用水量对农业经济增长的平均尾效为0.08%。刘耀彬等[8]基于C－D函数模型，测算出山西、安徽、江西、河南、湖北和湖南水资源的“增长尾效”分别为0.0038、0.0039、0.0000、0.0013、0.0006和0.0001。阿依吐尔逊沙木西[126]计算得到水资源对库尔勒经济增长的阻尼系数为0.02。万永坤等[9]对C－D函数进行变形，研究发现北京是水资源阻尼效应从2002年开始逐渐减弱。章恒全等[6]借鉴改进的C－D函数和Romer的经济增长阻力分析框架，分地区分产业测算水资源对中国经济增长的阻力，研究发现各省份各产业水资源对经济增长的阻力存在较大差异，水资源对第三产业经济增长的阻力最大，第二产业次之，第一产业最小。唐晓城[127]基于“增长阻尼”假说，利用1979～2012年的样本数据，测算得到水资源对山东经济增长的阻尼系数为0.16%。薛俊波等[128]测算得到中国水资源对农业的增长尾效为0.45%。华坚等[129]测算了西北五省水资源对三次产业经济增长的阻尼效应，发现第二产业存在水资源增长阻尼的地区最多。彭立等[10]基于Romer的增长阻尼模型，定量测算2006～2015年横断山区水资源对经济发展的制约程度，增长阻尼平均达到0.012个百分点。

Zhang等[130]计算得到水资源中国东部地区、中部地区、西部地区和东北地区经济增长的阻力分别为0.23%、0.43%、0.07%和0.09%。

（2）超越对数生产函数。

孙雪莲和邓峰[131]构建超越对数生产函数，采用偏最小二乘回归方法消除模型的多重共线性，估计参数，测度得到1995～2010年新疆水资源增长尾效呈逐年增加趋势，均值为1.26%。

1.3.4 国内外研究评述

（1）指数分解法被广泛运用于各类别用水量演变的驱动因素分解，从驱动因素来看，可以归纳为规模、结构和技术三个层面；从用水类别来看，主要包括用水总量、生产用水量、农业用水量和工业用水量，而专门研究生活用水量、建筑业用水量、服务业用水量演变的驱动因素甚少。随着产业结构优化升级，建筑业和服务业用水量呈增长趋势，随着人们生活水平提高、对美好生活的追求，以及“以人民为中心”，生活用水量也将呈增长趋势，因此，该三类用水量演变的驱动因素识别，将关系到用水总量达峰的顺利实现，有必要细化用水总量的划分类别，进而识别各类别用水量历史演变的驱动因素。

（2）国内外学者采用各种方法预测用水量潜在演变趋势，取得了丰硕的成果。现有预测方法对影响因素潜在变化都采用确定性单一取值，而这与现实并不符合，各因素潜在变化具有不确定性，应该是一个取值范围并非单一固定取值。同时，考虑到节水政策与技术的多种情景，将情景分析与不确定性分析结合，根据相关因素的经验演变情况在考虑不确定性的条件下对其潜在变化趋势提供科学合理的预判，给出相关变量不同演化路径的概率分布，从而识别出最有可能的用水总量达峰路径。

（3）增长阻力作为用水总量达峰路径选择的主要依据，该研究十分重要，从增长阻力模型所选取的生产函数来看，主要是C－D生产函数，该函数假定要素替代弹性为1，与现实中各要素替代弹性各不相同的事实并不符合。同时，技术进步在不同时间点上存在差异性，即技术进步与时间是紧密相关的。基于此，应该选择要素替代弹性各不相同，并且纳入时间指数趋势项以测定技术进步的生产函数，进而测算各情景下用水量对经济增长的阻力系数。

1.4 研究目标及研究内容

1.4.1 研究目标

本书的主要研究目标是能够解决以下 4 个问题。

（1）探索用水总量历史演变的驱动因素与影响机理。通过文献研究和专家调研，构建用水总量演变驱动因素分解模型，精确识别各类别（主要包括农田灌溉、工业、建筑业、服务业和生活）用水量历史演变的驱动因素，挖掘各因素对用水总量历史演变的影响机理和作用路径。

（2）模拟用水总量潜在演变趋势。基于各类别用水量与驱动因素之间的关系，构建用水量潜在演变趋势的预测模型，基于各驱动因素的潜在变化具有不确定性的现实，将情景分析法与蒙特卡洛方法相结合，预测多情景下用水量潜在演变趋势及其概率，进一步得到各情景下用水总量的潜在演变趋势。

（3）研判用水总量达峰的可行路径。基于索洛模型与生产函数模型，构建水资源约束的经济增长阻力模型，确定增长阻力模型中资本等变量取值，测算增长阻力，并以此为主要依据，结合多情景下用水总量潜在的演变趋势，筛选出用水总量达峰的可行路径。

（4）掌握用水总量达峰实现的因素贡献。若为用水总量达峰目标的顺利实现提供科学可行的政策依据，还需要从历史维度和动态视野对达峰目标实现过程中相关因素的具体贡献及其变化情况予以掌握，构建用水量情景分解模型，探索多情景用水总量达峰目标实现过程的因素贡献。

1.4.2 研究内容

本书对用水量历史演变驱动因素、用水量潜在演变趋势模拟方法及用水量对经济的增长阻力国内外研究进展进行系统总结和梳理，介绍水资源需求、用水量达峰、指数分解法及生产函数等理论，构建用水总量历史演变的驱动因素识别模型、用水总量潜在演变趋势模拟模型、用水总量达峰路径优化模型以及用水总量达峰实现的因素贡献模型，以中国为研究对象开展实证研究，提出用水总量达峰的政策建议，以推进用水总量控制目标的顺利实现。具体内容包括以下几部分。

第一部分：基础研究（第1章、第2章）。第1章主要介绍本书的研究背景和研究意义，并对相关概念进行界定；对已有的国内外研究成果进行全面梳理和动态评述，指出本书的研究方向；基于此，提出本书的研究目标、研究内容、研究方法、技术路线及创新点。第2章主要阐述水资源需求规律理论、用水量达峰理论、指数分解法理论、生产函数理论等，为本书模型构建部分提供理论基础。

第二部分：模型构建（第3章、第4章、第5章、第6章）。第3章首先提出用水总量历史演变驱动因素识别的基本思路，并且分析各因素对用水总量的影响机理；其次，基于用水总量划分标准，构建农田灌溉、工业、建筑业、服务业和生活用水量历史演变驱动因素识别模型；最后，构建用水总量历史演变驱动因素识别模型。第4章首先提出基于动态情景的用水总量预测基本思路；其次，针对不同用水量类别，构建用水量潜在演变的预测模型；再次，设计各类别用水量潜在演变的情景及率定参数；最后，为了解决不确定性难题，采用蒙特卡洛技术模拟各类别用水量潜在演变趋势及其对应的概率，进一步得到用水总量潜在的演变趋势。第5章首先提出用水总量达峰路径优化的思路与判别原则；其次，以二级CES生产函数模型为基础，构建用水总量对经济增长的阻力模型；最后，以增长阻力系数为主要依据，判断用水总量达峰的合理路径。第6章首先提出情景分解分析的应用领域；其次，基于文献研究，总结出情景指数分解分析的主要特点；最后，针对不同类别用水量，构建用水量时间与空间情景分解模型，探索用水总量达峰目标实现的因素贡献。

第三部分：实证分析与提出结论（第7章、第8章）。第7章将理论分析与模型研究运用到中国实际，获得中国用水总量历史演变的驱动因素、潜在演变趋势、达峰路径选择、达峰实现的因素贡献。第8章对全书进行总结，并指出有待进一步深入研究的问题。

1.5 研究方法及技术路线

1.5.1 研究方法

（1）文献研究、专家调查等方法。采用文献研究、专家调查、实地调研等方法，识别农田灌溉用水量、工业用水量、建筑业用水量、服务业用水量和生活用水量历史演变的驱动因素，挖掘各驱动因素对用水总量历史演变的影响机理和作用路径。

（2）LMDI 分解法。采用 LMDI 方法，对农田灌溉用水量、工业用水量、建筑业用水量、服务业用水量和生活用水量历史演变的驱动因素进行分解。同时，对 LMDI 方法的运用进行扩展，构建时间、空间情景分解模型，研究多情景下各类别用水量达峰路径实现及差异的贡献因素。

（3）情景分析法。基于各类别用水量历史演变趋势推衍，设置基准情景，基于节水政策等干预，设置若干种干预情景，设计各情景下驱动因素的潜在年均变化率的最小值、中间值和最大值，采用蒙特卡洛方法模拟各情景下各类别用水量的潜在演变趋势。

（4）蒙特卡洛模拟技术。基于多情景下各驱动因素潜在年均变化率取值区间（最小值、中间值和最大值）的设定，采用蒙特卡洛方法模拟各类别用水量潜在的演变趋势及其相应的概率，该方法能够有效解决参数变化的不确定性问题，从而有助于识别科学可行的用水总量达峰路径。

（5）增长阻力模型。基于二级 CES 生产函数，结合多情景下用水总量潜在演变趋势的模拟结果，构建用水总量对经济增长的阻力模型，测算阻力系数，将其作为用水总量达峰科学路径选择的主要判别原则。

1.5.2 技术路线

本书的技术路线如图 1.3 所示。

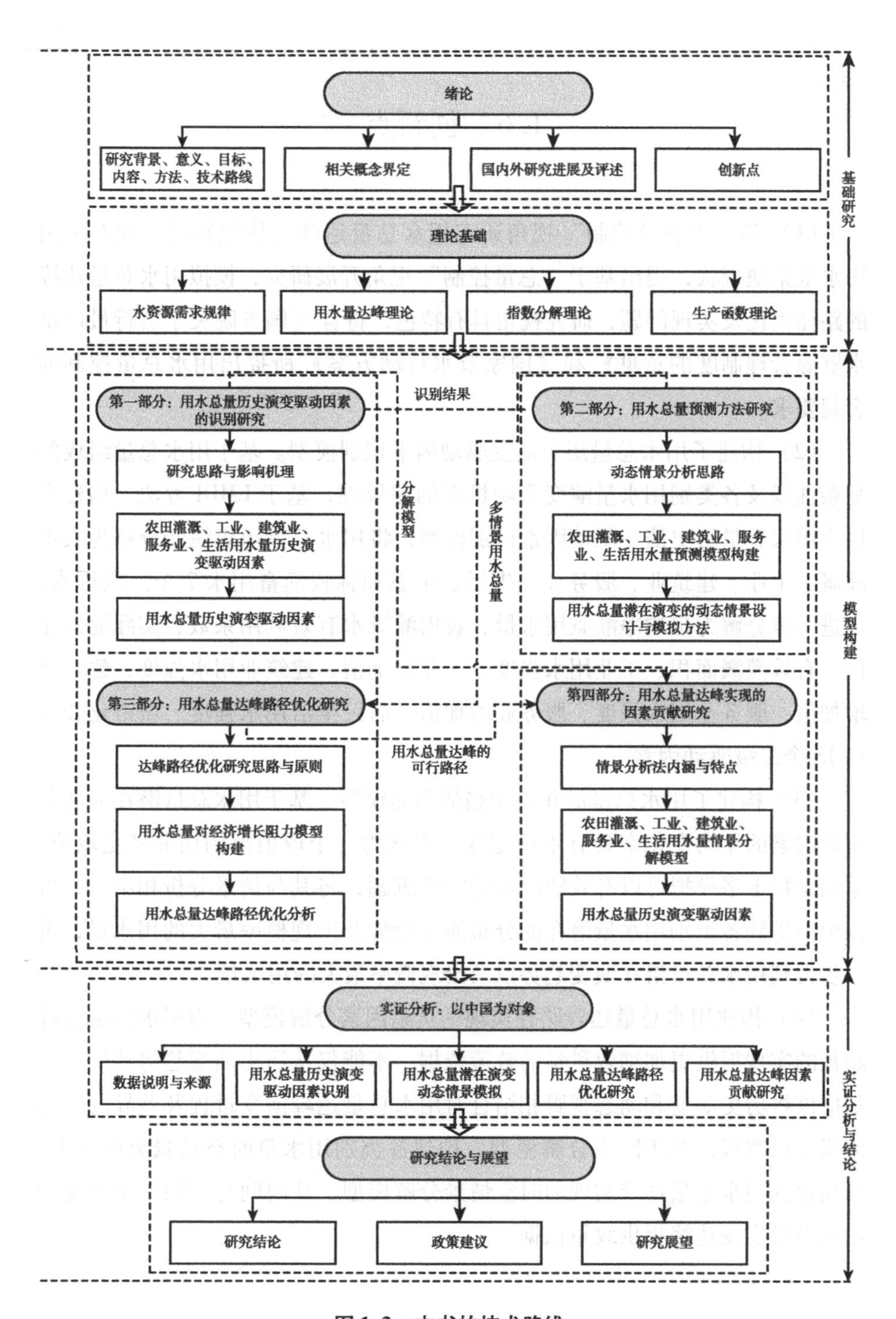
绪论
研究背景、意义、目标、内容、方法、技术路线
相关概念界定
国内外研究进展及评述
创新点
基础研究
理论基础
水资源需求规律
用水量达峰理论
指数分解理论
生产函数理论
第一部分：用水总量历史演变驱动因素的识别研究
识别结果
第二部分：用水总量预测方法研究
研究思路与影响机理
农田灌溉、工业、建筑业、服务业、生活用水量历史演变驱动因素
用水总量历史演变驱动因素
分解模型
多情景用水总量
动态情景分析思路
农田灌溉、工业、建筑业、服务业、生活用水量预测模型构建
用水总量潜在演变的动态情景设计与模拟方法
模型构建
第三部分：用水总量达峰路径优化研究
第四部分：用水总量达峰实现的因素贡献研究
用水总量达峰的可行路径
达峰路径优化研究思路与原则
用水总量对经济增长阻力模型构建
用水总量达峰路径优化分析
情景分析法内涵与特点
农田灌溉、工业、建筑业、服务业、生活用水量情景分解模型
用水总量历史演变驱动因素
实证分析：以中国为对象
数据说明与来源
用水总量历史演变驱动因素识别
用水总量潜在演变动态情景模拟
用水总量达峰路径优化研究
用水总量达峰因素贡献研究
实证分析与结论
研究结论与展望
研究结论
政策建议
研究展望

图1.3 本书的技术路线

1.6 创新点

（1）基于“总量控制”视角研究用水总量达峰的优化路径。面对中国用水量紧缺现状，提出基于“总量控制”视角开展研究，模拟用水总量达峰的路径优化及实现问题，研究视角具有特色，符合《国务院关于实行最严格水资源管理制度的意见》和《国家节水行动方案》所提出用水总量控制的客观要求。

（2）构建了用水总量历史演变驱动因素识别模型。基于用水总量组成的复杂性以及各类别用水量演变影响机理的差异性，基于 LMDI 方法，构建多层次用水总量历史演变驱动因素识别模型，将用水总量历史演变分解为农田灌溉、工业、建筑业、服务业、生活、生态和林牧渔畜用水 7 个一级因素，再进一步分解为亩均净灌溉用水量、农田灌溉水有效利用系数、实际灌溉比例、有效灌溉面积、工业用水强度、工业增加值、建筑业用水强度、建筑业增加值、服务业用水强度、服务业增加值、居民生活用水强度、城市化和人口 13 个二级驱动因素。

（3）构建了用水总量潜在演变趋势预测模型。基于用水总量潜在演变各驱动因素的年均变化率具有不确定性，应该为一个取值范围而非特定取值，采用蒙特卡洛模拟可以有效解决不确定性难题，将其与情景分析相结合，可以模拟得到各类别用水量潜在的分布演变趋势及出现概率最大的用水量，进一步得到用水总量潜在演变趋势以及出现概率最大的用水量。

（4）构建用水总量达峰路径实现的贡献因素分解模型。为用水总量达峰路径的实现提供更加细致科学的政策依据，不能仅从历史演变趋势获取，而是应该将历史演变和动态视野相结合对用水总量达峰演变过程及差异的驱动因素予以掌握，基于因素分解模型，构建各类别用水量时空情景分解模型，从而得到用水总量达峰实现的时空情景分解模型，从时间与空间两个维度为用水总量实现达峰提供政策依据。

| 第2章 |

理论基础

本章主要介绍本书研究所需要的相关理论与方法，主要包括水资源需求理论、用水量达峰理论、指数分解法理论和生产函数理论，从而为研究提供理论与方法基础。

2.1 水资源需求规律

由于用水总量构成复杂，引起其历史演变的驱动因素与影响机理也比较复杂，因此，有必要从需求层面掌握水资源需求规律，为用水总量历史演变驱动因素的识别研究提供理论支撑，主要包括微观需求规律和宏观需求规律。

2.1.1 水资源微观需求规律

水资源微观需求规律指微观用水单位（企业、政府机关、非营利机构和家庭等）对水资源需求的规律。

(1) 农业灌溉的需水规律。

在中国，农业是高耗水行业，对水资源的需求远远超过工业、服务业等行业，农业用水包括农田灌溉用水和林牧渔畜用水，其中，农田灌溉用水占农业用水量比重保持在90%左右，与降雨量、温度、湿度、作物结构、灌溉面积、节水技术和水价等密切相关。

①自然因素对农田灌溉用水的影响。农作物的耗水量主要由降雨量和灌溉水量组成，当农作物的需水量一定时，降雨量和灌溉水量呈反向变化的关系，即当降雨量增加时，灌溉水量减少；当降雨量减少时，灌溉水量增加。降雨量和温度两个气候变量对灌溉水量的影响被广泛关注，Ben Dziegielewski等[132]研究发现降雨量弹性估计值是负值，表明两者之间呈反向关系，而温度弹性估计值为正值（2.74），表明两者之间呈正向关系，即当温度升高时，灌溉水量增加；当温度降低时，灌溉水量减少，且灌溉水量增加幅度大于温度增加幅度。

②作物因素对农田灌溉用水的影响。不同的农作物对水资源的需求存在差异，有的农作物耗水量比较大，对水资源的需求比较多，如水稻；有的农作物耗水量比较小，对水资源的需求比较少，如棉花、谷子等。同时，同一种农作物，由于品种不同，对水资源的需求也存在较大差异。

③灌溉因素对农田灌溉用水的影响。不同的灌溉方式使农作物对水资源的需求不同，大水漫灌耗水量最大，并且利用效率低下。通过节水新技术推广与应用，可以提高水资源的利用效率。石玉林和卢良恕[133]研究发现，各类型灌区如果采取全防渗措施，渠系水利用系数可达到0.8～0.95，田间灌溉水采用滴灌、渗灌等新技术，可使田间水利用系数提高到0.7～0.95。因此，需要因地制宜推广渠道衬砌、喷灌、滴灌、渗灌等节水技术。

④社会经济因素对农田灌溉用水的影响。Ben Dziegielewski 等[132]研究发现灌溉用水的价格弹性系数为负值，表明两者之间呈反向关系，即价格上升，灌溉用水减少，价格下降，灌溉用水增加。农民收入水平表示投资节水设备与技术的能力，收入水平越高，采用新节水技术的可能性越大，节水的水平越高，灌溉用水量将下降。

（2）工业需水规律。

①企业特性对工业用水的影响。工业对水资源的需求与工业类型、规模、生产工艺等密切相关。工业类型对工业用水需求的影响比较明显，工业各行业用水量与用水效率存在较大差异，其中，电力行业、化工行业、钢铁行业、非金属矿物制品业、石油石化行业、食品行业、造纸行业和纺织业是高耗水的八大行业，占工业用水量比重达到75%[134]。企业规模越大，对水

资源的需求越大，但是当企业达到一定规模，会产生规模效应，引致用水定额反而下降。发达的生产工艺不仅可以提高生产效率，降低生产成本，还会减少对水资源需求。

②环境规制对工业用水的影响。严格的环境保护要求对工业用水的增加起到抑制作用，严格的环境规制要求既减少取水量，又将减少工业废水排放量，从两个方面推进工业需水量的减少[135]。《水污染防治行动计划》（以下简称“水十条”）既要求抓好工业节水，又要求狠抓工业污染防治。

③水价对工业用水的影响。合理的水价能够调动企业节约用水的积极性，减少用水浪费，提高水资源利用效率和减少废水排放。刘昌明和陈志恺[136]研究发现，我国水价提高10%，需水量下降1.5%～7%。

（3）家庭生活需水规律。

①人口因素对家庭用水的影响。第一，人口越多的家庭往往对水资源的需求越大，但两者并不是简单的线性关系，当家庭人口数量达到一定规模时，会带来规模效应，即人均用水量随着人口数量增加而下降；第二，人口年龄结构也对用水量产生影响，老年人节水意识强，能够主动节约用水，儿童用水量小，而中青年消化循环快、运动量大，洗衣、洗澡、如厕次数多，因此，对水资源的需求大于老年人和儿童；第三，性别结构也将对用水量产生影响，一般情况下，女性往往比男性更加注重清洁卫生，洗衣、洗澡、拖地等行为更加频繁，因此，女性对水资源的需求大于男性；第四，受教育程度高的人群，其节水意识较强，能够主动节约用水，同时，受教育水平和居民收入水平与生活水平密切相关，将增加对水资源的需求，因此，受教育水平对生活需水的影响由两个方面博弈确定；第五，职业对生活用水量的影响主要体现在脑力劳动和体力劳动上，与脑力劳动者相比，体力劳动者对能量消耗大，对水资源的需求较大。

②用水设施对家庭用水的影响。住房面积越大，对拖地等清洁用水的需求越增加。马桶对生活用水量的影响主要体现在马桶类型和水箱大小，坐式马桶的人均用水量大于蹲式，水箱容量越大，用水量越大。洗衣机对用水量的影响体现在洗衣机类型和容量上，洗衣机的平均用水量由小到大依次是滚筒式、涡流半自动、涡流全自动，容量大的洗衣机用水量大。

③自然因素对家庭用水的影响。温度和降雨都会影响对家庭生活用水的

需求，一般来说，夏天温度高，居民饮用和洗涤的次数增多，用水量增加；而冬天温度低，居民饮用和洗涤的次数减少，用水量下降。

④经济因素对家庭用水的影响。收入水平是影响家庭生活用水的重要因素，收入水平高的家庭，对用水支出的承受能力较强，对水资源的需求更大，而收入水平低的家庭，往往比较节约用水，减少用水量。合理的水价是实行科学用水、解决水资源浪费和水源不足的重要措施，水价与用水量呈反向关系，当水价上升时，用水量下降，当水价下降时，用水量增加。

2.1.2 水资源宏观需求规律

水资源宏观需求规律指国家或区域的用水量变化规律。

(1) 产业结构升级的节水效应。

产业结构升级指产业结构重心从第一产业逐渐向第二、第三产业转移，同时，也是劳动密集型产业向资本密集型、技术密集型、知识密集型产业转移，实质上，是生产要素从生产率低的产业向生产率高的产业转移。贾绍凤等[137]构建了产业结构升级的节水效应模型，具体建模过程如下。

第 t 年实际用水总量 W_t 可以由公式 (2.1) 表示：

$$W_t = p \times q_t = \sum_i p \times a_{ti} \times q_{ti} = p \times \sum_i a_{ti} \times q_{ti} \tag{2.1}$$

其中，p 表示国内生产总值，q_t 表示第 t 年平均用水定额（即万元国内生产总值用水量），a_{ti}表示第 t 年第 i 产业增加值占国内生产总值比重，q_{ti}表示第 t 年第 i 产业用水定额（即万元产业增加值用水量）。

如果各产业的用水定额和产业结构自起始年起保持不变，则第 t 年的用水总量 W'_t为：

$$W'_t = p \times q_0 = \sum_i p \times a_{0i} \times q_{0i} = p \times \sum_i a_{0i} \times q_{0i} \tag{2.2}$$

其中，q_0 表示起始年平均用水定额（即万元国内生产总值用水量），a_{0i}表示起始年第 i 产业增加值占国内生产总值比重，q_{0i}表示起始年第 i 产业用水定额（即万元产业增加值用水量）。

如果将用水量的减少定义为节水量，可以得到由于产业结构升级和用水定额下降所引致的节水总量：

$$
\begin{aligned}
W'_t - W_t &= p \times (q_0 - q_t) \\
&= p \times \sum_i a_{0i} \times q_{0i} - p \times \sum_i a_{ti} \times q_{ti}
\end{aligned} \tag{2.3}
$$

对公式（2.3）进行变形，可以得到：

$$
\begin{aligned}
\Delta W = & \underbrace{p \times \sum_i a_{0i}(q_{0i} - q_{ti})}_{\Delta W_1} + \underbrace{p \times \sum_i (a_{0i} - a_{ti}) q_{0i}}_{\Delta W_2} \\
& + \underbrace{p \times \sum_i (a_{0i} - a_{ti})(q_{0i} - q_{ti})}_{\Delta W_3}
\end{aligned} \tag{2.4}
$$

其中，ΔW 表示节水量，ΔW_1 表示产业结构不变但产业用水定额下降所引起的用水量变化，ΔW_2 表示产业用水定额不变但产业结构调整引起的用水量变化，ΔW_3 表示产业结构调整和产业用水定额两者共同作用引起的用水量变化。

产业结构调整、产业用水定额下降引起的用水量变化对总节水量的贡献分别为：

$$
cw_1 = \frac{\sum_i (a_{0i} - a_{ti}) \times q_{0i}}{q_0 - q_t} \times 100\% \tag{2.5}
$$

$$
cw_2 = \frac{\sum_i a_{0i} \times (q_{0i} - q_{ti})}{q_0 - q_t} \times 100\% \tag{2.6}
$$

（2）用水量经济增长弹性的下降规律。

弹性表示因变量对自变量变化的反应的敏感程度。用水量经济增长弹性表示在一定时期内用水量变动对于经济增长的反应程度，或者说，表示在一定时期内经济增长 1% 时所引起的用水量变化的百分比。用水量经济增长的点弹性 e 可以用公式（2.7）表示：

$$
e = \lim_{\Delta G \to 0} \frac{\Delta W / W}{\Delta G / G} = \frac{dW/W}{dG/G} = \frac{dW}{dG} \times \frac{G}{W} \tag{2.7}
$$

其中，G 和 W 分别表示经济指标和用水量。

用水量经济增长弹性下降的主要原因：一是节水技术进步，各行业用水普遍提高，尤其是新建项目采用更加先进的节水技术，因此，经济增长量的用水效率一般高于存量，导致用水量经济增长弹性不断下降；二是产业结构优化升级，产业结构高级化具有节水效应，将促使用水效率不断提高，从而促进用水量经济增长弹性不断下降。

（3）用水量库兹涅茨曲线。

Kuznets[138]首次用倒“U”形曲线描述经济增长与收入分配之间的关系，即随着人均收入增加，收入分配不均衡程度经历加剧——最高点（转折点）——下降的过程。Grossman 和 Krueger[139]提出了环境库兹涅茨曲线假说，即经济增长初期，环境质量随着人均收入增加而降低，当人均收入到达一定临界值时，环境质量随着人均收入增加而改善，两者呈倒“U”形。Rock[140]首次将环境库兹涅茨曲线运用到水资源领域，发现美国人均收入与用水量之间存在倒“U”形的关系。

农业用水表现出库兹涅茨曲线特征，Katz[141]利用联合国粮食及农业组织（FAO）公布的国家数据，检验得到人均农业用水量与人均 GDP 之间呈倒“U”形。贾绍凤等[135]研究发现，发达国家工业用水随着经济发展存在一个由上升转而下降的转折点，并使用库兹涅茨曲线形式表示两者之间的关系，并把工业用水量下降的成因归结为节水科技、产业结构优化升级、环保要求更加严格、油价上涨等经济危机影响。当经济发展水平和收入水平较低时，生活用水设施不普及，人均生活用水较少。随着收入水平提高，用水设施逐步普及，人均生活用水也将增加。但是当收入水平达到一定程度时，生活用水设施已经饱和和完备，即便收入水平进一步提高，人均生活用水量也将不再增加。

（4）人口与城市化对用水量的影响。

在一定的生活水平下，人口规模越大，生活用水量越多。人口规模越大，对商品和服务的需求将越多，生产规模扩大，从而引起生产用水量增加。人口规模增加，生产用水和生活用水都会增加。

城市化不仅包括人口由农村向城市转换的过程，还包括经济、社会、空间等其方面的转换。城市化进程推进对用水量的影响主要体现在促增、促减和空间分布三个维度，一是促进农村生活方式向城镇生活方式转变，而城镇居民生活用水强度大于农村，因此，将带来生活用水量增加；二是城市化促进居民素质提高、生产效率提高和技术转移，将带来用水量下降；三是促进人口集中，从而带来用水量的集中。

2.2 用水量达峰理论

用水总量达峰相关政策文件的梳理，将为干预情景下各类别用水量潜在演变趋势模拟时驱动因素年均变化率的设置，提供政策依据。

2.2.1 用水量达峰的原因

1.2 节内容已经提及，用水量达峰的相关研究甚少，与之相近的研究如用水量零增长，部分学者对其开展了研究。本书将通过学者的论著对用水量零增长的原因进行阐述，主要如下：

贾绍凤和张士峰[2]从中国实际用水增长业已放慢的趋势、已经开始启动的供水价格的大幅上升趋势和水价与用水的关系、经济增长方式由粗放型向集约型转变和用水与产业结构的关系、日益严格的环境立法和执法对用水的影响、中国水资源本身的限制等5个方面，断定中国农业用水量、工业用水量和总用水量均已接近顶峰。

贾绍凤[142]探讨OECD国家和地区工业用水零增长的原因有较高的环境保护要求、产业结构升级、第二产业所占GDP比重和就业比重降低。

刘昌明和何希吾[4]将影响需水零增长的因素归结为以下12个方面：①水资源条件。水资源丰富程度决定了供水条件和用水定额一定的自由度，多水地区需水零增长趋势发展缓慢，而在缺水地区水资源具有强烈的反馈作用，促使用水效率和重复利用率提高，零增长阶段到来较快。②人口因素，人口规模的消长直接影响到生活用水量，包括食物与生存环境的需求对需水量的影响，人口数量零增长时，可以促进生活用水的零增长。③人均用水水平，取决于生活水平、自然环境、供水能力和生活习惯，目前主要是城乡人均用水的区别，但有时多水、炎热地区农村的人均用水量不少于缺水地区城市人均用水量。④工业结构状况，工业规模、结构、布局对需水量有很大的影响，其中工业结构的转变具有决定性作用，发电、化工、造纸、钢铁、食品等工业耗水量大。⑤单位产品耗水量，主要受产品种类和科技进步的影响，也受水源条件和管理水平限制，我国水资源的特点决定了未来的经济发展、城乡建设、资源开发等都必须建立在节水的基础上，用水定额不能过高，而且随着科学技术的发展和节水措施的普及推广，用水定额将会下降。⑥农业灌溉面积及灌溉保证率和灌溉率的影响。⑦灌溉定额，取决于水源条件和作物种类。⑧水资源重复利用率，不同用水过程的水质要求不同，用水目的和节水技术不同，则重复利用率不同。⑨管理操作水平，反映在用水定额的大小上。⑩技术因素，设备完好率是技术因素，也体现在用水定额和重复利用率上。⑪政策法规，政策法规的影响是十分重要的因素，包括与水有关的政策以及经济、产业、土地、环境和人口等方面的政策，水资源综合利用与节约用水可以通过法规来促进。⑫全民节水意识，强化全民节约水资源、保护水资源的意识与提倡良好的社会节水风尚，是不可忽视的重要方面。

2.2.2 用水量达峰有关的政策文件

当前我国水资源面临的形势十分严峻，水资源短缺、水污染严重、水生态环境恶化等问题日益突出，已成为制约经济社会可持续发展的主要“瓶颈”。因此，国家为解决水资源问题，制定执行多项有关控制用水量、提高水资源利用效率的规章制度以及政策文件，充分体现了国家对用水量需求管理的战略需求和制度安排。虽然这些政策文件中没有明确使用达峰这一词语，但是所设定的目标任务与达峰的实质高度一致。

达峰相关的政策文件主要包括：①《中共中央　国务院关于加快水利改革发展的决定》；②《国务院关于实行最严格水资源管理制度的意见》；③《“十三五”水资源消耗总量和强度双控行动方案》；④《国家节水行动方案》；⑤《“十四五”节水型社会建设规划》。上述政策文件有关用水量达峰的具体内容如图 2.1 所示，从中可以看出，文件①②③都将 2020 年全国用水总量控制目标设定在 6700 亿 m^3。其中，文件②将 2030 年全国用水总量控制目标设定在 7000 亿 m^3；考虑到未来一个时期我国水资源承载能力和生态保护需求、经济社会发展布局规模、产业结构调整、节水水平以及用水需求等因素，文件④将 6700 亿 m^3 和 7000 亿 m^3 控制目标分别延迟至 2022 年和 2035 年；为贯彻落实“节水优先、空间均衡、系统治理、两手发力”新时期治水思路，结合新时期我国用水需求现状以及未来用水规划，文件⑤将“十四五”规划的末年（2025 年）全国用水总量控制目标设定为 6400 亿 m^3。由此可见，国家根据社会经济发展、水资源利用现状等不断优化调整用水总量控制目标，倒逼经济增长方式转变、产业结构调整等。

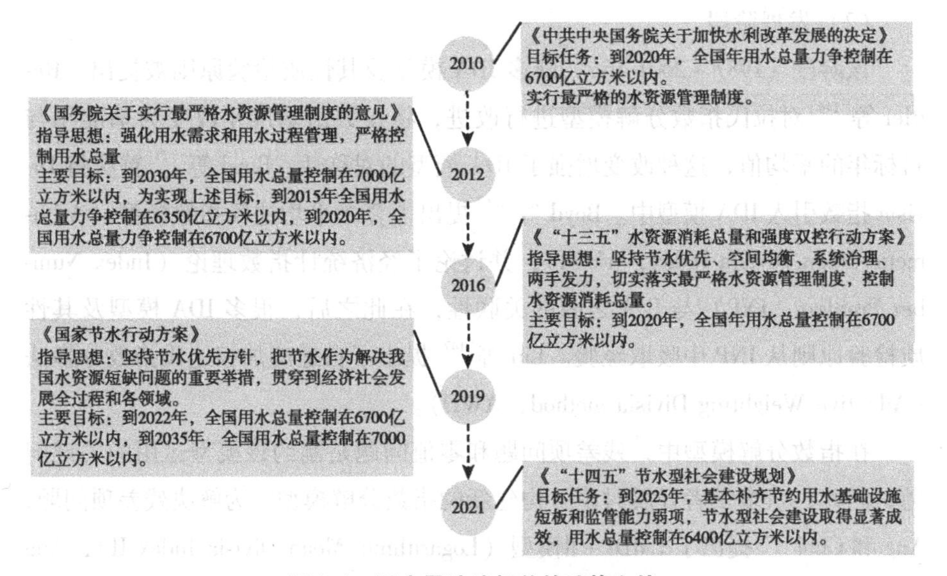

图 2.1　用水量达峰相关的政策文件

2.3　指数分解法理论

指数分解法被广泛运用于水资源消耗演变的驱动因素研究，该理论方法包括众多模型，对指数分解法发展历程以及各种分解模型进行阐述，将有助于选择出更加合适的分解模型，用于用水总量历史演变的驱动因素识别，以及以此为基础，构建情景分解模型，掌握用水总量达峰实现的贡献因素。

2.3.1　指数分解法发展历程

（1）开始阶段。

该阶段（1986 年之前），指数分解法（Index Decomposition Analysis，IDA）主要被运用于工业能源消耗强度变化的影响因素，将其分解为强度（技术）效应和结构效应，反映工业能源消耗强度和工业行业结构对其变化的影响。

Bossanyi[143]是最早使用IDA方法开展相关研究的学者，测算结构效应的基本思想是保持其他因素不变，结构变化带来工业能源强度的变化，方法上与拉氏指数非常相似，因此，被认定为拉氏指数分解法。

（2）发展阶段。

该阶段（1987～2001年），众多IDA模型及其性质检验原则被提出。Reitler等[144]对拉氏指数分解模型进行改进，将权数由基准年改变为基准年与目标年的平均值，这种改变增强了IDA模型的对称性。Boyd等[145]首次将Divisia指数引入IDA模型中。Boyd等[146]提出了算术平均迪氏指数模型（Arithmetic Mean Divisia Index，AMDI），并讨论了经济统计指数理论（Index Number Problem，INP）与IDA之间的关联性，在此之后，很多IDA模型及其性质检验原则从INP中吸取经验。Liu等[147]提出了自适应加权迪氏指数分解法（Adaptive Weighting Divisia method，AWD）。

在指数分解模型中，残差项问题和零值问题是制约该模型运用的关键问题，因此，众多学者开展讨论并构建新的指数分解模型。为解决残差项问题，Ang和Choi[148]提出了LMDI－Ⅱ模型（Logarithmic Mean Divisia Index II），Ang等[149]、Ang和Liu[150]分别提出LMDI－Ⅰ模型（Logarithmic Mean Divisia Index I）的加法形式和乘法形式，Sun[151]基于“共同创造，平均分摊”原则，消除残差项，提出了完全分解模型。为解决零值问题，Ang和Choi[148]、Ang等[149]研究认为可以通过一个小的正数代替零值来克服这个问题，当小的正数接近零时，通常会获得收敛的结果。

（3）完善阶段。

该阶段（2001年至今），众多学者对IDA模型进行改进完善。Albrecht等[149]将IDA模型与博弈论中的Shapely值结合，提出一个完全分解模型，Ang等[153]证明发现，Shapley分解法与Sun[151]所提完全分解法的分解结果是相同的，其将两者合称为Shapley/Sun（S/S）分解法。Liu和Ang[154]研究INP与IDA的相似性，并将传统两因素Fisher指数引入IDA模型中，Ang等[155]从Shapley值出发，在两因素Fisher指数分解基础上扩展到多因素Fisher指数分解。Ang[156]将IDA方法划分为以迪氏指数为基础的指数分解模型及以拉氏指数为基础的指数分解模型，并指出LMDI－Ⅰ模型、LMDI－Ⅱ模型的加法形式与乘法形式之间的关系，并认为LMDI模型是最优的模型。Ang等[157]研究了一些常用的 IDA 方法在能源和碳排放分析中的性质和联系。Vaninsky[158] 指出，现有指数分解法将目标变量分解成多个因素相乘的形式，各因素之间存在形式上的相互依赖性，而其分解结果也取决于影响因素的选取，使不同因素分解形式可能产生相悖的分解结论，于是，为克服上述缺点，提出广义迪氏指数分解法（Generalized Divisia Index Method，GDIM）。上述研究成果都是从时间维度出发，Ang 等[159]将空间维度纳入 IDA 模型中，构建了 ST－IDA 模型。

图 2.2 显示了 IDA 模型的发展历程。

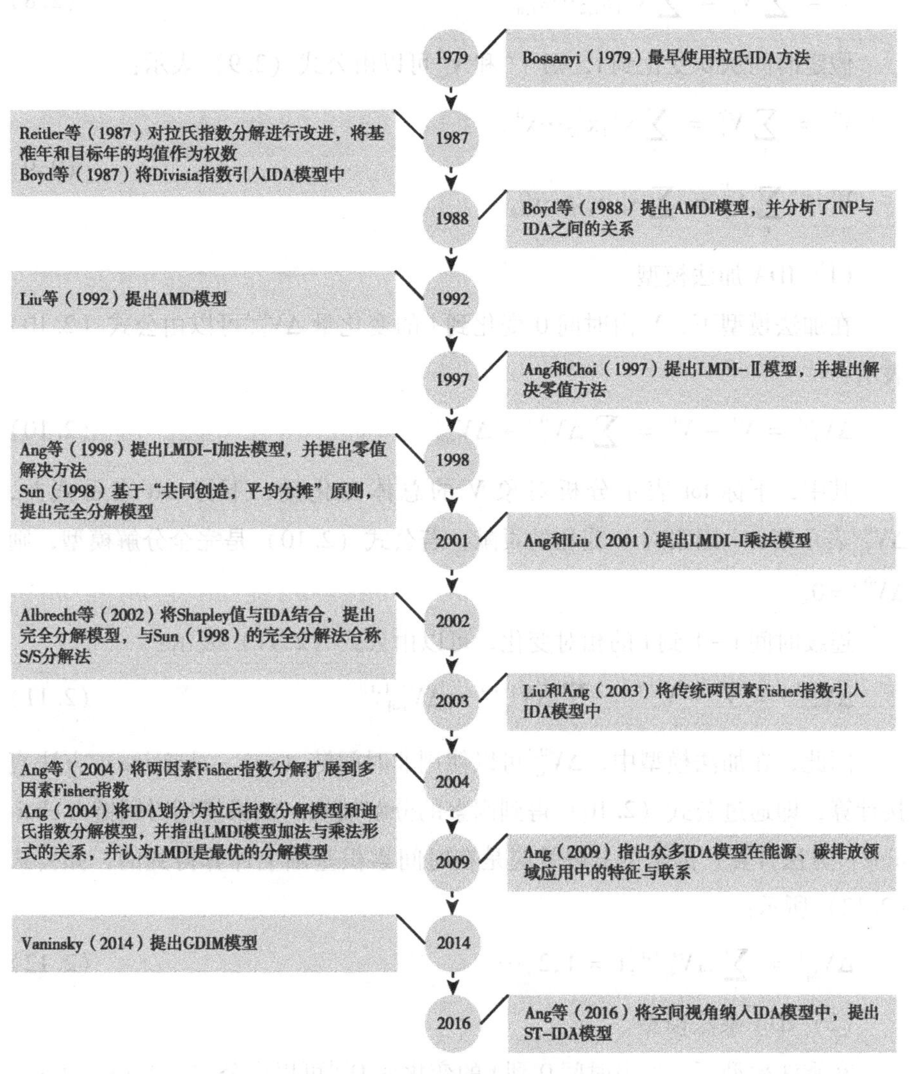

图 2.2 IDA 模型的发展历程

2.3.2 指数分解法模型构成

根据 Ang[160] 的研究成果，设 V 为分析对象，其变化由 n 个因素影响，即 x_1，x_2，…，x_n，用下标 i 表示 V 所包含的子类，且存在 $V_i = x_{i,1}x_{i,2}$，…，$x_{i,n}$，因此，可以得到：

$$V = \sum_i V_i = \sum_i x_{i,1}x_{i,2}\cdots x_{i,n} \tag{2.8}$$

假定时间从 0 变化到 t，则 V^0 和 V^t 可以由公式（2.9）表示：

$$V^0 = \sum_i V_i^0 = \sum_i x_{i,1}^0 x_{i,2}^0\cdots x_{i,n}^0$$
$$V^t = \sum_i V_i^t = \sum_i x_{i,1}^t x_{i,2}^t\cdots x_{i,n}^t \tag{2.9}$$

（1）IDA 加法模型。

在加法模型下，V 由时间 0 变化到 t 的变化量 $\Delta V_{tot}^{0,t}$ 可以由公式（2.10）表示：

$$\Delta V_{tot}^{0,t} = V^t - V^0 = \sum_i \Delta V_{x_i}^{0,t} + \Delta V_{rsd}^{0,t} \tag{2.10}$$

其中，下标 tot 表示分析对象 V 的总体变化量，下标 rsd 表示残差，$\Delta V_{x_i}^{0,t}$ 表示第 i 个因素对 V 变化的贡献，若公式（2.10）是完全分解模型，则 $\Delta V_{rsd}^{0,t} = 0$。

连续时间 t - 1 到 t 的相对变化，可以由公式（2.11）表示：

$$\Delta V_{tot}^{t-1,t} = V^t - V^{t-1} = \sum_i \Delta V_{x_i}^{t-1,t} + \Delta V_{rsd}^{t-1,t} \tag{2.11}$$

因此，在加法模型中，$\Delta V_{x_i}^{0,t}$ 可以使用非时间链（non - chaining）方法直接计算，即通过公式（2.10）得到因素的分解效应，如果使用时间链（chaining）方法计算，因素的分解效应是在时间累积基础上计算得到的，如公式（2.12）所示：

$$\Delta V_{x_i}^{0,t} = \sum_t \Delta V_{x_i}^{t-1,t}, t = 1,2,\cdots \tag{2.12}$$

（2）IDA 乘法模型。

在乘法模型下，V 由时间 0 到 t 的变化率 $D_{tot}^{0,t}$ 可以由公式（2.13）表示：

$$D_{tot}^{0,t} = \frac{V^t}{V^0} = \prod_i D_{x_i}^{0,t} D_{rsd}^{0,t} \tag{2.13}$$

其中，下标 tot 表示分析对象 V 的总体变化率，下标 rsd 表示残差，$D_{x_i}^{0,t}$表示第 i 个因素对 V 变化率的贡献，若公式（2.13）是完全分解模型，则 $D_{rsd}^{0,t}=1$。

连续时间 t-1 到 t 的相对变化，可以由公式（2.14）表示：

$$D_{tot}^{t-1,t} = \frac{V^t}{V^{t-1}} = \prod_i D_{x_i}^{t-1,t} D_{rsd}^{t-1,t} \tag{2.14}$$

因此，在乘法模型中，$D_{x_i}^{0,t}$可以使用非时间链（non-chaining）方法直接计算，即通过公式（2.13）得到因素的分解效应，如果使用时间链（chaining）方法计算，因素的分解效应是在时间累积基础上计算得到的，如公式（2.15）所示：

$$D_{x_i}^{0,t} = \prod_i D_{x_i}^{t-1,t}, t = 1,2,\cdots \tag{2.15}$$

（3）拉氏 IDA 模型。

Ang[156]将 IDA 模型划分为以拉氏指数为基础的 IDA 模型和以迪氏指数为基础的 IDA 模型，其中，以拉氏指数为基础的 IDA 模型中，Lapeyres 模型和 S/S 模型运用最为广泛，本节将对其进行介绍。

①Lapeyres 模型。

Lapeyres 模型的基本思想是保持其他变量不变的前提下，研究某一个变量变化对分析指标的影响。

在加法模型下，存在：

$$\Delta V_{x_i}^{0,t} = \sum_j \frac{V_j^0}{x_{j,i}^0}(x_{j,i}^t - x_{j,i}^0) \tag{2.16}$$

$$\Delta V_{rsd}^{0,t} = \Delta V_{tot}^{0,t} - \sum_i \sum_j \frac{V_j^0}{x_{j,i}^0}(x_{j,i}^t - x_{j,i}^0) i = 1,2,\cdots,n, j = 1,2,\cdots,m$$

其中，n 和 m 分别表示影响因素、子类的数量。

在乘法模型下，存在：

$$D_{x_i}^{0,t} = \frac{\sum_j \frac{V_{j,i}^0}{x_{j,i}^0} x_{j,i}^t}{\sum_j V_j^0} \tag{2.17}$$

$$D_{rsd}^{0,t} = \frac{D_{tot}^{0,t}}{\prod_i D_{x_i}^{0,t}} i = 1,2,\cdots,n, j = 1,2,\cdots,m$$

②S/S 模型。

Sun[151]基于“共同创造，平均分摊”原则，解决了残差项问题。Albrecht 等[161]将 Shapely 值引入指数分解模型中，Ang 等[153]研究发现两种方法具有相同的分解结果。

基于 Sun[151]的研究成果，因素 x_i 的效应如公式（2.18）所示：

$$\Delta V_{x_i}^{0,t} = \frac{V^0}{x_i^0}\Delta x_i + \sum_{j\neq i}\frac{V^0}{2x_i^0 x_j^0}\Delta x_i \Delta x_j + \sum_{j\neq r\neq i}\frac{V^0}{3x_i^0 x_j^0 x_r^0}\Delta x_i \Delta x_j \Delta x_r + \cdots + \frac{1}{n}\Delta x_1 \Delta x_2 \cdots \Delta x_n \tag{2.18}$$

（4）迪氏 IDA 模型。

以迪氏指数为基础的 IDA 模型中，LMDI－Ⅰ模型、LMDI－Ⅱ模型和 AMDI 模型运用最为广泛，本节将对其进行介绍。

①LMDI－Ⅰ模型。

在加法模型下，因素 x_i 的效应如公式（2.19）所示：

$$\Delta V_{x_i}^{0,t} = \sum_j L(V_j^t, V_j^0)\ln\frac{x_{j,i}^t}{x_{j,i}^0} \tag{2.19}$$

在乘法模型下，因素 x_i 的效应如公式（2.20）所示：

$$D_{x_i}^{0,t} = \exp\left\{\sum_j L\left(\frac{V_j^t}{V^t}, \frac{V_j^0}{V^0}\right)\ln\frac{x_{j,i}^t}{x_{j,i}^0}\right\} \tag{2.20}$$

其中，L(·）表示权数，两个正值 a、b 的对数均值权数可以由公式（2.21）表示：

$$L(a,b) = \begin{cases}(a-b)/(\ln a - \ln b) & a\neq b \\ a & a = b\end{cases} \tag{2.21}$$

②LMDI－Ⅱ模型。

在加法模型下，因素 x_i 的效应如公式（2.22）所示：

$$\Delta V_{x_i}^{0,t} = \sum_j \frac{L\left(\frac{V_j^t}{V^t}, \frac{V_j^0}{V^0}\right)}{\sum_j L\left(\frac{V_j^t}{V^t}, \frac{V_j^0}{V^0}\right)} L(V^0, V^t)\ln\frac{x_{j,i}^t}{x_{j,i}^0} \tag{2.22}$$

在乘法模型下，因素 x_i 的效应如公式（2.23）所示：

$$D_{x_i}^{0,t}=\exp\left\{\sum_j\frac{L\left(\frac{V_j^t}{V^t},\frac{V_j^0}{V^0}\right)}{\sum_j L\left(\frac{V_j^t}{V^t},\frac{V_j^0}{V^0}\right)}\ln\frac{x_{j,i}^t}{x_{j,i}^0}\right\}\tag{2.23}$$

③AMDI 模型。

在加法模型下，因素 x_i 以及残差的效应如公式（2.24）所示：

$$\begin{aligned}\Delta V_{x_i}^{0,t}&=\sum_j\frac{1}{2}(V^t+V^0)\ln\frac{x_{j,i}^t}{x_{j,i}^0}\\\Delta V_{rsd}^{0,t}&=\Delta V_{tot}^{0,t}-\sum_i\Delta V_{x_i}^{0,t}=\Delta V_{tot}^{0,t}-\sum_i\sum_j\frac{1}{2}(V^t+V^0)\ln\frac{x_{j,i}^t}{x_{j,i}^0}\end{aligned}\tag{2.24}$$

在乘法模型下，因素 x_i 以及残差的效应如公式（2.25）所示：

$$\begin{aligned}D_{x_i}^{0,t}&=\exp\left\{\sum_j\frac{1}{2}\left(\frac{V_j^t}{V^t}+\frac{V_j^0}{V^0}\right)\ln\frac{x_{j,i}^t}{x_{j,i}^0}\right\}\\D_{rsd}^{0,t}&=\frac{D_{tot}^{0,t}}{\prod_i\exp\left\{\sum_j\frac{1}{2}\left(\frac{V_j^t}{V^t}+\frac{V_j^0}{V^0}\right)\ln\frac{x_{j,i}^t}{x_{j,i}^0}\right\}}\end{aligned}\tag{2.25}$$

2.4　生产函数理论

生产函数模型是构建用水总量对经济增长阻力模型的基础，而增长阻力又是用水总量达峰路径判别的重要依据，因此，从众多生产函数模型中选择合适的模型至关重要，有必要对生产函数基本理论以及生产函数模型进行梳理总结。

2.4.1　生产函数基本理论

生产函数描述了技术水平，表明投入要素所有可能组合所能达到的最大产出量，即如公式（2.26）所示：

$$Y=f(X_1,X_2,\cdots,X_3),X_n\in R_+^n\tag{2.26}$$

其中，Y 为产出；X_1，X_2，…，X_n 为投入，主要包括技术、资本、劳动等投入要素；f（·）为函数，表示投入转化为产出的关系形式，一般假定函数为连续可微的。投入对产出的作用与影响主要是由一定的技术条件所决定的，因此，生产函数反映了生产过程中投入与产出之间的技术关系。

考虑只有资本 K 和劳动 L 两种投入要素的生产函数，如公式（2.27）所示：

$$Y = f(K, L) \tag{2.27}$$

公式（2.27）具有以下特征：

（1）两种投入要素在生产过程中都是必需的，即满足 $f(K,0) = f(0,L) = 0$；

（2）投入要素的边际产量为非负，即满足$\frac{\partial f}{\partial K} \geqslant 0$，$\frac{\partial f}{\partial L} \geqslant 0$；

（3）投入要素的边际产量递减，生产函数二阶偏导数的海赛矩阵为负半定的，以确保等产量线具有合适的曲率，即满足$\frac{\partial^2 f}{\partial K^2} \leqslant 0$，$\frac{\partial^2 f}{\partial L^2} \leqslant 0$，$\frac{\partial^2 f}{\partial K^2}\frac{\partial^2 f}{\partial L^2} - \left(\frac{\partial^2 f}{\partial K \partial L}\right)^2 \geqslant 0$；

（4）不论规模报酬不变、递增和递减，即存在 $f(\lambda K, \lambda L) = \lambda f(K, L)$、$f(\lambda K, \lambda L) > \lambda f(K, L)$和 $f(\lambda K, \lambda L) < \lambda f(K, L)$，$\lambda > 1$。

2.4.2 生产函数模型

生产函数模型的发展主要遵循两条线索：一是以投入要素之间替代性质的描述为线索，二是以技术进步的描述为线索。

（1）基于投入要素之间替代性质的描述为线索。

根据投入要素之间替代弹性的性质特征对生产函数进行分类，主要有线性生产函数、里昂惕夫生产函数、C－D 生产函数、CES 生产函数、二级 CES 生产函数、VES 生产函数及超越对数生产函数等。替代弹性指要素投入比例的变化率与边际技术替代率的变化率之比，假定存在两种投入要素 X_1 和 X_2，则替代弹性 σ 可以用公式（2.28）表示：

$$\sigma = \frac{d\ln(X_1/X_2)}{d\ln(MRS_{12})} = \frac{d\ln(X_1/X_2)}{d\ln(MP_2/MP_1)} = \frac{d(X_1/X_2)/(X_1/X_2)}{d(MP_2/MP_1)/(MP_2/MP_1)} \tag{2.28}$$

其中，MRS_{12}为要素X_1和X_2之间的边际技术替代率，MP_1和MP_2分别为要素X_1和X_2的边际产量。当$\sigma \to 0$时，投入要素之间的替代就越困难；当$\sigma = 0$时，投入要素之间不可以替代；当$\sigma \to +\infty$时，投入要素之间的替代就越容易；当$\sigma = +\infty$时，投入要素之间完全可以替代。投入要素之间的替代性质不同，生产函数模型则不同，本书主要以两要素（资本K和劳动L）为例，介绍上述各种生产函数模型的具体形态。

①线性生产函数。

假定资本投入K和劳动投入L之间可以无限替代，其函数形式如公式（2.29）所示：

$$Y = a_0 + a_1K + a_2L \tag{2.29}$$

由于替代弹性$\sigma = \dfrac{d\left(\frac{K}{L}\right)\Big/\left(\frac{K}{L}\right)}{d\left(\frac{MP_L}{MP_K}\right)\Big/\left(\frac{MP_L}{MP_K}\right)} = \dfrac{d\left(\ln\frac{K}{L}\right)}{d\left(\ln\frac{MP_L}{MP_K}\right)} = \dfrac{d\left(\ln\frac{K}{L}\right)}{d\left(\ln\frac{a_2}{a_1}\right)} = +\infty$，意味着资本K和劳动L可以无限替代，并且保持产出不变。

②里昂惕夫生产函数。

假定资本投入K和劳动投入L之间完全不可以替代，其函数形式如公式（2.30）所示：

$$Y = \min\left(\frac{K}{a}, \frac{L}{b}\right) \tag{2.30}$$

如需得出Y，则资本K和劳动L的投入量分别满足$K = aY$，$L = bY$。则替代弹性$\sigma = \dfrac{d\left(\frac{K}{L}\right)\Big/\left(\frac{K}{L}\right)}{d\left(\frac{MP_L}{MP_K}\right)\Big/\left(\frac{MP_L}{MP_K}\right)} = \dfrac{d\left(\ln\frac{K}{L}\right)}{d\left(\ln\frac{MP_L}{MP_K}\right)} = \dfrac{d\left(\ln\frac{a}{b}\right)}{d\left(\ln\frac{MP_L}{MP_K}\right)} = 0$，意味着资本K和劳动L完全不可替代。

③C－D生产函数。

Charles Cobb和Paul Dauglas于1928年提出了C－D生产函数，其函数形式如公式（2.31）所示：

$$Y = AK^aL^b \tag{2.31}$$

其中，$A > 0$，为广义技术进步水平；K和L分别为资本和劳动；a和b分别为资本投入K和劳动投入L的产出弹性，$0 \leqslant a, b \leqslant 1$，并假定$a + b = 1$，即规模报酬不变。Durand 于 1937 年对 C - D 生产函数进行改进，认为规模报酬可以递增也可以递减，主要取决于 a 和 b 的实际估计结果。C - D 生产函数要求资本投入 K 和劳动投入 L 之间的替代弹性为 1，即满足公式(2.32)：

$$\sigma=\frac{d\left(\frac{K}{L}\right)/\left(\frac{K}{L}\right)}{d\left(\frac{MP_L}{MP_K}\right)/\left(\frac{MP_L}{MP_K}\right)}=\frac{d\left(\ln\frac{K}{L}\right)}{d\left(\ln\frac{MP_L}{MP_K}\right)}=\frac{d\left(\ln\frac{K}{L}\right)}{d\left(\ln\frac{bK}{aL}\right)}$$

$$=\frac{d\left(\ln\frac{K}{L}\right)}{d\left[\ln\frac{b}{a}+\ln\left(\frac{K}{L}\right)\right]}=1 \tag{2.32}$$

其中，MP_L 和 MP_K 分别表示劳动投入 L 和资本投入 K 的边际产量。与要素之间可以无限替代的线性生产函数、要素之间完全不可替代的里昂惕夫生产函数相比，C - D 生产函数的要素替代弹性始终为 1，这与现实生产活动不符合。

④CES 生产函数。

两要素不变替代弹性生产函数（Constant Elasticity of Substitution Function，CES）由 Arrow 等提出，可以由公式（2.33）所示：

$$Y=A\left(aK^{-\rho}+bL^{-\rho}\right)^{-\frac{1}{\rho}} \tag{2.33}$$

其中，ρ 表示替代参数，$-1<\rho<\infty$；a 和 b 表示分配系数，$0\leqslant a\leqslant 1$，$0\leqslant b\leqslant 1$，且满足 $a+b=1$。

由于公式（2.33）假定规模报酬不变，如果存在规模报酬递增或者递减，公式（2.33）将变化为公式（2.34）：

$$Y=A\left(aK^{-\rho}+bL^{-\rho}\right)^{-\frac{m}{\rho}} \tag{2.34}$$

其中，m 表示规模报酬参数，$m=1$、$m>1$ 和 $m<1$ 分别表示规模报酬不变、递增和递减。

CES 生产函数的要素替代弹性 $\sigma=\frac{1}{1+\rho}$，如公式（2.35）所示：

$$\sigma=\frac{d\left(\frac{K}{L}\right)/\left(\frac{K}{L}\right)}{d\left(\frac{MP_L}{MP_K}\right)/\left(\frac{MP_L}{MP_K}\right)}=\frac{d\left(\ln\frac{K}{L}\right)}{d\left(\ln\frac{MP_L}{MP_K}\right)}=\frac{d\left(\ln\frac{K}{L}\right)}{d\left(\ln\frac{\partial Y/\partial L}{\partial Y/\partial K}\right)}$$

$$= \frac{d\left(\ln \frac{K}{L}\right)}{d\left(\ln \frac{Ab(-\rho)L^{-1-\rho}\left(-\frac{m}{\rho}\right)(aK^{-\rho}+bL^{-\rho})^{-\frac{m}{\rho}-1}}{Aa(-\rho)K^{-1-\rho}\left(-\frac{m}{\rho}\right)(aK^{-\rho}+bL^{-\rho})^{-\frac{m}{\rho}-1}}\right)}$$

$$= \frac{d\left(\ln \frac{K}{L}\right)}{d\left[\ln \frac{b}{a}\left(\frac{K}{L}\right)^{1+\rho}\right]} = \frac{d\left(\ln \frac{K}{L}\right)}{d\left[\ln \frac{b}{a} + (1+\rho)\ln\left(\frac{K}{L}\right)\right]} = \frac{1}{1+\rho} \tag{2.35}$$

其中，MP_L 和 MP_K 分别表示劳动投入 L 和资本投入 K 的边际产量。由此可见，CES 生产函数的要素替代弹性假设比 C－D 生产函数更加切合实际。

⑤二级 CES 生产函数。

CES 函数假定只存在资本 K 和劳动 L 两种要素，如果投入要素大于 2 个（如资本 K、劳动 L 和水资源 W），假定上述三个要素之间的替代弹性不相同，则要素之间替代弹性相同的一级 CES 函数将无法准确描述要素之间的替代性质。Sato 提出二级多要素 CES 生产函数，如公式（2.36）所示：

$$\begin{aligned} Y_{KW} &= (a_1K^{-\rho_1} + b_1W^{-\rho_1})^{-\frac{1}{\rho_1}} \\ Y &= A(a_2Y_{KW}^{-\rho} + b_2L^{-\rho})^{-\frac{m}{\rho}} \end{aligned} \tag{2.36}$$

其中，上面式子是第一级，下面式子是第二级；$A>0$，表示技术水平；ρ 和 ρ_1 表示替代参数，$-1<\rho<\infty$，$-1<\rho_1<\infty$；a_1、b_1、a_2 和 b_2 是分配系数，$0\leqslant a_1\leqslant 1$，$0\leqslant a_2\leqslant 1$，$0\leqslant b_1\leqslant 1$，$0\leqslant b_2\leqslant 1$，且满足 $a_1+b_1=1$，$a_2+b_2=1$；m 表示规模报酬参数，$m=1$、$m>1$ 和 $m<1$ 分别表示规模报酬不变、递增和递减。

资本 K 与水资源 W 之间的替代弹性为 $\sigma_1=1/(1+\rho_1)$，如公式（2.37）所示：

$$\sigma = \frac{d\left(\frac{K}{W}\right)/\left(\frac{K}{W}\right)}{d\left(\frac{MP_W}{MP_K}\right)/\left(\frac{MP_W}{MP_K}\right)} = \frac{d\left(\ln \frac{K}{W}\right)}{d\left(\ln \frac{MP_W}{MP_K}\right)} = \frac{d\left(\ln \frac{K}{W}\right)}{d\left(\ln \frac{\partial Y/\partial W}{\partial Y/\partial K}\right)}$$

$$= \frac{d\left(\ln \frac{K}{W}\right)}{d\left(\ln \frac{b_1(-\rho_1)W^{-1-\rho_1}\left(-\frac{1}{\rho_1}\right)(a_1K^{-\rho_1}+b_1W^{-\rho_1})^{-\frac{1}{\rho_1}-1}}{a_1(-\rho_1)K^{-1-\rho_1}\left(-\frac{1}{\rho_1}\right)(a_1K^{-\rho_1}+b_1W^{-\rho_1})^{-\frac{1}{\rho_1}-1}}\right)}$$

$$= \frac{d\left(\ln \frac{K}{W}\right)}{d\left[\ln \frac{b_1}{a_1}\left(\frac{K}{L}\right)^{1+\rho_1}\right]} = \frac{d\left(\ln \frac{K}{W}\right)}{d\left[\ln \frac{b_1}{a_1}+(1+\rho_1)\ln\left(\frac{K}{W}\right)\right]} = \frac{1}{1+\rho_1} \tag{2.37}$$

劳动 L 与组合要素 Y_{KW} 之间的替代弹性为 $\sigma = 1/(1+\rho)$，如公式（2.38）所示：

$$\sigma = \frac{d\left(\frac{Y_{KW}}{L}\right)/\left(\frac{Y_{KW}}{L}\right)}{d\left(\frac{MP_L}{MP_{Y_{KW}}}\right)/\left(\frac{MP_L}{MP_{Y_{KW}}}\right)} = \frac{d\left(\ln \frac{Y_{KW}}{L}\right)}{d\left(\ln \frac{MP_L}{MP_{Y_{KW}}}\right)} = \frac{d\left(\ln \frac{Y_{KW}}{L}\right)}{d\left(\ln \frac{\partial Y/\partial L}{\partial Y/\partial Y_{KW}}\right)}$$

$$= \frac{d\left(\ln \frac{Y_{KW}}{L}\right)}{d\left(\ln \frac{Ab_2(-\rho)L^{-1-\rho}\left(-\frac{m}{\rho}\right)(a_2Y_{KW}^{-\rho}+b_2L^{-\rho})^{-\frac{m}{\rho}-1}}{Aa_2(-\rho)Y_{LW}^{-1-\rho}\left(-\frac{m}{\rho}\right)(a_2Y_{KW}^{-\rho}+b_2L^{-\rho})^{-\frac{m}{\rho}-1}}\right)}$$

$$= \frac{d\left(\ln \frac{Y_{KW}}{L}\right)}{d\left[\ln \frac{b_2}{a_2}\left(\frac{Y_{KW}}{L}\right)^{1+\rho}\right]} = \frac{d\left(\ln \frac{Y_{KW}}{L}\right)}{d\left[\ln \frac{b_2}{a_2}+(1+\rho)\ln\left(\frac{Y_{KW}}{L}\right)\right]} = \frac{1}{1+\rho} \tag{2.38}$$

⑥VES 生产函数。

Sato 和 Hoffman 假设要素替代弹性 σ 是时间 t 的线性函数，即 $\sigma(t) = a + bt$，VES 生产函数如公式（2.39）所示：

$$Y = A\left[\lambda L^{\frac{\sigma(t)-1}{\sigma(t)}} + (1-\lambda)K^{\frac{\sigma(t)-1}{\sigma(t)}}\right]^{\frac{\sigma(t)}{\sigma(t)-1}} \tag{2.39}$$

Revanker 假设要素替代弹性 σ 为要素比例的线性函数，即 $\sigma = a + b\frac{K}{L}$，因此，生产函数如公式（2.40）所示：

$$Z = A\exp\int \frac{dk}{k + c\left(\frac{k}{a+bk}\right)^{\frac{1}{a}}} \tag{2.40}$$

其中，$Z=\frac{Y}{K}$，$k=\frac{K}{L}$。

⑦超越对数生产函数。

Christensen 等在 1973 年提出超越对数生产函数模型，如公式（2.41）所示：

$$\ln Y = a_0 + a_K \ln K + a_L \ln L + a_{KK}(\ln K)^2 + a_{LL}(\ln L)^2 + a_{KL}\ln K \ln L \qquad (2.41)$$

与 VES 生产函数类似，超越对数生产函数的要素替代弹性取决于样本和参数估计结果。

（2）基于技术进步的描述为线索。

从本质上看，生产函数描述的是投入与产出之间的技术关系，即在不同的技术条件下，相同的投入要素组合会带来不相同的产出量，因此，在生产函数模型中加入技术进步因素具有必要性。

①将技术要素作为不变参数的生产函数模型。

在 C－D 生产函数模型和 CES 生产函数模型中，技术要素都作为独立于资本和劳动要素之外的不变参数引入，技术进步的作用在所有样本点都是相同的。但是，实际上技术进步在不同的时间点上存在差异性，技术进步与时间因素密切相关，因此，需要将考虑时间因素的技术进步纳入生产函数模型中。

②改进的 C－D、CES 生产函数模型。

Tinbergen 提出在生产函数模型中加入时间指数趋势项以测算技术进步，Solow 提出两种测算技术进步 A(t) 的方法，如公式（2.42）和公式（2.43）所示：

$$A(t) = A_0(1+r)^t \qquad (2.42)$$

$$A(t) = A_0 e^{\lambda t} \qquad (2.43)$$

其中，r 和 λ 都为技术的年进步速度。

在两种不同的技术进步测算方法下，改进的 C－D 生产函数模型分别如公式（2.44）和公式（2.45）所示：

$$Y = A_0(1+r)^t K^a L^b \qquad (2.44)$$

$$Y = A_0 e^{\lambda t} K^a L^b \qquad (2.45)$$

在两种不同的技术进步测算方法下，改进的 CES 生产函数模型分别如公式（2.46）和公式（2.47）所示：

$$Y = A_0(1+r)^t(aK^{-\rho}+bL^{-\rho})^{-\frac{m}{\rho}} \tag{2.46}$$

$$Y = A_0e^{\lambda t}(aK^{-\rho}+bL^{-\rho})^{-\frac{m}{\rho}} \tag{2.47}$$

③体现型技术进步的生产函数模型。

技术进步要素中有一部分体现资本、劳动等要素质量的提高，而资本、劳动等生产要素质量的提高可以促使相同数量的要素投入获得不同的产出。Solow 和 Nelson 将体现为资本和劳动要素质量提高的技术进步从广义技术进步中分离出来，构建了体现型技术进步生产函数模型，也称为 Solow - Nelson 同期模型。

分离资本质量的体现型技术进步生产函数模型，如公式（2.48）所示：

$$\frac{\Delta Y}{Y} = \frac{\Delta A'}{A'} + a\left(\lambda - \lambda\Delta\bar{a} + \frac{\Delta K}{K}\right) + b\frac{\Delta L}{L} \tag{2.48}$$

其中，a 为资本产出弹性，λ 为由于资本质量的提高带来的资本效率年提高速度，$\Delta\bar{a}$为资本平均年龄的变化，aλ 为技术进步中体现资本质量提高的部分，$a\lambda\Delta\bar{a}$为资本平均年龄变化的部分。

分离劳动质量的体现型技术进步生产函数模型，如公式（2.49）所示：

$$\frac{\Delta Y}{Y} = \frac{\Delta A''}{A''} + a\left(\lambda - \lambda\Delta\bar{a} + \frac{\Delta K}{K}\right) + b\left(\delta - \delta\Delta\bar{b} + \frac{\Delta L}{L}\right) \tag{2.49}$$

其中，b 为劳动产出弹性，δ 为由于劳动者平均受教育水平提高带来的劳动效率年提高速度，$\Delta\bar{b}$为劳动者平均年龄的变化，bδ 为技术进步中体现劳动质量提高的部分，$b\delta\Delta\bar{b}$为劳动平均年龄变化的部分。

2.5 本章小结

本章主要从水资源需求理论、用水量达峰理论、指数分解法和生产函数理论四个方面对相关理论与模型方法进行阐述。其中，水资源需求包括水资源微观需求与宏观需求，用水量达峰包括原因和有关的政策文件，指数分解法包括发展历程和模型构成，生产函数理论包括基本理论和相关模型。通过相关理论与方法的介绍，为全书的研究提供理论与方法基础。

| 第3章 |

用水总量历史演变驱动因素的识别研究

识别用水总量历史演变的驱动因素，揭示其驱动机制，有利于掌握不同驱动因素对用水总量历史演变的影响程度与方向。本章基于 LMDI 模型，构建用水总量历史演变驱动因素的识别模型，结合生产、生活、生态用水三种分类，将用水总量历史演变分解为农田灌溉、工业、建筑业、服务业、生活、生态和林牧渔畜用水等 7 个一级因素，再进一步分解为亩均净灌溉用水量、农田灌溉水有效利用系数等 13 个二级因素。

3.1 用水总量历史演变驱动因素识别的研究思路与影响机理

3.1.1 用水总量历史演变驱动因素识别的研究思路

基于 1.3.1 节的文献研究，可以将用水总量演变的主要驱动因素归结为规模因素、结构因素和技术因素三大类，其中，规模因素主要包括产业增加值、灌溉面积、人口规模等，随着规模扩大，会增加对水资源的需求，从而增加用水总量；结构因素主要包括产业结构、种植结构等，随着经济增长，产业结构等发生转变和优化升级，由耗水强度高的产业行业向耗水强度低的产业行业转移，从而有利于减少用水总量；技术因素主要包括灌溉定额、万元产业增加值用水量等，经济发展会推动技术进步，从而降低单位产出的用水量，从而减少用水总量。总体来说，规模因素对用水总量增加起到正向（用“+”表示）作用，而结构因素和技术因素对用水总量增加起到反向（用“-”表示）作用。

基于《中国水资源公报 2019》[1]对用水总量的划分，首先，本章从规模、结构和技术三个角度探讨各类别用水量演变的驱动因素及其作用机理。其次，运用 LMDI 模型，构建多层次用水总量演变驱动因素分解模型。第一层是农田灌溉用水、工业用水、建筑业用水、服务业用水、生活用水、生态用水和林牧渔畜用水等 7 个因素；第二层是亩均净灌溉用水量、农田灌溉水有效利用系数、实际灌溉比例、有效灌溉面积、工业用水强度、工业增加值、建筑业用水强度、建筑业增加值、服务业用水强度、服务业增加值、生活用水强度、城市化和人口规模等 13 个因素，由于生态用水和林牧渔畜用水影响因素比较复杂，因此，不再考虑两者的第二层驱动因素。最后，基于第一、第二层驱动因素识别及影响机理分析结果，构建用水总量演变驱动因素集。

用水总量演变驱动因素识别的研究思路如图 3.1 所示。

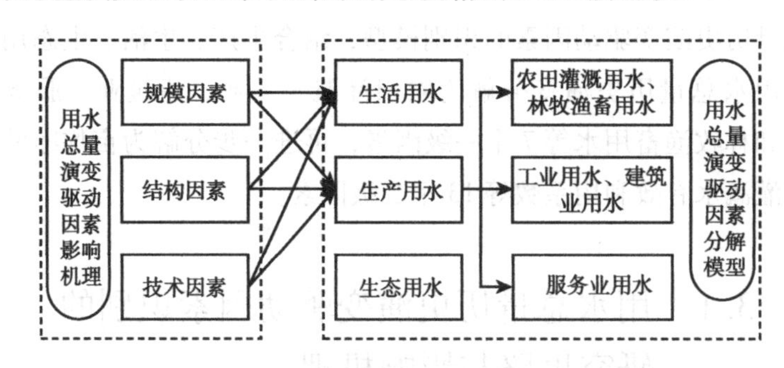

图 3.1　用水总量演变驱动因素识别的研究思路

3.1.2　用水总量历史演变驱动因素的影响机理

(1) 规模因素。

规模因素主要包括有效灌溉面积（农田灌溉用水量的驱动因素）、产业增加值（工业、建筑业和服务业用水量的驱动因素）及人口（生活用水量的驱动因素）等。

①有效灌溉面积。根据《农田水利技术术语》规范，有效灌溉面积指灌溉工程设施基本配套，有一定水源，土地较平整，一般年景可进行正常灌溉的耕地面积。随着国家对农田灌溉基础设施建设投资力度的加大，有效灌溉面积将呈增长趋势，在其他因素保持不变的前提下，会引起农田灌溉用水量增加，从而促进用水总量增加。

②产业增加值。水是生产之要，是经济社会发展不可替代的基础支撑，工业、建筑业和服务业的产业发展，需要投入生产要素，其中，水作为重要的生产要素，不可或缺。因此，在其他因素保持不变的前提下，工业、建筑业和服务业产业发展，即产业增加值增长，势必将增加对水资源的需求，促进用水总量增加。

③人口。在居民生活用水强度保持不变的前提下，人口规模扩大势必会增加家庭生活用水量，从而促进用水总量增加。

（2）结构因素。

结构因素主要包括实际灌溉比例与种植结构（农田灌溉用水量的驱动因素）、工业及服务业行业结构（工业与服务业用水量的驱动因素）、城镇化水平（生活用水量的驱动因素）等。

①实际灌溉比例。实际灌溉比例由实际灌溉面积占有效灌溉面积的比重来表示，主要受来水丰枯的影响，在充分的供水保证下，实际灌溉面积将增加，将促进灌溉比例上升，从而引起农田灌溉用水量增加，我国农田灌溉用水量占用水总量的比重在60%左右，进一步地，促进用水总量增加。

②种植结构。各种农作物的耗水强度存在差异，因此，种植结构的改变将引起农田灌溉用水量的变化。根据水资源条件，推进适水种植、量水生产，加快发展旱作农业，实现以旱补水。在干旱缺水地区，适度压减高耗水作物，扩大低耗水和耐旱作物种植比例，选育推广耐旱农作物新品种。可见，作物种植结构的优化升级，即保证粮食安全前提下，耗水强度高的农作物所占比重下降，将会促进农田灌溉用水量下降，引起用水总量下降，反之，将导致用水总量增加。

③工业行业结构。在工业各行业中，电力、热力生产和供应业，化学原料和化学制品制造业，黑色金属冶炼和压延加工业，非金属矿物制品业，石油加工、炼焦及核燃料加工业，石油和天然气开采业，食品制造业，酒饮料和精制茶制造业，造纸和纸制品业，纺织业十个行业是高耗水行业[134]，其耗水强度大于其他工业行业。因此，高耗水工业行业管控，优化调整工业行业结构，由高耗水行业向低耗水行业转移，将促进工业用水量下降，从而带来用水总量下降，反之，则会导致用水总量增加。

④服务业行业结构。在服务业行业中，洗浴、洗车、高尔夫球场、人工滑雪场、洗涤、宾馆等行业用水强度普遍较高，与工业行业一样，需要严格

管控这些高耗水行业发展，优化升级服务业行业结构，由高耗水行业向低耗水行业转移，促进服务业用水量下降，从而带来用水总量下降，反之，则导致用水总量增加。

⑤城镇化水平。城镇人口占总人口数的比重，即城市化率，被视为人口城乡结构。总体来说，城市居民人均生活用水量大于农村居民，因此，人口从农村流向城市，农村人口的生活用水行为将逐渐接近城镇人口，将促进生活用水量增加，从而促进用水总量增加。

（3）技术因素。

技术因素主要包括农业、工业、建筑业、服务业以及生活用水强度，分别用亩均（毛）灌溉用水量、万元工业增加值用水量、万元建筑业增加值用水量、万元服务业增加值用水量以及人均生活用水量表示。

①亩均（毛）灌溉用水量。主要受来水丰枯以及灌溉工程设施条件的影响，国家正在加快灌区续建配套和现代化改造，分区域规模化推进高效节水灌溉，加大田间节水设施建设力度，以及积极推广喷灌、微灌、滴灌、低压管道输水灌溉、集雨补灌、水肥一体化、覆盖保墒等技术，都将有利于促进亩均（毛）灌溉用水量下降，从而在其他因素保持不变的前提下，能够促进农田灌溉用水量下降，进而带来用水总量下降。

②万元工业增加值用水量。国家正在大力推广高效冷却、洗涤、循环用水、废污水再生利用、高耗水生产工艺替代等工业节水工艺和技术，支持企业开展节水技术改造及再生水回用改造，重点企业要定期开展水平衡测试、用水审计及水效对标，对超过取水定额标准的企业分类分步限期实施节水改造。由此可见，工业行业用水强度（即万元工业增加值用水量）将逐渐下降，促进工业用水量下降，进一步引致用水总量下降。

③万元建筑业增加值用水量。大力推广绿色建筑，新建公共建筑必须安装节水器具，可见，建筑业用水强度将逐渐下降，带来建筑业用水量，进而促进用水总量下降。

④万元服务业增加值用水量。洗车、高尔夫球场等特种行业被要求积极推广循环用水技术、设备与工艺，优先利用再生水、雨水等非常规水源，可见，服务业用水强度将逐渐下降，带来服务业用水量，进而促进用水总量下降。

⑤人均生活用水量。一方面，推动居民家庭节水，普及推广节水型用水

器具，提高人们节水意识，会促进人均生活用水量下降；另一方面，随着人们收入增加和生活水平提高，对水资源需求将逐渐多元化[162]，增加对水资源的需求，会促进人均生活用水量增加。最终，人均生活用水量增加与否取决于两种力量的博弈。

图 3.2 展示了各驱动因素对用水总量演变的影响机理和作用路径。

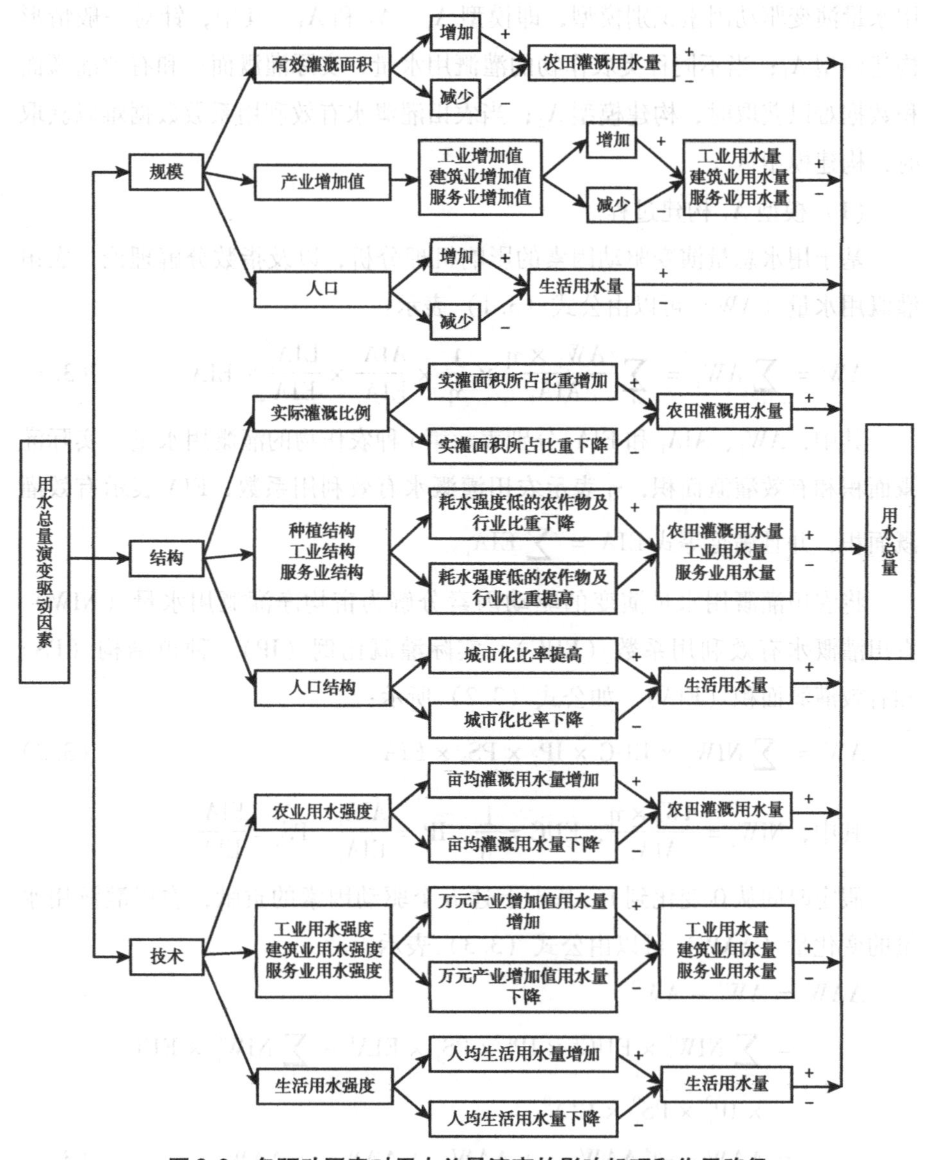

图 3.2　各驱动因素对用水总量演变的影响机理和作用路径

3.2　农田灌溉用水量历史演变驱动因素识别研究

根据研究数据获取难易程度，依据水资源需求规律，构建三个农田灌溉用水量演变驱动因素识别模型，即模型 A_1、A_2 和 A_3。其中，针对一般情形构建模型 A_1；当不同种类农作物的灌溉用水量、实际灌溉面积和有效灌溉面积数据难以获取时，构建模型 A_2；当农田灌溉水有效利用系数数据难以获取时，构建模型 A_3。

（1）模型 A_1 构建过程。

基于用水总量演变驱动因素的影响机理分析，以及指数分解理论，农田灌溉用水量（AW）可以由公式（3.1）表示：

$$AW = \sum_i AW_i = \sum_i \frac{AW_i \times \eta}{AIA_i} \times \frac{1}{\eta} \times \frac{AIA_i}{EIA_i} \times \frac{EIA_i}{EIA} \times EIA \tag{3.1}$$

其中，AW_i、AIA_i 和 EIA_i 分别表示第 i 种农作物的灌溉用水量、实际灌溉面积和有效灌溉面积，η 表示农田灌溉水有效利用系数，EIA 表示有效灌溉面积，并且满足等式 $EIA = \sum_i EIA_i$。

将农田灌溉用水量演变的驱动因素分解为亩均净灌溉用水量（NIW）、农田灌溉水有效利用系数（EUC）、实际灌溉比例（IP）、种植结构（PS）和有效灌溉面积（EIA），如公式（3.2）所示：

$$AW = \sum_i NIW_i \times EUC \times IP_i \times PS_i \times EIA \tag{3.2}$$

其中，$NIW_i = \frac{AW_i \times \eta}{AIA_i}$，$EUC = \frac{1}{\eta}$，$IP_i = \frac{AIA_i}{EIA_i}$，$PS_i = \frac{EIA_i}{EIA}$。

假定时间从 0 变化到 t，基于上述五个驱动因素的贡献，农田灌溉用水量的变化量（ΔAW）可以由公式（3.3）表示：

$$\begin{aligned} \Delta AW &= AW^t - AW^0 \\ &= \sum_i NIW_i^t \times EUC^t \times IP_i^t \times PS_i^t \times EIA^t - \sum_i NIW_i^0 \times EUC^0 \\ &\quad \times IP_i^0 \times PS_i^0 \times EIA^0 \\ &= \Delta AW_{NIW} + \Delta AW_{EUC} + \Delta AW_{IP} + \Delta AW_{PS} + \Delta AW_{EIA} \end{aligned} \tag{3.3}$$

其中，ΔAW_{NIW}、ΔAW_{EUC}、ΔAW_{IP}、ΔAW_{PS}和ΔAW_{EIA}分别表示亩均净灌溉用水量（灌溉水的田间利用效率）、农田灌溉水有效利用系数（输水渠系利用效率）、实际灌溉比例、种植结构和有效灌溉面积对农田灌溉用水量演变的贡献。

考虑到LMDI模型是IDA方法中最优的模型[156,163]，适用于时间序列数据，具有理论基础扎实、计算过程简单、结果容易理解等众多优点，因此，本章采用LMDI模型，测算各驱动因素对农田灌溉、工业、建筑业、服务业和生活用水量变化量的贡献值。上述五个驱动因素对农田灌溉用水量变化量的贡献值如公式（3.4）所示：

$$
\begin{aligned}
\Delta AW_{NIW} &= \sum_i \frac{AW_i^t - AW_i^0}{\ln AW_i^t - \ln AW_i^0} ln \frac{NIW_i^t}{NIW_i^0} \\
\Delta AW_{EUC} &= \sum_i \frac{AW_i^t - AW_i^0}{\ln AW_i^t - \ln AW_i^0} \ln \frac{EUC^t}{EUC^0} \\
\Delta AW_{IP} &= \sum_i \frac{AW_i^t - AW_i^0}{\ln AW_i^t - \ln AW_i^0} \ln \frac{IP_i^t}{IP_i^0} \\
\Delta AW_{PS} &= \sum_i \frac{AW_i^t - AW_i^0}{\ln AW_i^t - \ln AW_i^0} \ln \frac{PS_i^t}{PS_i^0} \\
\Delta AW_{EIA} &= \sum_i \frac{AW_i^t - AW_i^0}{\ln AW_i^t - \ln AW_i^0} \ln \frac{EIA^t}{EIA^0}
\end{aligned}
\tag{3.4}
$$

（2）模型A_2构建过程。

若不同种类农作物的灌溉用水量、实际灌溉面积和有效灌溉面积数据难以获取，可以对公式（3.1）进行简化，得到公式（3.5）：

$$AW = \frac{AW \times \eta}{AIA} \times \frac{1}{\eta} \times \frac{AIA}{EIA} \times EIA \tag{3.5}$$

其中，AW表示农田灌溉用水量，AIA和EIA分别表示实际灌溉面积和有效灌溉面积，η表示农田灌溉水有效利用系数，于是，将农田灌溉用水量演变的驱动因素分解为亩均净灌溉用水量（NIW）、农田灌溉水有效利用系数（EUC）、实际灌溉比例（IP）和有效灌溉面积（EIA），由公式（3.6）表示：

$$AW = NIW \times EUC \times IP \times EIA \tag{3.6}$$

其中，$NIW=\frac{AW\times\eta}{AIA}$，$EUC=\frac{1}{\eta}$，$IP=\frac{AIA}{EIA}$。

农田灌溉用水量（AW）由时间0变化到t的变化量（ΔAW）可以由公式（3.7）表示：

$$\begin{aligned}\Delta AW &= AW^t - AW^0\\ &= NIW^t\times EUC^t\times IP^t\times EIA^t - NIW^0\times EUC^0\times IP^0\times EIA^0\\ &= \Delta AW_{NIW}+\Delta AW_{EUC}+\Delta AW_{IP}+\Delta AW_{EIA}\end{aligned}\tag{3.7}$$

其中，ΔAW_{NIW}、ΔAW_{EUC}、ΔAW_{IP}和ΔAW_{EIA}分别表示亩均净灌溉用水量（灌溉水的田间利用效率）、农田灌溉水有效利用系数（输水渠系利用效率）、实际灌溉比例和有效灌溉面积对农田灌溉用水量演变的贡献。

基于LMDI加法模型，可以计算出上述四个驱动因素对农田灌溉用水量变化量的贡献值，如公式（3.8）所示：

$$\begin{aligned}\Delta AW_{NIW}&=\frac{AW^t-AW^0}{\ln AW^t-\ln AW^0}\ln\frac{NIW^t}{NIW^0}\\ \Delta AW_{EUC}&=\frac{AW^t-AW^0}{\ln AW^t-\ln AW^0}\ln\frac{EUC^t}{EUC^0}\\ \Delta AW_{IP}&=\frac{AW^t-AW^0}{\ln AW^t-\ln AW^0}\ln\frac{IP^t}{IP^0}\\ \Delta AW_{EIA}&=\frac{AW^t-AW^0}{\ln AW^t-\ln AW^0}\ln\frac{EIA^t}{EIA^0}\end{aligned}\tag{3.8}$$

（3）模型A_3构建过程。

若农田灌溉水有效利用系数数据难以获取，可以对公式（3.5）进一步简化，得到公式（3.9）：

$$AW=\frac{AW}{AIA}\times\frac{AIA}{EIA}\times EIA\tag{3.9}$$

其中，AW表示农田灌溉用水量，AIA和EIA分别表示实际灌溉面积和有效灌溉面积，于是，将农田灌溉用水量演变的驱动因素分解为亩均毛灌溉用水量（GIW）、实际灌溉比例（IP）和有效灌溉面积（EIA），由公式（3.10）表示：

$$AW=GIW\times IP\times EIA\tag{3.10}$$

其中，$GIW=\frac{AW}{AIA}$，$IP=\frac{AIA}{EIA}$。

农田灌溉用水量（AW）由时间0变化到时间t的变化量（ΔAW）可以由公式（3.11）表示：

$$\begin{aligned}\Delta AW &= AW^t - AW^0 \\ &= GIW^t \times IP^t \times EIA^t - GIW^0 \times IP^0 \times EIA^0 \\ &= \Delta AW_{GIW} + \Delta AW_{IP} + \Delta AW_{EIA}\end{aligned} \tag{3.11}$$

其中，ΔAW_{GIW}、ΔAW_{IP}和ΔAW_{EIA}分别表示亩均毛灌溉用水量、实际灌溉比例和有效灌溉面积对农田灌溉用水量演变的贡献。

基于LMDI加法模型，可以计算出上述三个驱动因素对农田灌溉用水量变化量的贡献值，如公式（3.12）所示：

$$\begin{aligned}\Delta AW_{GIW} &= \frac{AW^t - AW^0}{\ln AW^t - \ln AW^0}\ln\frac{GIW^t}{GIW^0} \\ \Delta AW_{IP} &= \frac{AW^t - AW^0}{\ln AW^t - \ln AW^0}\ln\frac{IP^t}{IP^0} \\ \Delta AW_{EIA} &= \frac{AW^t - AW^0}{\ln AW^t - \ln AW^0}\ln\frac{EIA^t}{EIA^0}\end{aligned} \tag{3.12}$$

在农田灌溉用水量演变驱动因素识别的案例研究中，如何选择分解模型，即模型A_1、A_2和A_3，主要取决于农田灌溉用水量相关数据的获取程度。

3.3　工业与建筑业用水量历史演变驱动因素识别研究

3.3.1　工业用水量历史演变驱动因素识别研究

根据研究所涉数据获取难易程度，构建两个工业用水量演变驱动因素识别模型，即模型I_1与模型I_2。其中，针对一般情形构建模型I_1；当不同门类、大类工业行业用水量数据难以获取时，构建模型I_2。

（1）模型I_1构建过程。

基于用水总量演变驱动因素的影响机理分析，工业用水量（IW）可以由公式（3.13）表示：

$$IW = \sum_{i}\sum_{j}\frac{IW_{ij}}{IAV_{ij}} \times \frac{IAV_{ij}}{IAV_{i}} \times \frac{IAV_{i}}{IAV} \times IAV \tag{3.13}$$

其中，IW_{ij}和IAV_{ij}分别表示第 i 个工业门类第 j 个工业大类用水量和增加值①，IAV_i 表示第 i 个门类工业增加值，IAV 表示工业增加值。

将工业用水量演变的驱动因素分解为工业行业用水强度（IWI）、工业门类结构（IS－I）、工业大类结构（IS－Ⅱ）和工业增加值（IAV），如公式（3.14）所示：

$$IW = \sum_{i}\sum_{j} IWI_{ij} \times IS-I_{ij} \times IS-II_{i} \times IAV \tag{3.14}$$

其中，$IWI_{ij} = \frac{IW_{ij}}{IAV_{ij}}$，$IS-I_{i} = \frac{IAV_{ij}}{IAV_{i}}$，$IS-II_{i} = \frac{IAV_{i}}{IAV}$。

假定时间从 0 变化到 t，工业用水量变化量（ΔIW）可以由公式（3.15）表示：

$$\begin{aligned}\Delta IW &= IW^{t} - IW^{0} \\ &= \sum_{i}\sum_{j} IWI_{ij}^{t} \times IS-I_{ij}^{t} \times IS-II_{i}^{t} \times IAV^{t} - \sum_{i}\sum_{j} IWI_{ij}^{0} \times IS-I_{ij}^{0} \\ &\quad \times IS-II_{i}^{0} \times IAV^{0} \\ &= \Delta IW_{IWI} + \Delta IW_{IS-I} + \Delta IW_{IS-II} + \Delta IW_{IAV}\end{aligned} \tag{3.15}$$

其中，ΔIW_{IWI}、ΔIW_{IS-I}、ΔIW_{IS-II}和ΔIW_{IAV}分别反映工业行业用水强度、工业大类结构、工业门类结构、工业增加值对工业用水量演变的贡献。

基于 LMDI 加法模型，可以计算出上述四个驱动因素对工业用水量变化量的贡献值，如公式（3.16）所示：

$$\begin{aligned}\Delta IW_{IWI} &= \sum_{i}\sum_{j}\frac{IW_{ij}^{t} - IW_{ij}^{0}}{\ln IW_{ij}^{t} - \ln IW_{ij}^{0}}\ln\frac{IWI_{ij}^{t}}{IWI_{ij}^{0}} \\ \Delta IW_{IS-I} &= \sum_{i}\sum_{j}\frac{IW_{ij}^{t} - IW_{ij}^{0}}{\ln IW_{ij}^{t} - \ln IW_{ij}^{0}}\ln\frac{IS-I_{ij}^{t}}{IS-I_{ij}^{0}} \\ \Delta IW_{IS-II} &= \sum_{i}\sum_{j}\frac{IW_{ij}^{t} - IW_{ij}^{0}}{\ln IW_{ij}^{t} - \ln IW_{ij}^{0}}\ln\frac{IS-II_{i}^{t}}{IS-II_{i}^{0}}\end{aligned} \tag{3.16}$$

① 工业行业门类与大类见统计局网站，http://www.stats.gov.cn/tjsj/tjbz/201804/t20180402_1591379.html。

$$\Delta IW_{IAV} = \sum_{i}\sum_{j}\frac{IW_{ij}^{t}-IW_{ij}^{0}}{\ln IW_{ij}^{t}-\ln IW_{ij}^{0}}\ln\frac{IAV^{t}}{IAV^{0}}$$

(2) 模型 I_2 构建过程。

若不同门类、大类工业行业用水量数据难以获取，可以对公式（3.13）进行简化，如公式（3.17）所示：

$$IW = \frac{IW}{IAV}\times IAV \tag{3.17}$$

其中，IW 和 IAV 分别表示工业用水量和工业增加值。将工业用水量演变的驱动因素分解为工业用水强度（IWI）、工业增加值（IAV），如公式（3.18）所示：

$$IW = IWI\times IAV \tag{3.18}$$

其中，$IWI = \frac{IW}{IAV}$。

工业用水量由时间0变化到t的变化量（ΔIW）如公式（3.19）所示：

$$\begin{aligned}\Delta IW &= IW^{t}-IW^{0}\\ &= IWI^{t}\times IAV^{t}-IWI^{0}\times IAV^{0}\\ &= \Delta IW_{IWI}+\Delta IW_{IAV}\end{aligned} \tag{3.19}$$

其中，ΔIW_{IWI}和ΔIW_{IAV}分别反映工业用水强度和工业增加值对工业用水量演变的贡献。

基于LMDI加法模型，可以计算出上述两个驱动因素对工业用水量变化量的贡献值，如公式（3.20）所示：

$$\begin{aligned}\Delta IW_{IWI} &= \frac{IW^{t}-IW^{0}}{\ln IW^{t}-\ln IW^{0}}\ln\frac{IWI^{t}}{IWI^{0}}\\ \Delta IW_{IAV} &= \frac{IW^{t}-IW^{0}}{\ln IW^{t}-\ln IW^{0}}\ln\frac{IAV^{t}}{IAV^{0}}\end{aligned} \tag{3.20}$$

在工业用水量演变驱动因素识别的案例研究中，如何选择分解模型，即模型 I_1 和模型 I_2，主要取决于工业用水量相关数据的获取程度。

3.3.2 建筑业用水量历史演变驱动因素识别研究

基于用水总量演变驱动因素的影响机理分析，建筑业用水量（CW）可以由公式（3.21）表示：

$$CW = \frac{CW}{CAV} \times CAV \tag{3.21}$$

其中，CAV 表示建筑业增加值。将建筑业用水量演变驱动因素分解为建筑业用水强度（CWI）和建筑业增加值（CAV），如公式（3.22）所示：

$$CW = CWI \times CAV \tag{3.22}$$

其中，$CWI = \frac{CW}{CAV}$。

假定时间从 0 变化到 t，建筑业用水量变化量（ΔCW）可以由公式（3.23）表示：

$$\begin{aligned} \Delta CW &= CW^t - CW^0 \\ &= CWI^t \times CAV^t - CWI^0 \times CAV^0 \\ &= \Delta CW_{CWI} + \Delta CW_{CAV} \end{aligned} \tag{3.23}$$

其中，ΔCW_{CWI}和 ΔCW_{CAV}分别表示建筑业用水强度和增加值对建筑业用水量演变的贡献。

基于 LMDI 加法模型，可以计算出上述两个驱动因素对建筑业用水量变化量的贡献，如公式（3.24）所示：

$$\begin{aligned} \Delta CW_{CWI} &= \frac{CW^t - CW^0}{\ln CW^t - \ln CW^0} \ln \frac{CWI^t}{CWI^0} \\ \Delta CW_{CAV} &= \frac{CW^t - CW^0}{\ln CW^t - \ln CW^0} \ln \frac{CAV^t}{CAV^0} \end{aligned} \tag{3.24}$$

3.4 服务业与生活用水量历史演变驱动因素识别研究

3.4.1 服务业用水量历史演变驱动因素识别研究

根据研究所涉数据获取难易程度，构建两个服务业用水量演变驱动因素识别模型，即模型 T_1 与模型 T_2。其中，针对一般情形构建模型 T_1；当不同门类服务业用水量数据难以获取时，构建模型 T_2。

（1）模型 T_1 构建过程。

基于用水总量演变驱动因素的影响机理分析，服务业用水量（TW）可以由公式（3.25）表示：

$$TW = \sum_i \frac{TW_i}{TAV_i} \times \frac{TAV_i}{TAV} \times TAV \tag{3.25}$$

其中，TW_i 和 TAV_i 分别表示第 i 个服务业门类用水量与增加值，TAV 表示服务业增加值。

将服务业用水量演变的驱动因素分解为服务业行业用水强度（TWI）、服务业门类结构（TS）和服务业增加值（TAV），如公式（3.26）所示：

$$TW = \sum_i TWI_i \times TS_i \times TAV \tag{3.26}$$

其中，$TWI_i = \frac{TW_i}{TAV_i}$，$TS_i = \frac{TAV_i}{TAV}$。

假定时间从 0 变化到 t，服务业用水量变化量（ΔTW）可以由公式（3.27）表示：

$$\begin{aligned}\Delta TW &= TW^t - TW^0 \\ &= \sum_i TWI_i^t \times TS_i^t \times TAV^t - \sum_i TWI_i^0 \times TS_i^0 \times TAV^0 \\ &= \Delta TW_{TWI} + \Delta TW_{TS} + \Delta TW_{TAV}\end{aligned} \tag{3.27}$$

其中，ΔTW_{TWI}、ΔTW_{TS}和 ΔTW_{TAV}分别反映服务业行业用水强度、服务业门类结构和服务业增加值对服务业用水量演变的贡献。

基于 LMDI 加法模型，可以计算出上述三个驱动因素对服务业用水量变化量的贡献值，如公式（3.28）所示：

$$\begin{aligned}\Delta TW_{TWI} &= \sum_i \frac{TW_i^t - TW_i^0}{\ln TW_i^t - \ln TW_i^0} \ln \frac{TWI_i^t}{TWI_i^0} \\ \Delta TW_{TS} &= \sum_i \frac{TW_i^t - TW_i^0}{\ln TW_i^t - \ln TW_i^0} \ln \frac{TS_i^t}{TS_i^0} \\ \Delta TW_{TAV} &= \sum_i \frac{TW_i^t - TW_i^0}{\ln TW_i^t - \ln TW_i^0} \ln \frac{TAV^t}{TAV^0}\end{aligned} \tag{3.28}$$

（2）模型 T_2 构建过程。

若不同门类服务业用水量数据难以获取，可以对公式（3.25）进行简化，如公式（3.29）所示：

$$TW = \frac{TW}{TAV} \times TAV \tag{3.29}$$

其中，TW 和 TAV 分别表示服务业用水量和增加值，将服务业用水量演变的驱动因素分解为服务业用水强度（TWI）和服务业增加值（TAV），如公式（3.30）所示：

$$TW = TWI \times TAV \tag{3.30}$$

其中，$TWI = \frac{TW}{TAV}$。

服务业用水量由时间 0 变化到 t 的变化量（ΔTW）可以由公式（3.31）表示：

$$\begin{aligned} \Delta TW &= TW^t - TW^0 \\ &= TWI^t \times TAV^t - TWI^0 \times TAV^0 \\ &= \Delta TW_{TWI} + \Delta TW_{TAV} \end{aligned} \tag{3.31}$$

其中，ΔTW_{IWI}和 ΔTW_{IAV}分别反映服务业用水强度和服务业增加值对服务业用水量演变的贡献。

基于 LMDI 加法模型，可以计算出上述两个驱动因素对服务业用水量变化量的贡献值，如公式（3.32）所示：

$$\begin{aligned} \Delta TW_{TWI} &= \frac{TW^t - TW^0}{\ln TW^t - \ln TW^0} \ln \frac{TWI^t}{TWI^0} \\ \Delta TW_{TAV} &= \frac{TW^t - TW^0}{\ln TW^t - \ln TW^0} \ln \frac{TAV^t}{TAV^0} \end{aligned} \tag{3.32}$$

在服务业用水量演变驱动因素识别的案例研究中，如何选择分解模型，即模型 T_1 和模型 T_2，主要取决于服务业用水量相关数据的获取程度。

3.4.2 生活用水量历史演变驱动因素识别研究

生活用水包括城镇居民生活用水和农村居民生活用水。生活用水量（DW）可以由公式（3.33）表示：

$$DW = \sum_i \frac{DW_i}{P_i} \times \frac{P_i}{P} \times P \tag{3.33}$$

其中，$DW_i(i=1, 2)$ 分别表示城镇居民和农村居民生活用水量，$P_i(i=$

1，2）分别表示城镇居民和农村居民人口规模，P为总人口数。

将生活用水量的驱动因素分解为居民生活用水强度（DI）、城市化水平（UR）和人口规模（P），如公式（3.34）所示：

$$DW = \sum_i DI_i \times UR_i \times P \tag{3.34}$$

其中，$DI_i = \frac{DW_i}{P_i}$，$UR_i = \frac{P_i}{P}$。

假定时间从0变化到t，生活用水量的变化量（ΔDW）可以由公式（3.35）表示：

$$\begin{aligned} \Delta DW &= DW^t - DW^0 \\ &= \sum_i DI_i^t \times UR_i^t \times P^t - \sum_i DI_i^0 \times UR_i^0 \times P^0 \\ &= \Delta DW_{DI} + \Delta DW_{UR} + \Delta DW_P \end{aligned} \tag{3.35}$$

其中，ΔDW_{DI}、ΔDW_{UR}和ΔDW_P分别反映居民生活用水强度、城市化和人口对生活用水量演变的贡献。

基于LMDI加法模型，可以计算出上述三个驱动因素对生活用水量变化量的贡献值，如公式（3.36）所示：

$$\begin{aligned} \Delta DW_{DI} &= \sum_i \frac{DW_i^t - DW_i^0}{\ln DW_i^t - \ln DW_i^0} \ln \frac{DI_i^t}{DI_i^0} \\ \Delta DW_{UR} &= \sum_i \frac{DW_i^t - DW_i^0}{\ln DW_i^t - \ln DW_i^0} \ln \frac{UR_i^t}{UR_i^0} \\ \Delta DW_P &= \sum_i \frac{DW_i^t - DW_i^0}{\ln DW_i^t - \ln DW_i^0} \ln \frac{P^t}{P^0} \end{aligned} \tag{3.36}$$

3.5　用水总量历史演变驱动因素集构建

本章在农田灌溉用水量（AW）、工业用水量（IW）、建筑业用水量（CW）、服务业用水量（TW）、生活用水量（DW）演变驱动因素识别研究基础上，还考虑生态用水量（EW）和林牧渔畜用水量（LW），从而建立用水总量（TOW）演变驱动因素识别模型，如公式（3.37）所示：

$$TOW = AW + IW + CW + TW + DW + EW + LW \tag{3.37}$$

基于数据可得性，结合公式（3.5）、公式（3.17）、公式（3.21）、公式（3.29）和公式（3.33），进一步得到公式（3.38）：

$$\begin{aligned} TOW &= \frac{AW \times \eta}{AIA} \times \frac{1}{\eta} \times \frac{AIA}{EIA} \times EIA + \frac{IW}{IAV} \times IAV + \frac{CW}{CAV} \times CAV + \frac{TW}{TAV} \times TAV \\ &\quad + \sum_i \frac{DW_i}{P_i} \times \frac{P_i}{P} \times P + EW + LW \end{aligned} \tag{3.38}$$

考虑到生态用水量和林牧渔畜用水量占用水总量比重较低，同时，用水组成机制比较复杂，因此，本章将不再详细研究其演变的驱动因素，直接将其变化量作为用水总量的驱动因素。

用水总量由时间 0 变化到 t 的变化量（ΔTOW）可以由公式（3.39）表示：

$$\begin{aligned} \Delta TOW &= TOW^t - TOW^0 \\ &= (AW^t + IW^t + CW^t + TW^t + DW^t + EW^t + LW^t) \\ &\quad - (AW^0 + IW^0 + CW^0 + TW^0 + DW^0 + EW^0 + LW^0) \\ &= (AW^t - AW^0) + (IW^t - IW^0) + (CW^t - CW^0) + (TW^t - TW^0) \\ &\quad + (DW^t - DW^0) + (EW^t - EW^0) + (LW^t - LW^0) \\ &= \Delta AW + \Delta IW + \Delta CW + \Delta TW + \Delta DW + \Delta EW + \Delta LW \\ &= (\Delta AW_{NIW} + \Delta AW_{EUC} + \Delta AW_{IP} + \Delta AW_{EIA}) + (\Delta IW_{IWI} + \Delta IW_{IAV}) \\ &\quad + (\Delta CW_{CWI} + \Delta CW_{CAV}) + (\Delta TW_{TWI} + \Delta TW_{TAV}) \\ &\quad + (\Delta DW_{DI} + \Delta DW_{UR} + \Delta DW_P) + \Delta EW + \Delta LW \end{aligned} \tag{3.39}$$

从公式（3.39）中可以看出，用水总量变化量有 7 个第一层驱动因素，分别是农田灌溉用水量（AW）、工业用水量（IW）、建筑业用水量（CW）、服务业用水量（TW）、生活用水量（DW）、生态用水量（EW）和林牧渔畜用水量（LW），这 7 个第一层驱动因素又被分解为 13 个第二层驱动因素，分别是亩均净灌溉用水量（NIW）、农田灌溉水有效利用系数（EUC）、实际灌溉比例（IP）、有效灌溉面积（EIA）、工业用水强度（IWI）、工业增加值（IAV）、建筑业用水强度（CWI）、建筑业增加值（CAV）、服务业用水强度（TWI）、服务业增加值（TAV）、居民生活用水强度（DI）、城市化（UR）和人口规模（P）。图 3.3 显示了用水总量演变的多层次分解模型框架。

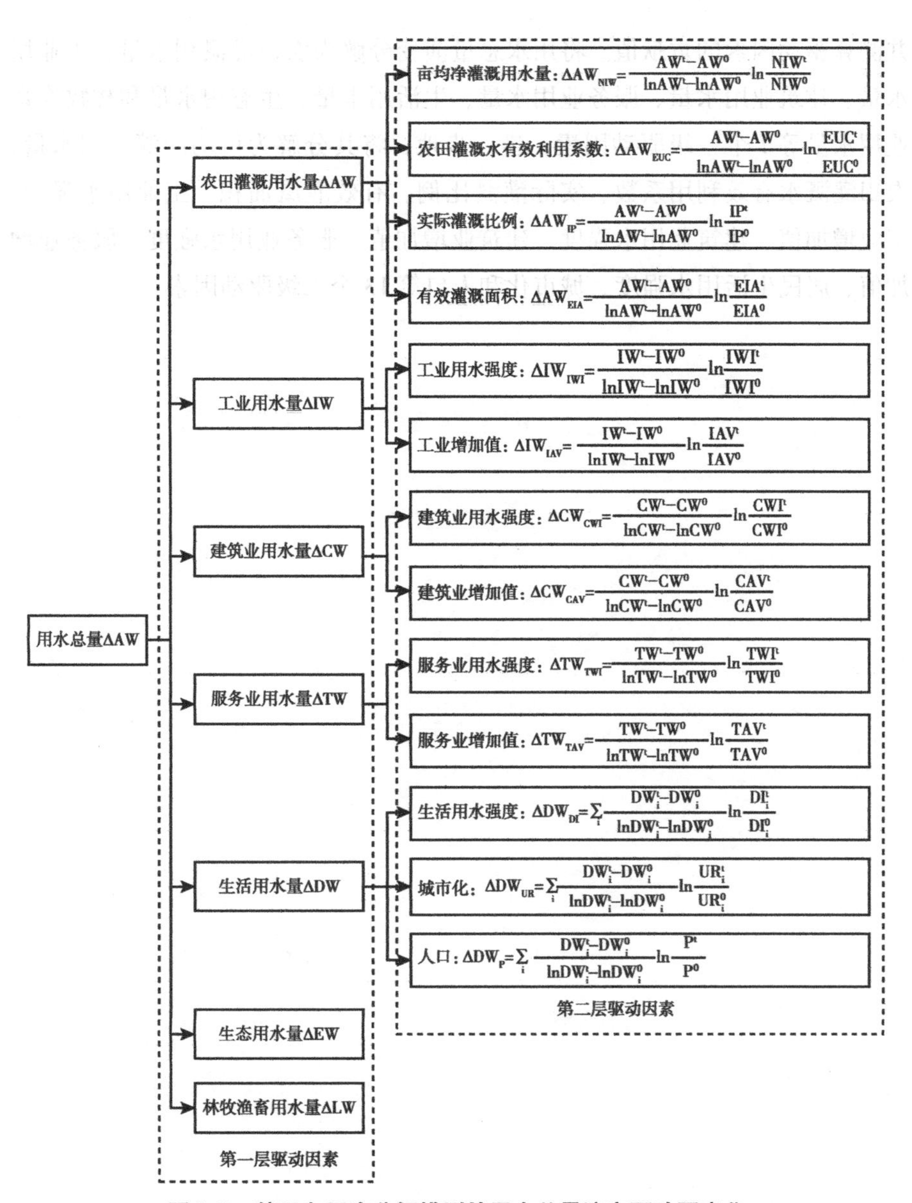

图 3.3　基于多层次分解模型的用水总量演变驱动因素集

3.6　本章小结

本章基于 LMDI 模型，构建用水总量演变的多层次驱动因素识别模型，并测算驱动因素的贡献值。将用水总量演变分解为农田灌溉用水量、工业用水量、建筑业用水量、服务业用水量、生活用水量、生态用水量和林牧渔畜业用水量等7个一级驱动因素，进一步地，将其分解为亩均净灌溉用水量、农田灌溉水有效利用系数、实际灌溉比例、有效灌溉面积、工业用水强度、工业增加值、建筑业用水强度、建筑业增加值、服务业用水强度、服务业增加值、居民生活用水强度、城市化和人口等13个二级驱动因素。

| 第4章 |

用水总量预测方法研究

用水总量潜在演变的多情景模拟有助于探索不同政策及社会经济情景设定下各因素的潜在变化对用水总量潜在演变趋势的差异化影响，进而量化探索用水总量达峰的实现路径。基于农田灌溉、工业、建筑业、服务业、生活、生态和林牧渔畜用水量演变驱动因素识别分析，构建各类别用水量潜在演变趋势的预测模型，设计各类别用水量潜在演变的情景，设定各驱动因素的参数，采用蒙特卡洛方法，模拟各类别用水量潜在的分布演变趋势及其概率。

4.1 基于动态情景的用水总量预测思路

基于不同类别用水量演变的驱动因素具有差异化特征，因此，需要分别构建各类用水量潜在演变的预测模型。本章将按照以下三个步骤对用水总量潜在演变趋势进行动态情景分析。

第一步，构建用水总量潜在演变的预测模型。基于农田灌溉、工业、建筑业、服务业、生活、生态和林牧渔畜用水量历史演变驱动因素的识别结果，分别构建各类用水量潜在变化率的预测模型，进一步构建各类用水量潜在演变的预测模型，从而得到用水总量潜在演变的预测模型。

第二步，设计各类别用水量潜在演变的情景及率定参数。对用水总量历史演变趋势进行分解有助于掌握过去不同因素对用水总量的影响情况，而情景分析有助于探索不同政策及经济情景设定下各因素的潜在演变对用水总量演变趋势的差异性影响，进而量化探索用水总量达峰的实现路径。基于各类别用水量历史演变驱动因素趋势推衍，设置基准情景（Baseline Scenario，BS）；基于相关政策干预，先设置干预情景1（Intervention Scenario 1，BS1），在干预情景1基础上，对政策不断进行调整，再设置其他6种干预情景，合计7种干预情景，即干预情景1、干预情景2，……，干预情景7（BS1，BS2，……，BS7）。为了满足蒙特卡洛方法对数据的要求，各情景下驱动因素潜在取值并非单一取值，而是一个区间，由最小值、中间值和最大值构成，通过历史演变趋势、干预政策、专家咨询和学者研究成果综合率定参数。

第三步，运用蒙特卡洛方法模拟各类别用水量潜在演变趋势。基于各类别用水量潜在演变驱动因素的情景设计与参数率定，运用蒙特卡洛方法进行模拟，得到各情景下各类别用水量潜在演变趋势及其概率，进一步得到各情景下用水总量潜在演变趋势，进而有助于选择科学的用水总量达峰路径。

4.2 用水总量潜在演变的预测模型构建

4.2.1 农田灌溉用水量潜在演变的预测模型

（1）与识别模型 A_1 对应的预测模型。

基于农田灌溉用水量（AW）演变驱动因素识别模型 A_1，构建含有亩均净灌溉用水量（NIW）、农田灌溉水有效利用系数（EUC）、实际灌溉比例（IP）、种植结构（PS）和有效灌溉面积（EIA）五个因素的农田灌溉用水量潜在演变的预测模型。

假定上述五个因素由第t年变化到第t+1年的变化率分别为α、β、δ、ϕ和φ，那么，该五个因素将满足公式（4.1）：

$$
\begin{aligned}
&NIW^{t+1} = (1+\alpha)\ NIW^{t} \\
&EUC^{t+1} = (1+\beta)\ EUC^{t} \\
&IP^{t+1} = (1+\delta)\ IP^{t} \\
&PS^{t+1} = (1+\phi)\ PS^{t} \\
&EIA^{t+1} = (1+\varphi)\ EIA^{t}
\end{aligned}
\tag{4.1}
$$

进一步地，得到农田灌溉用水量与五个因素变化率的关系式：

$$
\begin{aligned}
AW^{t+1} &= NIW^{t+1} \times EUC^{t+1} \times IP^{t+1} \times PS^{t+1} \times EIA^{t+1} \\
&= (1+\alpha) \times NIW^{t} \times (1+\beta) \times EUC^{t} \times (1+\delta) \times IP^{t} \times (1+\phi) \\
&\quad \times PS^{t} \times (1+\varphi) \times EIA^{t} \\
&= (1+\alpha) \times (1+\beta) \times (1+\delta) \times (1+\phi) \times (1+\varphi) \times AW^{t}
\end{aligned}
\tag{4.2}
$$

可以计算得到农田灌溉用水量由 t 年到 t+1 年的变化率 w_{AW}：

$$w_{AW} = (1+\alpha) \times (1+\beta) \times (1+\delta) \times (1+\phi) \times (1+\varphi) - 1 \tag{4.3}$$

假定 w_{AW} 为年均变化率，从而计算得到第 l 年农田灌溉用水量的预测值：

$$AW^{l} = AW^{0} \times (1+w_{AW})^{l} \tag{4.4}$$

其中，AW^{0} 表示基准年的农田灌溉用水量。

可以看出，该预测模型下农田灌溉用水量潜在的演变趋势与亩均净灌溉用水量（NIW）、农田灌溉水有效利用系数（EUC）、实际灌溉比例（IP）、种植结构（PS）和有效灌溉面积（EIA）的演变趋势密切相关。

（2）与识别模型 A_2 对应的预测模型。

基于识别模型 A_2，构建含有亩均净灌溉用水量（NIW）、农田灌溉水有效利用系数（EUC）、实际灌溉比例（IP）和有效灌溉面积（EIA）四个因素的农田灌溉用水量潜在演变的预测模型。

假定上述四个因素由第 t 年变化到第 t+1 年的变化率分别为 α、β、δ 和 φ，那么，该四个因素将满足：

$$
\begin{aligned}
NIW^{t+1} &= (1+\alpha) NIW^{t} \\
EUC^{t+1} &= (1+\beta) EUC^{t} \\
IP^{t+1} &= (1+\delta) IP^{t} \\
EIA^{t+1} &= (1+\varphi) EIA^{t}
\end{aligned}
\tag{4.5}
$$

进一步地，得到农田灌溉用水量与四个因素变化率的关系式

$$
\begin{aligned}
AW^{t+1} &= NIW^{t+1} \times EUC^{t+1} \times IP^{t+1} \times EIA^{t+1} \\
&= (1+\alpha) \times NIW^{t} \times (1+\beta) \times EUC^{t} \times (1+\delta) \times IP^{t} \times (1+\varphi) \times EIA^{t} \\
&= (1+\alpha) \times (1+\beta) \times (1+\delta) \times (1+\varphi) \times AW^{t}
\end{aligned}
\tag{4.6}
$$

可以计算得到农田灌溉用水量由 t 年到 t+1 年的变化率 w_{AW}：

$$w_{AW} = (1+\alpha) \times (1+\beta) \times (1+\delta) \times (1+\varphi) - 1 \tag{4.7}$$

假定 w_{AW} 为年均变化率，从而计算得到第 l 年农田灌溉用水量的预测值：

$$AW^{l} = AW^{0} \times (1+w_{AW})^{l} \tag{4.8}$$

其中，AW^0 表示基准年的农田灌溉用水量。

可以看出，该预测模型下的农田灌溉用水量潜在的演变趋势与亩均净灌溉用水量（NIW）、农田灌溉水有效利用系数（EUC）、实际灌溉比例（IP）和有效灌溉面积（EIA）的演变趋势密切相关。

（3）与识别模型 A_3 对应的预测模型。

基于识别模型 A_3，构建含有亩均毛灌溉用水量（GIW）、实际灌溉比例（IP）和有效灌溉面积（EIA）三个因素的农田灌溉用水量潜在演变的预测模型。

假定上述三个因素由第 t 年变化到第 t+1 年的变化率分别为 χ、δ 和 φ，那么，该三个因素将满足公式（4.9）：

$$
\begin{aligned}
NIW^{t+1} &= (1+\chi)NIW^t \\
IP^{t+1} &= (1+\delta)IP^t \\
EIA^{t+1} &= (1+\varphi)EIA^t
\end{aligned}
\tag{4.9}
$$

进一步地，得到农田灌溉用水量与三个因素变化率的关系式：

$$
\begin{aligned}
AW^{t+1} &= NIW^{t+1} \times IP^{t+1} \times EIA^{t+1} \\
&= (1+\chi) \times NIW^t \times (1+\delta) \times IP^t \times (1+\varphi) \times EIA^t \\
&= (1+\chi) \times (1+\delta) \times (1+\varphi) \times AW^t
\end{aligned}
\tag{4.10}
$$

可以计算得到农田灌溉用水量由 t 年到 t+1 年的变化率 w_{AW}：

$$w_{AW} = (1+\chi) \times (1+\delta) \times (1+\varphi) - 1 \tag{4.11}$$

假定 w_{AW} 为年均变化率，从而计算得到第 l 年农田灌溉用水量的预测值：

$$AW^l = AW^0 \times (1+w_{AW})^l \tag{4.12}$$

其中，AW^0 表示基准年的农田灌溉用水量。

可以看出，该预测模型下的农田灌溉用水量潜在的演变趋势与亩均毛灌溉用水量（GIW）、实际灌溉比例（IP）和有效灌溉面积（EIA）的演变趋势密切相关。

4.2.2 工业与建筑业用水量潜在演变的预测模型

（1）工业用水量潜在演变的预测模型。

①与识别模型 I_1 对应的预测模型。

基于工业用水量驱动因素识别模型 I_1，构建含有工业行业用水强度

(IWI)、工业门类结构(IS－I)、工业大类结构(IS－Ⅱ)和工业增加值(IAV)四个因素的工业用水量潜在演变的预测模型。

假定上述四个因素由第 t 年变化到第 t+1 年的变化率分别为γ、η、λ和μ，那么，该四个因素将满足公式(4.13)：

$$\begin{aligned}
&IWI^{t+1}=(1+\gamma)IWI^{t}\\
&IS-Ⅰ^{t+1}=(1+\eta)IS-Ⅰ^{t}\\
&IS-Ⅱ^{t+1}=(1+\lambda)IS-Ⅱ^{t}\\
&IAV^{t+1}=(1+\mu)IAV^{t}
\end{aligned}\tag{4.13}$$

进一步，得到工业用水量与四个因素变化率的关系式：

$$\begin{aligned}
IW^{t+1}&=IWI^{t+1}\times IS-Ⅰ^{t+1}\times IS-Ⅱ^{t+1}\times IAV^{t+1}\\
&=(1+\gamma)\times IWI^{t}\times(1+\eta)\times IS-Ⅰ^{t}\times(1+\lambda)\times IS-Ⅱ^{t}\times(1+\mu)\times IAV^{t}\\
&=(1+\gamma)\times(1+\eta)\times(1+\lambda)\times(1+\mu)\times IW^{t}
\end{aligned}\tag{4.14}$$

可以计算得到工业用水量由 t 年到 t+1 年的变化率 w_{IW}：

$$w_{IW}=(1+\gamma)\times(1+\eta)\times(1+\lambda)\times(1+\mu)-1\tag{4.15}$$

假定 w_{IW} 为年均变化率，从而计算得到第 l 年工业用水量的预测值：

$$IW^{l}=IW^{0}\times(1+w_{IW})^{l}\tag{4.16}$$

其中，IW^0 表示基准年的工业用水量。

可以看出，该预测模型下的工业用水量潜在的演变趋势与工业行业用水强度(IWI)、工业门类结构(IS－I)、工业大类结构(IS－Ⅱ)和工业增加值(IAV)的演变趋势密切相关。

②与识别模型 I_2 对应的预测模型。

基于识别模型 I_2，构建含有工业行业用水强度(IWI)和工业增加值(IAV)两个因素的工业用水量潜在演变的预测模型。

假定上述两个因素由第 t 年变化到第 t+1 年的变化率分别为γ和μ，那么，该两个因素将满足公式(4.17)：

$$\begin{aligned}
&IWI^{t+1}=(1+\gamma)IWI^{t}\\
&IAV^{t+1}=(1+\mu)IAV^{t}
\end{aligned}\tag{4.17}$$

进一步地，得到工业用水量与两个因素变化率的关系式：

$$\begin{aligned}
IW^{t+1}&=IWI^{t+1}\times IAV^{t+1}\\
&=(1+\gamma)\times IWI^{t}\times(1+\mu)\times IAV^{t}
\end{aligned}$$

$$= (1+\gamma) \times (1+\mu) \times IW^t \quad (4.18)$$

可以计算得到工业用水量由 t 年到 t+1 年的变化率 w_{IW}：

$$w_{IW} = (1+\gamma) \times (1+\mu) - 1 \quad (4.19)$$

假定 w_{IW} 为年均变化率，从而计算得到第 l 年工业用水量的预测值：

$$IW^l = IW^0 \times (1+w_{IW})^l \quad (4.20)$$

其中，IW^0 表示基准年的工业用水量。

可以看出，该预测模型下的工业用水量潜在的演变趋势与工业行业用水强度（IWI）和工业增加值（IAV）的演变趋势密切相关。

（2）建筑业用水量潜在演变的预测模型。

基于建筑业用水量驱动因素识别模型，构建含有建筑业用水强度（CWI）和建筑业增加值（CAV）两个因素的建筑业用水量变化率预测模型。

假定上述两个因素由第 t 年变化到第 t+1 年的变化率分别为 ν 和 π，那么，该两个因素将满足公式（4.21）：

$$\begin{aligned} CWI^{t+1} &= (1+\nu)CWI^t \\ CAV^{t+1} &= (1+\pi)CAV^t \end{aligned} \quad (4.21)$$

进一步地，得到建筑业用水量与两个因素的关系式：

$$\begin{aligned} CW^{t+1} &= CWI^{t+1} \times CAV^{t+1} \\ &= (1+\nu) \times CWI^t \times (1+\pi) \times CAV^t \\ &= (1+\nu) \times (1+\pi) \times CW^t \end{aligned} \quad (4.22)$$

可以计算得到建筑业用水量由 t 年到 t+1 年的变化率 w_{CW}：

$$w_{CW} = (1+\nu) \times (1+\pi) - 1 \quad (4.23)$$

假定 w_{CW} 为年均变化率，从而计算得到第 l 年建筑业用水量的预测值：

$$CW^l = CW^0 \times (1+w_{CW})^l \quad (4.24)$$

其中，CW^0 表示基准年的建筑业用水量。

可以看出，该预测模型下的建筑业用水量潜在的演变趋势与建筑业用水强度（CWI）和建筑业增加值（CAV）的演变趋势密切相关。

4.2.3 服务业与生活用水量潜在演变的预测模型

（1）服务业用水量潜在演变的预测模型。

①与识别模型 T_1 对应的预测模型。基于服务业用水量驱动因素识别模

型 T_1，构建含有服务业行业用水强度（TWI）、服务业门类结构（TS）和服务业增加值（TAV）三个因素的服务业用水量潜在演变的预测模型。

假定上述三个因素由第 t 年变化到第 t+1 年的变化率分别为 θ、ρ 和 σ，那么，该三个因素将满足公式（4.25）：

$$\begin{aligned} TWI^{t+1} &= (1+\theta)TWI^{t} \\ TS^{t+1} &= (1+\rho)TS^{t} \\ TAV^{t+1} &= (1+\sigma)TAV^{t} \end{aligned} \tag{4.25}$$

进一步地，得到服务业用水量与三个因素的关系式：

$$\begin{aligned} TW^{t+1} &= TWI^{t+1} \times TS^{t+1} \times TAV^{t+1} \\ &= (1+\theta) \times TWI^{t} \times (1+\rho) \times TS^{t} \times (1+\sigma) \times TAV^{t} \\ &= (1+\theta) \times (1+\rho) \times (1+\sigma) \times TW^{t} \end{aligned} \tag{4.26}$$

可以计算得到服务业用水量由 t 年到 t+1 年的变化率 w_{TW}：

$$w_{TW} = (1+\theta) \times (1+\rho) \times (1+\sigma) - 1 \tag{4.27}$$

假定 w_{TW} 为年均变化率，从而计算得到第 l 年服务业用水量的预测值：

$$TW^{l} = TW^{0} \times (1 + w_{TW})^{l} \tag{4.28}$$

其中，TW^0 表示基准年的服务业用水量。

可以看出，该预测模型下的服务业用水量潜在的演变趋势与服务业行业用水强度（TWI）、服务业门类结构（TS）和服务业增加值（TAV）的演变趋势密切相关。

②与识别模型 T_2 对应的预测模型。

基于识别模型 T_2，构建含有服务业行业用水强度（TWI）和服务业增加值（TAV）两个因子的服务业用水量潜在演变的预测模型。

假定上述两个因素由第 t 年变化到第 t+1 年的变化率分别为 θ 和 σ，那么，该两个因素将满足公式（4.29）：

$$\begin{aligned} TWI^{t+1} &= (1+\theta)TWI^{t} \\ TAV^{t+1} &= (1+\sigma)TAV^{t} \end{aligned} \tag{4.29}$$

进一步地，得到服务业用水量与两个因素的关系式：

$$\begin{aligned} TW^{t+1} &= TWI^{t+1} \times TAV^{t+1} \\ &= (1+\theta) \times TWI^{t} \times (1+\sigma) \times TAV^{t} \\ &= (1+\theta) \times (1+\sigma) \times TW^{t} \end{aligned} \tag{4.30}$$

可以计算得到服务业用水量由 t 年到 t+1 年的变化率 w_{TW}：

$$w_{TW}=(1+\theta)\times(1+\sigma)-1 \tag{4.31}$$

假定 w_{TW} 为年均变化率，从而计算得到第 l 年服务业用水量的预测值：

$$TW^{l}=TW^{0}\times(1+w_{TW})^{l} \tag{4.32}$$

其中，TW^{0} 表示基准年的服务业用水量。

可以看出，该预测模型下的服务业用水量潜在的演变趋势与服务业行业用水强度（TWI）和服务业增加值（TAV）的演变趋势密切相关。

（2）生活用水量潜在演变的预测模型。

基于生活用水量驱动因素识别模型，构建含有居民生活用水强度（DI）、城市化水平（UR）和人口规模（P）三个因素的生活用水量潜在演变的预测模型。

假定上述三个因素由第 t 年变化到第 t+1 年的变化率分别为 υ_i、ξ_i 和 ψ，那么，该三个因素将满足公式（4.33）：

$$\begin{aligned}&DI_i^{t+1}=(1+\upsilon_i)DP_i^{t}\\&UR_i^{t+1}=(1+\xi_i)UR_i^{t}(i=1,2)\\&P^{t+1}=(1+\psi)P^{t}\end{aligned} \tag{4.33}$$

进一步地，得到生活用水量与三个因素的关系式：

$$\begin{aligned}DW_i^{t+1}&=DI_i^{t+1}\times UR_i^{t+1}\times P^{t+1}\\&=(1+\upsilon_i)\times DI_i^{t}\times(1+\xi_i)\times UR_i^{t}\times(1+\psi)\times P^{t}\\&=(1+\upsilon_i)\times(1+\xi_i)\times(1+\psi)\times DW_i^{t}\end{aligned} \tag{4.34}$$

可以计算得到生活用水量由 t 年到 t+1 年的变化率 w_{DW_i}：

$$w_{DW_i}=(1+\upsilon_i)\times(1+\xi_i)\times(1+\psi)-1 \tag{4.35}$$

假定 w_{DW_i} 为年均变化率，从而计算得到第 l 年生活用水量的预测值：

$$DW_i^{l}=DW_i^{0}\times(1+w_{DW_i})^{l} \tag{4.36}$$

其中，DW_i^{0} 表示基准年的生活用水量。

可以看出，该预测模型下的生活用水量潜在的演变趋势与居民生活用水强度（DI）、城市化水平（UR）和人口规模（P）的演变趋势密切相关。

4.2.4 用水总量潜在演变的预测模型

由于生态用水量和林牧渔畜用水量演变的驱动因素比较复杂，本书不再开展多情景模拟，将通过简化方法测算潜在演变趋势，分别记为 EW^l 和 LW^l。基于农田灌溉、工业、建筑业、服务业和生活用水量潜在演变的预测模型，可得用水总量潜在演变的预测模型，限于篇幅及数据可获得性，农田灌溉、工业和服务业用水量潜在演变的预测模型分别选择模型 A_2、I_2 和 T_2。结合公式（4.8）、公式（4.20）、公式（4.24）、公式（4.32）和公式（4.36），可以得到用水总量潜在演变的预测模型，第l年用水总量 TOT^l 可以由公式（4.37）表示：

$$\begin{aligned} TOT^l &= AW^l + IW^l + CW^l + TW^l + DW^l + EW^l + LW^l \\ &= AW^0 \times (1 + w_{AW})^l + IW^0 \times (1 + w_{IW})^l + CW^0 \times (1 + w_{CW})^l \\ &\quad + TW^0 \times (1 + w_{TW})^l + DW^0 \times (1 + w_{DW})^l + EW^l + LW^l \end{aligned} \tag{4.37}$$

其中，AW^l、IW^l、CW^l、TW^l、DW^l、EW^l 和 LW^l 分别表示第l年农田灌溉用水量、工业用水量、建筑业用水量、服务业用水量、生活用水量、生态用水量和林牧渔畜用水量预测值。

4.3 用水总量潜在演变的动态情景设计

4.3.1 用水总量潜在演变的动态情景设计依据

为预判用水总量潜在的演变趋势以识别科学的合理的达峰路径，基于各驱动因素过去的演变趋势构建基准情景，基于政策干预强度设置7种干预情景，即干预情景1、干预情景2，……，干预情景7，合计8种情景，说明如下：

（1）基准情景。

基准情景是以各类别用水量过去的发展特征为基础，假定不采取新的节水措施，根据各类别用水量的惯性趋势推衍而得到的情景。本书将2015～2019年（“十三五”时期）各类别用水量演变驱动因素的年均变化率作为中间值，鉴于蒙特卡洛模拟方法对数据的特殊要求，结合学者的研究成果与专家咨询，假定最小值和最大值分别在中间值基础上向下和向上调整若干个百分点。

（2）干预情景。

由于干预情景2，干预情景3，……，干预情景7的设置及其参数率定主要依赖于干预情景1，因此，本书主要阐述干预情景1下各驱动因素潜在演变的变化率设定。基于是否存在相关规划文件，使用两种方法确定干预情景下各驱动因素潜在演变的变化率，一是以国家相关规划及政策文件等对驱动因素潜在演变趋势的预期或约束为基础，设置干预情景1下驱动因素的年均变化率，并将其作为中间值，例如，《国务院关于实行最严格水资源管理制度的意见》（国发〔2012〕3号）对2030年农田灌溉水有效利用系数提出了明确的目标，据此测算出农田灌溉水有效利用系数的年均变化率。二是尚无相关规划及政策文件对驱动因素予以预期或者约束，本书将以考察期2003~2019年各驱动因素演变趋势为基础，结合专家咨询和知名学者的论著予以综合确定。上述两种方法确定的驱动因素取值作为年均变化率的中间值，假定最小值和最大值分别在中间值基础上向下和向上调整若干个百分点。干预情景2、干预情景3，……，干预情景7下各驱动因素潜在演变的年均变化率在干预情景1的基础上逐渐调整得到，由于各用水类别之间存在差异，因此，以下将详细进行说明。

4.3.2 农田灌溉用水量潜在演变的动态情景设计

（1）基准情景。

基准情景是以农业过去发展特征为基础，假定亩均净灌溉用水量、农田灌溉水有效利用系数、灌溉比例和有效灌溉面积4个驱动因素将延续“十三五”时期（2015~2019年）的发展状态，即2020~2035年各驱动因素年均变化率的中间值依据2015~2019年年均变化率而设定，最小值和最大值分别在中间值基础上向下和向上调整若干个百分点，将通过专家咨询得到，具体如下：亩均净灌溉用水量年均变化率的最小值和最大值分别在中间值基础上向下和向上调整0.5个百分点，农田灌溉水有效利用系数、灌溉比例和有效灌溉面积的年均变化率的最小值和最大值分别在中间值基础上向下和向上调整0.2个百分点。

（2）干预情景1。

①农田灌溉水有效利用系数。国务院于2012年印发了《国务院关于实

行最严格水资源管理制度的意见》（国发〔2012〕3号），提出到2020年和2030年农田灌溉水有效利用系数分别提高到0.55和0.60的目标，基于2019年（基准年）农田灌溉水有效利用系数，可以计算得到2020年、2021～2030年的年均变化率。尚未检索到有关2035年农田灌溉水有效利用系数的政策文件，随着农业节水技术推广应用，农田灌溉水有效利用系数有望在2031～2035年继续提高，该时间段年均变化率将通过专家咨询予以确定。将此作为潜在年均变化率的中间值，假定最小值和最大值分别在中间值基础上向下和向上调整0.2个百分点。

②亩均净灌溉用水量。尚未检索到有关亩均净灌溉用水量的相关政策规划文件，随着喷灌、滴灌、微灌等先进灌溉技术的推广与应用，田间水利用效率将逐渐提高，亩均净灌溉用水量年均变化率有望继续保持，并且呈下降态势，假定2020年将继续延续“十三五”时期的年均变化率。随着经济发展和技术进步，农田灌溉技术将得到发展，亩均净灌溉用水量也会继续下降，假定2021～2035年亩均净灌溉用水量年均变化率比“十三五”时期多0.5个百分点。将其作为潜在年均变化率的中间值，假定最小值和最大值分别在中间值基础上向下和向上调整0.5个百分点。

③灌溉比例。尚未检索到有关灌溉比例的相关政策规划文件，随着国家对农田灌溉基础设施建设力度加大，有效灌溉面积将继续增加，由于城镇化进程继续深入，带来大量的农村人口流动到城镇，实灌面积增长并不大于有效灌溉面积，因此，认为2020～2035年灌溉比例继续保持“十三五”时期的变化趋势。将其作为潜在年均变化率的中间值，假定最小值和最大值分别在中间值基础上向下和向上调整0.2个百分点。

④有效灌溉面积。尚未检索到有关有效灌溉面积的相关政策规划文件，中国正全面实行乡村振兴战略，推进农业农村现代化，推进灌排事业发展，形成较为完善的灌排工程体系和灌排设施管理体制机制，因此，有效灌溉面积有望继续增加，但是发现其增长速度逐渐放缓。假定2020年将继续延续“十三五”初期的变化趋势，2021～2025年、2026～2030年和2031～2035年的年均变化率分别比2020年少0.2个、0.4个和0.6个百分点。将其作为潜在年均变化率的中间值，假定最小值和最大值分别在中间值基础上向下和向上调整0.2个百分点。

(3) 干预情景2、干预情景3，……，干预情景7。

基于干预情景1下各驱动因素潜在年均变化率，结合学者的研究成果和专家咨询，设置干预情景2、干预情景3，……，干预情景7下各驱动因素的年均变化率，具体如下：亩均净灌溉用水量年均变化率逐渐上调0.1个百分点，农田灌溉水有效利用系数逐渐上调0.005个百分点，灌溉比例的年均变化率保持不变，有效灌溉面积年均变化率逐渐上调0.1个百分点。干预情景2、干预情景3，……，干预情景7下各驱动因素年均变化率的最小值与最大值率定方法与干预情景1相同。

4.3.3 工业与建筑业用水量潜在演变的动态情景设计

(1) 工业用水量潜在演变的动态情景设计。

①基准情景。

基准情景是以工业过去发展特征为基础，假定工业用水强度和工业增加值2个驱动因素将延续“十三五”时期（2015～2019年）的发展状态。2020～2035年各驱动因素年均变化率的中间值依据2015～2019年年均变化率而设定，最小值和最大值分别在中间值基础上向下和向上调整若干个百分点，将通过专家咨询得到，具体如下：工业用水强度和工业增加值年均变化率的最小值和最大值都在中间值基础上向下和向上调整1个百分点。

②干预情景1。

第一，工业用水强度。《国家节水行动方案》明确提出2020年万元工业增加值用水量比2015年降低20%的目标，从而计算得到2020年的变化率。国务院印发了《国务院关于实行最严格水资源管理制度的意见》（国发〔2012〕3号），明确提出到2020年、2030年万元工业增加值用水量分别下降到65m^3、40m^3以下的目标，从而计算得到2021～2030年年均变化率。2031～2035年年均变化率将通过学者的研究成果、专家咨询等综合确定。将其作为年均变化率的中间值，借鉴Zhang等[35]的研究成果，工业用水强度潜在年均变化率的最小值和最大值分别在中间值基础上向下和向上调整1个百分点。

第二，工业增加值。由于缺少对工业增加值潜在演变趋势的规划目标，因此，将通过国内生产总值和工业增加值占国内生产总值比重两个指标来确定工业增加值，进而测算出工业增加值潜在年均变化率。胡鞍钢等[164]预测2021~2025年、2026~2030年和2031~2035年国内生产总值年均变化率分别为5.7%、4.8%和4.0%，同时，预测2025年、2030年和2035年工业增加值占国内生产总值比重分别为28.2%、26.5%和25.5%，从而计算得到2021~2025年、2026~2030年和2031~2035年工业增加值年均变化率。2020年工业增加值年均变化率可以从中国统计局网站直接获取。将其作为潜在年均变化率的中间值，借鉴Zhang等[35]的研究成果，最小值和最大值分别在中间值基础上向下和向上调整1个百分点。

③干预情景2、干预情景3，……，干预情景7。

基于干预情景1下各驱动因素潜在年均变化率，结合学者的研究成果和专家咨询，设置干预情景2、干预情景3，……，干预情景7下各驱动因素的年均变化率，具体如下：工业用水强度年均变化率逐渐上调0.2个百分点，国内生产总值年均变化率逐渐下调0.1个百分点，工业增加值占国内生产总值比重保持不变。干预情景2、干预情景3，……，干预情景7下各驱动因素最小值与最大值的设置方法与干预情景1相同。

（2）建筑业用水量潜在演变的动态情景设计。

①基准情景。

基准情景是以建筑业过去发展特征为基础，假定建筑业用水强度和建筑业增加值2个驱动因素将延续“十三五”时期（2015~2019年）的发展状态。2020~2035年各驱动因素年均变化率的中间值依据2015~2019年年均变化率而设定，最小值和最大值分别在中间值基础上向下和向上调整若干个百分点，将通过专家咨询得到，具体如下：建筑业用水强度和建筑业增加值年均变化率的最小值和最大值都在中间值基础上向下和向上调整1个百分点。

②干预情景1。

第一，建筑业用水强度。假定2020年建筑业用水强度将延续“十三五”时期的变化趋势。与工业相比，当前建筑业用水效率处于较高水平，因此节水空间相对较小，用水效率提高（用水强度下降）速度将逐渐放缓，因此，假定2021~2025年、2026~2030年和2031~2035年建筑业用水强度年均变化率分别少1个百分点。将其作为潜在年均变化率的中间值，建筑业用水强度潜在年均变化率的最小值和最大值分别在中间值基础上向下和向上调整1

个百分点。

第二，建筑业增加值。由于缺少对建筑业增加值潜在演变趋势的规划目标，因此，将通过国内生产总值和建筑业增加值占国内生产总值比重两个指标来确定建筑业增加值，进而测算出建筑业增加值潜在年均变化率。胡鞍钢等[164]预测 2025 年、2030 年和 2035 年建筑业增加值占国内生产总值比重分别为 7.6%、6.1% 和 4.5%，再结合其对国内生产总值年均变化率的预测，可以得到建筑业增加值年均变化率。将其作为潜在年均变化率的中间值，建筑业增加值潜在年均变化率的最小值和最大值分别在中间值基础上向下和向上调整 1 个百分点。

③干预情景 2、干预情景 3，……，干预情景 7。

基于干预情景 1 下各驱动因素潜在年均变化率，结合学者的研究成果和专家咨询，设置干预情景 2、干预情景 3，……，干预情景 7 下各驱动因素的年均变化率，具体如下：建筑业用水强度年均变化率逐渐上调 0.2 个百分点，国内生产总值年均变化率逐渐下调 0.1 个百分点，建筑业增加值占国内生产总值比重保持不变。干预情景 2、干预情景 3，……，干预情景 7 下各驱动因素最小值与最大值的设置方法与干预情景 1 相同。

4.3.4 服务业与生活用水量潜在演变的动态情景设计

（1）服务业用水量潜在演变的动态情景设计。

①基准情景。

基准情景是以服务业过去发展特征为基础，假定服务业用水强度和服务业增加值 2 个驱动因素将延续“十三五”时期（2015～2019 年）的发展状态。2020～2035 年各驱动因素年均变化率的中间值依据 2015～2019 年年均变化率而设定，最小值和最大值分别在中间值基础上向下和向上调整若干个百分点，将通过专家咨询得到，具体如下：服务业用水强度和服务业增加值年均变化率的最小值和最大值都在中间值基础上向下和向上调整 1 个百分点。

②干预情景 1。

第一，服务业用水强度。假定 2020 年服务业用水强度的变化率延续“十三五”时期的变化趋势。由于服务业用水强度远远小于工业与建筑业，其节水空间与潜力相对较小，因此，用水效率提高（用水强度下降）速度将逐渐放缓，因此，假定 2021 ~ 2025 年、2025 ~ 2030 年和 2031 ~ 2035 年服务业用水强度年均变化率分别少 1 个百分点。将其作为潜在年均变化率的中间值，服务业用水强度潜在年均变化率的最小值和最大值分别在中间值基础上向下和向上调整 1 个百分点。

第二，服务业业增加值。由于缺少对服务业增加值潜在演变趋势的规划目标，因此，将通过国内生产总值和服务业增加值占国内生产总值比重两个指标来确定服务业增加值，进而测算出服务业增加值潜在年均变化率。胡鞍钢等[164]预测 2025 年、2030 年和 2035 年服务业增加值占国内生产总值比重分别为 58%、61.9% 和 65.1%，再结合其对国内生产总值年均变化率的预测，可以得到服务业增加值年均年变化率。将其作为潜在年均变化率的中间值，借鉴 Zhang 等[35]的研究成果，服务业增加值潜在年均变化率的最小值和最大值分别在中间值基础上向下和向上调整 1 个百分点。

③干预情景 2、干预情景 3，……，干预情景 7。

基于干预情景 1 下各驱动因素潜在年均变化率，结合学者的研究成果和专家咨询，设置干预情景 2、干预情景 3，……，干预情景 7 下各驱动因素的年均变化率，具体如下：服务业用水强度年均变化率逐渐上调 0.2 个百分点，国内生产总值年均变化率逐渐下调 0.1 个百分点，服务业增加值占国内生产总值比重保持不变。干预情景 2、干预情景 3，……，干预情景 7 下各驱动因素最小值与最大值的设置方法与干预情景 1 相同。

（2）生活用水量潜在演变的动态情景设计。

①基准情景。

基准情景是以生活用水过去发展特征为基础，假定生活用水强度、城市化和人口 3 个驱动因素将延续“十三五”时期（2015 ~ 2019 年）的发展状态。2020 ~ 2035 年各驱动因素年均变化率的中间值依据 2015 ~ 2019 年年均变化率而设定，最小值和最大值分别在中间值基础上向下和向上调整若干个百分点，将通过专家咨询得到，具体如下：城镇居民生活用水强度、农村居民生活用水强度年均变化率的最小值和最大值分别在中间值基础上向下和向上调整 0.2 个、0.5 个百分点，城市化（农村人口占总人口比重）年均变化率的最小值和最大值分别在中间值基础上向下和向上调整 0.4 个百分点，人口年均变化率的最小值和最大值分别在中间值基础上向下和向上调整 0.2 个百分点。

②干预情景 1。

第一，居民生活用水强度。假定 2020 年城镇居民和农村居民生活用水强度延续“十三五”时期的变化趋势。由于经济发展和收入水平提高，人们生活需水层次将逐步提高，将会增加生活用水需求，同时，随着社会经济发展，人们的节水意识将提高，并且水价机制将发挥其杠杆作用，因此，认为生活用水强度增长速度将放缓。由于城乡收入、用水需求、用水习惯等差异的存在，城乡居民生活用水强度存在较大差距，因此，生活用水强度潜在年均变化率也存在差异，假定 2021 ~ 2025 年、2026 ~ 2030 年和 2031 ~ 2035 年城镇居民生活用水强度年均变化率分别少 0.2 个百分点，农村居民生活用水强度在 2021 ~ 2025 年、2026 ~ 2030 年和 2031 ~ 2035 年分别少 0.5 个百分点。将其作为潜在年均变化率的中间值，城镇居民和农村居民生活用水强度最小值和最大值分别在中间值基础上向下和向上调整 0.2 个和 0.5 个百分点。

第二，城市化。2016 年，国务院印发了《国务院关于印发国家人口发展规划（2016 ~ 2030 年）的通知》（国发〔2016〕87 号），明确提出到 2020 年和 2030 年常住人口城镇化率分别为 60% 和 70%，计算得到 2020 年和 2021 ~ 2030 年城镇化率年均变化率，中国社会科学院宏观经济研究中心课题组的研究成果《未来 15 年中国经济增长潜力与“十四五”时期经济社会发展主要目标及指标研究》[165]提出 2035 年常住人口城镇化率为 72.6%，计算得到 2031 ~ 2035 年年均变化率。进一步地，倒逼出 2020 年、2021 ~ 2030 年和 2031 ~ 2035 年农村人口占总人口数比重年均变化率。将其作为潜在年均变化率的中间值，参考林伯强和刘希颖（2010）[166]将不同情景下城市化率的差异设置为 0.4 个百分点左右，本书将最小值和最大值与中间值的差距设置为 0.4 个百分点，城市化水平与农村人口占总人口比重的最小值和最大值分别在中间值基础上向下和向上调整 0.4 个百分点。

第三，人口。《国务院关于印发国家人口发展规划（2016 ~ 2030 年）的通知》明确提出 2020 年和 2030 年全国总人口分别为 14.2 亿和 14.5 亿，假定 2025 年预期目标取其平均值，即 14.35 亿，计算得到 2020 年和 2021 ~ 2025 年总人口数年均变化率。蔡昉在中国发展高层论坛 2021 年会上指出，2025 年中国人口总量或将达到峰值，以后就是负增长。因此，2026 ~ 2030 年和 2031 ~

2035年两个时间段总人口年均变化率为0。将其作为潜在年均变化率的中间值，最小值和最大值分别在中间值基础上向下和向上调整0.2个百分点。

③干预情景2、干预情景3，……，干预情景7。

基于干预情景1下各驱动因素潜在年均变化率，结合学者的研究成果和专家咨询，设置干预情景2、干预情景3，……，干预情景7下各驱动因素的年均变化率，具体如下：城镇居民、农村居民生活用水强度年均变化率分别下调0.02个、0.1个百分点，城市化率逐渐上调0.6，人口规模逐渐下调0.01亿人。干预情景2、干预情景3，……，干预情景7下各驱动因素最小值与最大值的设置方法与干预情景1相同。

4.3.5　各类别用水量潜在演变的情景设计汇总

基于农田灌溉、工业、建筑业、服务业、生活、生态和林牧渔畜用水量潜在演变的情景设计与参数率定，生成表4.1，该表显示了各类别用水量在基准情景、干预情景1、干预情景2，……，干预情景7下各驱动因素潜在年均变化率的设置。

表4.1　　各类别用水量潜在演变的动态情景设计汇总

用水类别	驱动因素	基准情景	干预情景
农田灌溉用水量	亩均净灌溉用水量	根据2015～2019年年均变化率设置中间值，最小值和最大值分别在中间值基础上向下和向上调整0.5个百分点	在干预情景1下，假定2020年将延续“十三五”时期的年均变化率，2021～2035年年均变化率比“十三五”时期多0.5个百分点。 在干预情景2、干预情景3，……，干预情景7下，假定年均变化率在干预情景1的基础上逐渐上调0.1个百分点。 将上述变化率作为中间值，最小值和最大值分别在中间值基础上向下和向上调整0.5个百分点
	农田灌溉水有效利用系数	根据2015～2019年年均变化率设置中间值，最小值和最大值分别在中间值基础上向下和向上调整0.2个百分点	在干预情景1下，根据《国务院关于实行最严格水资源管理制度的意见》所提2020年、2030年分别为0.55和0.60的目标，计算出2020年、2021～2030年年均变化率，并有望在2031～2035年继续提高，将通过专家咨询予以确定。 在干预情景2、干预情景3，……，干预情景7下，假定在干预情景1的基础上逐渐上调0.005。 将上述变化率作为中间值，最小值和最大值分别在中间值基础上向下和向上调整0.2个百分点

续表

用水类别	驱动因素	基准情景	干预情景
农田灌溉用水量	实际灌溉比例	根据2015~2019年年均变化率设置中间值，最小值和最大值分别在中间值基础上向下和向上调整0.2个百分点	在干预情景1、干预情景2，……，干预情景7下，2020~2035年实际灌溉比例继续保持“十三五”时期的变化趋势。 将上述变化率作为中间值，最小值和最大值分别在中间值基础上向下和向上调整0.2个百分点
	有效灌溉面积	根据2015~2019年年均变化率设置中间值，最小值和最大值分别在中间值基础上向下和向上调整0.2个百分点	在干预情景1下，假定2020年将延续“十三五”时期的变化趋势，2021~2025年、2026~2030年和2031~2035年年均变化率与2020年相比，分别下降0.2个、0.4个和0.6个百分点。 在干预情景2、干预情景3，……，干预情景7下，假定年均变化率在干预情景1基础上逐渐上调0.1个百分点。 将上述变化率作为中间值，最小值和最大值在中间值基础上分别向下和向上调整0.2个百分点
工业用水量	工业用水强度	根据2015~2019年年均变化率设置中间值，最小值和最大值分别在中间值基础上向下和向上调整1个百分点	在干预情景1下，《国家节水行动方案》提出2020年比2015年降低20%，计算出2020年变化率。《国务院关于实行最严格水资源管理制度的意见》提出到2020年、2030年分别下降到65m³、40m³以下，计算出2021~2030年年均变化率，2031~2035年年均变化率将通过胡鞍钢教授的研究成果得到。 在干预情景2、干预情景3，……，干预情景7下，年均变化率在干预情景1的基础上逐渐上调0.2个百分点。 将上述变化率作为中间值，最小值和最大值分别在中间值基础上向下和向上调整1个百分点
	工业增加值	根据2015~2019年年均变化率设置中间值，最小值和最大值分别在中间值基础上向下和向上调整1个百分点	在干预情景1下，2020年变化率将通过统计局网站直接获取。2021~2035年工业增加值年均变化率将根据国内生产总值与工业增加值占国内生产总值比重综合确定，两个参数将通过胡鞍钢教授的预测得到。 在干预情景2、干预情景3，……，干预情景7下，国内生产总值年均变化率在干预情景1基础上逐渐下调0.1个百分点，工业增加值占国内生产总值比重保持不变。 将上述变化率作为中间值，最小值和最大值分别在中间值基础上向下和向上调整1个百分点

续表

用水类别	驱动因素	基准情景	干预情景
建筑业用水量	建筑业用水强度	根据2015～2019年年均变化率设置中间值，最小值和最大值分别在中间值基础上向下和向上调整1个百分点	在干预情景1下，假定2020年将延续“十三五”时期的变化趋势，2021～2025年、2026～2030年和2031～2035年的年均变化率与2020年相比，逐渐下降1个百分点。 在干预情景2、干预情景3，……，干预情景7下，假定年均变化率在干预情景1基础上逐渐上调0.2个百分点。 将上述变化率作为中间值，最小值和最大值在中间值基础上分别向下和向上调整1个百分点
	建筑业增加值	根据2015～2019年年均变化率设置中间值，最小值和最大值分别在中间值基础上向下和向上调整1个百分点	在干预情景1下，2020年建筑业增加值变化率将通过统计局网站直接获取。2021～2035年建筑业增加值年均变化率将根据国内生产总值与建筑业增加值占国内生产总值比重综合确定，两个参数将通过胡鞍钢教授的预测得到。 在干预情景2、干预情景3，……，干预情景7下，国内生产总值年均变化率在干预情景1基础上逐渐下调0.1个百分点，建筑业增加值占国内生产总值比重保持不变。 将上述变化率作为中间值，最小值和最大值分别在中间值基础上向下和向上调整1个百分点
服务业用水量	服务业用水强度	根据2015～2019年年均变化率设置中间值，最小值和最大值分别在中间值基础上向下和向上调整1个百分点	在干预情景1下，假定2020年将延续“十三五”时期的变化趋势，2021～2025年、2026～2030年和2031～2035年的年均变化率与2020年相比，逐渐下降1个百分点。 在干预情景2、干预情景3，……，干预情景7下，假定年均变化率在干预情景1基础上逐渐上调0.2个百分点。 将上述变化率作为中间值，最小值和最大值在中间值基础上分别向下和向上调整1个百分点
	服务业增加值	根据2015～2019年年均变化率设置中间值，最小值和最大值分别在中间值基础上向下和向上调整1个百分点	在干预情景1下，2020年服务业增加值变化率将通过统计局网站直接获取。2021～2035年服务业增加值年均变化率将根据国内生产总值与服务业增加值占国内生产总值比重综合确定，两个参数将通过胡鞍钢教授的预测得到。 在干预情景2、干预情景3，……，干预情景7下，国内生产总值年均变化率在干预情景1基础上逐渐下调0.1个百分点，服务业增加值占国内生产总值比重保持不变。 将上述变化率作为中间值，最小值和最大值分别在中间值基础上向下和向上调整1个百分点

续表

用水类别	驱动因素	基准情景	干预情景
生活用水量	居民生活用水强度	根据 2015～2019 年年均变化率设置中间值，城镇生活用水强度和农村生活用水强度年均变化率的最小值和最大值分别在中间值基础上向下和向上调整 0.2（0.5）个百分点	在干预情景 1 下，假定 2020 年城镇（农村）生活用水强度将延续“十三五”时期变化趋势，2021～2025 年、2026～2030 年和 2031～2035 年的年均变化率与 2020 年相比，分别下降 0.2（0.5）个、0.4（1）个和 0.6（1.5）个百分点。 在干预情景 2、干预情景 3，……，干预情景 7 下，假定城镇（农村）生活用水强度年均变化率在干预情景 1 基础上逐渐下调 0.02（0.1）个百分点。 将上述变化率作为中间值，最小值和最大值在中间值基础上分别向下和向上调整 0.2（0.4）个百分点
	城市化	根据 2015～2019 年年均变化率设置中间值，最小值和最大值分别在中间值基础上向下和向上调整 0.4 个百分点	在干预情景 1 下，《国务院关于印发国家人口发展规划（2016～2030 年）的通知》提出 2020 年、2030 年城市化率分别为 60% 和 70%，《中华人民共和国国民经济和社会发展第十四个五年规划和 2035 年远景目标纲要》提出 2025 年为 65%，《未来 15 年中国经济增长潜力与“十四五”时期经济社会发展主要目标及指标研究》提出 2035 年为 72.6%，测算出 2020 年、2021～2025 年、2026～2030 年、2031～2035 年年均变化率，进而测算出农村人口占总人口比重年均变化率。 在干预情景 2、干预情景 3，……，干预情景 7 下，城市化逐渐上调 0.6。 将上述变化率作为中间值，最小值和最大值在中间值的基础上向下和向上调整 0.4 个百分点
	人口	根据 2015～2019 年年均变化率设置中间值，最小值和最大值分别在中间值基础上向下和向上调整 0.2 个百分点	在干预情景 1 下，《国务院关于印发国家人口发展规划（2016～2030 年）的通知》提出 2020 年和 2030 年总人口分别为 14.2 亿和 14.5 亿，假定 2025 年取平均值，即 14.35 亿，计算出 2020 年、2021～2025 年年均变化率。蔡昉指出 2025 年总人口或将达到峰值。因此，2026～2030 年、2031～2035 年年均变化率为 0。 在干预情景 2、干预情景 3，……，干预情景 7 下，人口逐渐下调 0.01 亿。 将上述变化率作为中间值，最小值和最大值分别在中间值基础上向下和向上调整 0.2 个百分点
生态用水量		由于生态用水量影响机制比较复杂，不再进行多情景模拟，通过观察 2003～2019 年演变趋势，发现其呈上升趋势，并且上升速度有所加快，同时，国家对生态文明建设越来越重视，从而对生态需水将逐渐增加，因此，将 2003～2019 年年均变化率作为潜在增长率，简单测算 2020～2035 年生态用水量	
林牧渔畜用水量		由于林牧渔畜用水量影响机制比较复杂，不再进行多情景模拟，通过观察其在 2003～2019 年的演变趋势，比较平稳，因此，2020～2035 年林牧渔畜用水量采用 2003～2019 年的平均值	

4.4　用水量潜在演变的模拟方法

各类别用水量潜在演变趋势的动态模拟涉及众多驱动因素，由于统计上的局限，这些驱动因素潜在的精确取值并不确定，同时，随着技术发展，短期内这些因素的取值也有可能会发生变化。因此，本章借鉴蒙特卡洛方法对不确定性的描述，采用概率分布描述参数取值的数学特征，通过随机方法模拟各类别用水量潜在演变趋势。

4.4.1　蒙特卡洛方法

蒙特卡洛方法是一种随机模拟方法，最早被用于以投针实验的方法求解圆周率。它以概率和统计理论方法为基础，使用随机数将所求解的问题同一定的概率模型相联系，用计算机技术实现统计模拟或抽样，以获得问题的近似解。蒙特卡洛方法的应用主要分为两个步骤：第一，输入参数时，需要产生服从某一概率分布的随机变量；第二，用统计方法把模型结果的数字特征估计出来，得到问题的数值解。

蒙特卡洛方法的基本原理：由大数定理可知，当样本容量足够大时，事件发生的概率可以用大量试验中该事件发生的频率来估算，可以认为该事件的发生频率即为其概率。因此，可以先对影响其变化的随机变量进行大量的随机抽样，然后把这些抽样值一组一组地代入功能函数式，确定事件的结果，最后，利用抽样结果的频数当作结果的概率，可以对结果进行统计分析。

蒙特卡洛方法的理论基础是大数定律及中心极限定理。在蒙特卡洛方法中，将随机变量 X 的样本 X_1，X_2，…，X_N 的算术平均值作为所求解的近似值。由大数定律可知，如果 X_1，X_2，…，X_N 独立同分布，且具有有限期望值，即 $E(X)<\infty$，则满足公式（4.38）：

$$P(\lim_{N\to\infty}\overline{X}_N = E(X)) = 1 \tag{4.38}$$

蒙特卡洛方法的近似值与真值之间的误差问题，可由中心极限定理来说明。中心极限定理指出，若随机变量 X_1，X_2，…，X_N 独立同分布，且具有有限非零的方差 σ^2，即满足公式（4.39）：

$$0 \neq \sigma^2 = \int [X - E(X)]^2 f(X) dX < \infty \tag{4.39}$$

其中，f(X) 是 X 的概率密度函数，则满足公式（4.40）：

$$\lim_{N \to \infty} P\left[\frac{\sqrt{N}}{\sigma} |\overline{X}_N - E(X) < x|\right] \overline{X}_n = \frac{1}{\sqrt{2\pi}} \int_{-x}^{x} e^{-t^2/2} dt \tag{4.40}$$

当 N 充分大时，可得到如下近似式：

$$P\left[|\overline{X}_N - E(X)| < \frac{\lambda_\alpha \sigma}{\sqrt{N}} \right] \approx \frac{2}{\sqrt{2\pi}} \int_0^{\lambda_\alpha} e^{-t^2/2} dt = 1 - \alpha \tag{4.41}$$

其中，α 为置信度，1 - α 为置信水平。这表明 $|\overline{X}_N - E(X)| < \lambda_\alpha \sigma / \sqrt{N}$ 近似成立的概率为 1 - α，且误差收敛速度的阶为 $O(N^{-1/2})$，蒙特卡洛方法的误差 ε 通常定义为：

$$\varepsilon = \frac{\lambda_\alpha \sigma}{\sqrt{N}} \tag{4.42}$$

其中，λ_α 与置信度 α 一一对应，根据问题的需求确定置信水平后，可通过查询标准正态分布表确定。误差中的均方差 σ 未知，由其估计值来代替：

$$\hat{\sigma} = \sqrt{\frac{1}{N} \sum_{i=1}^{N} X_i^2 - \left(\frac{1}{N} \sum_{i=1}^{N} X_i \right)^2} \tag{4.43}$$

蒙特卡洛方法在应用中可以生动地描述事物的随机性特点，且适应性出色，条件限制的影响微乎其微，同时，蒙特卡洛方法能够动态计算某个随机变量的期望值或某一个情形出现的概率，符合用水量及其达峰研究的需要，使用水量潜在演变趋势模拟更为精确，相较于其他研究具有一定优势[166]。

本章使用 Matlab 软件模拟农田灌溉、工业、建筑业、服务业和生活用水量潜在演变趋势。

4.4.2 参数概率分布

蒙特卡洛模拟方法关键在于对模型变量的分布进行假设，其特点是模型变量相互独立，每个变量根据自身的发生概率取值，然后按照预测模型将变量的随机取值综合起来，产生相应的预测值。

各类别用水量演变驱动因素变量是服从概率分布的随机变量，根据对以往数据的统计和分析，这些随机变量存在一个最可能出现的取值。当已知变量最可能出现的结果以及取值区间但是概率分布形式未知时，三角形分布最适用于变量的随机选取[168]。对于随机变量 x，三角形分布是最小值为 a、中间值为 c、最大值为 b 的连续型概率分布，概率密度函数和累积分布函数分别如公式（4.44）和公式（4.45）所示。

$$f(x|a,b,c)=\begin{cases}\dfrac{2(x-a)}{(b-a)(c-a)}, & a\leqslant x\leqslant c\\ \dfrac{2(b-x)}{(b-a)(b-c)}, & c<x\leqslant b\end{cases} \tag{4.44}$$

$$F(x|a,b,c)=\begin{cases}\dfrac{(x-a)^2}{(b-a)(c-a)}, & a\leqslant x\leqslant c\\ 1-\dfrac{(b-x)^2}{(b-a)(b-c)}, & c<x\leqslant b\end{cases} \tag{4.45}$$

三角形分布的概率密度函数和累积分布函数如图 4.1 所示。

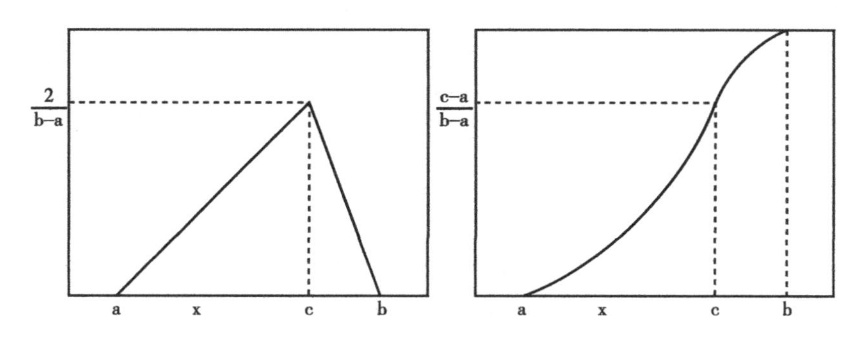

图 4.1　三角形分布的概率密度函数（左）和累计分布函数（右）

4.5　本章小结

本章首先提出基于动态情景的用水总量预测思路；其次，基于农田灌溉、工业、建筑业、服务业和生活用水量历史演变驱动因素识别结果，构建用水量潜在演变趋势的预测模型；再次，基于各类别用水量的惯性趋势推衍设置基准情景，基于政策干预设置干预情景 1、干预情景 2，……，干预情景 7，结合各驱动因素的历史演变趋势、学者的研究成果和专家咨询等率定各情景的参数取值；最后，基于驱动因素潜在演变趋势的不确定性以及潜在变化率应该是一个区间而非特定取值的考虑，采用蒙特卡洛方法，并假定各驱动因素变量满足三角形分布，模拟各类别用水量潜在的分布演变趋势及其概率，从而为分析用水总量达峰路径提供支撑。

| 第5章 |

用水总量达峰路径优化研究

基于用水总量潜在演变趋势，提出用水总量达峰路径优化研究思路，以及用水总量达峰路径优化判别原则。通过生产函数模型对比分析，选择改进的二级 CES 生产函数模型作为增长阻力模型的基础。基于资本、劳动和水资源三种要素投入，构建（K/W）/L 型、（K/L）/W 型和（W/L）/K 型 CES 生产函数模型，分析改进的 CES 生产函数模型的参数估计方法，构建用水量对经济增长的阻力模型，测算水资源限制对经济增长的阻力。基于用水总量控制、增长阻力两个原则，判断出合适的用水总量达峰路径。

5.1 用水总量达峰路径优化研究思路

通过用水总量潜在演变的动态情景分析，可以得到用水总量在基准情景和干预情景 1、干预情景 2，……，干预情景 7 下的潜在演变趋势，由于各情景下各驱动因素的变化率参数设置存在较大差异，导致用水总量潜在演变也存在较大差异，因此，需要作出判断：哪些情景是我国实现用水总量达峰的最优路径？选择的依据是什么？

图 5.1 显示了科学的合理的用水总量达峰路径的选择思路，主要如下：

第一步，基于用水总量潜在演变的动态情景分析（第 4 章），可以得知 8 种情景下用水总量的潜在演变趋势，结合历史演变趋势，得到 8 种情景下用水总量 2003 ~2035 年（历史演变 + 潜在演变）的演变趋势，从而为用水总量达峰路径选择提供数据支撑。

第二步，基于用水总量控制目标判别原则，2035 年用水总量不能大于用水总量控制目标，同时，基于用水总量达峰内涵，2035 年用水总量不能大于 2020 年用水总量，即不能出现明显的反弹效应，从而筛选出不合适的情景。

第三步，基于用水总量是否对经济产生增长阻力，剔除不合理的情景。中国是世界上最大的发展中国家，当前的主要任务还是发展，中国是水资源十分紧缺的国家，用水总量控制工作非常重要，因而需要尽量减少用水总量控制对经济的影响，寻求两者之间的均衡。

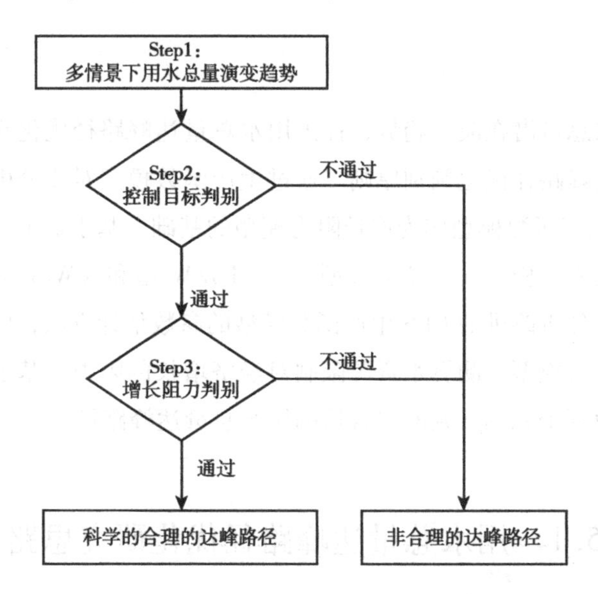

图 5.1　科学的合理的用水总量达峰路径选择思路

5.2　用水总量达峰路径优化判断原则

由用水总量达峰路径优化研究思路可知，用水总量达峰的情景选择主要涉及两个原则：一是用水总量控制目标判别原则，二是增长阻力判别原则，对该原则解释如下：

（1）用水总量控制目标判别原则。

《国家节水行动方案》明确提出，2035 年全国用水总量控制在 7000 亿 m^3

以内，因此，用水总量峰值不能大于该目标值。从用水总量潜在演变驱动因素年均变化率的设置，可知用水总量潜在演变趋势应该不会出现较大幅度波动，基于用水总量达峰内涵的界定，得到用水总量潜在演变趋势应该不能出现明显的反弹效应，认为 2035 年用水总量应该小于 2020 年。综上所述，可以得到判别公式（5.1）：

$$TOW^{2035} < TOW^{2020}$$
$$TOW^{p} < TOW^{object} \tag{5.1}$$

其中，TOW^{p} 表示用水总量峰值，TOW^{object} 表示用水总量控制目标。

（2）增长阻力判别原则。

我国仍然是世界上最大的发展中国家，发展是第一要务，我国水资源紧缺十分紧缺，不能以牺牲经济增长以换取用水总量控制，意味着用水总量不能制约到经济增长，判别过程如公式（5.2）所示：

$$Drag < 0 \tag{5.2}$$

其中，Drag 表示水资源约束对经济增长的阻力，其值小于零，意味着用水总量未对经济增长产生阻力。

用水总量控制目标判断可以通过观察用水总量演变趋势得到，而增长阻力判别原则比较复杂，因此，以下将详细阐述用水总量对经济增长阻力模型的构建、估计与测算等。

5.3　用水总量对经济增长的阻力模型构建

由于用水总量对经济增长的阻力模型以生产函数模型为基础，因此，本节的研究思路如下：首先，说明改进的二级 CES 生产函数模型的理由；其次，构建 3 种改进的二级 CES 生产函数模型；再次，对改进的 CES 生产函数模型进行参数估计；最后，基于参数估计结果，测算出用水总量对经济增长的阻力系数。

5.3.1　改进的二级 CES 生产函数模型选择理由

基于 2.4 节生产函数理论的梳理，对要素替代、技术两种线索下生产函数模型进行总结，从而选择出最合适的生产函数模型，作为用水总量对经济增长阻力模型的基础模型。

从要素替代为线索的生产函数模型来看，CES 生产函数的要素替代弹性 $\sigma = 1/(1+\rho)$，突破了 C－D 生产函数模型要素替代弹性为 1 的局限，而更加符合实际。一级三要素 CES 生产函数假设资本、劳动、水资源相互之间的替代弹性相同，而二级 CES 生产函数既可以保持同级要素间的替代弹性为同一常数，又能够保持不同级要素间的替代弹性为不同常数。而 VES 生产函数模型和超越对数生产函数模型估计相对困难，因此，二级 CES 生产函数更加具有适用性。

从技术为线索的生产函数模型来看，技术要素在 C－D 生产函数和 CES 生产函数中都作为独立于其他要素之外的不变参数，技术进步在不同的时间点上是相同，不符合实际情况。改进的 C－D 生产函数和改进的 CES 生产函数引入时间趋势项以测算技术进步，同时，体现型技术进步的生产函数形式过于复杂，估计难度大，因此，改进的 C－D 生产函数和改进的 CES 生产函数更加具有适用性。

综上所述，选择改进的二级 CES 生产函数，作为测算用水总量对经济增长阻力的基础模型，其假设如下：

（1）资本 K、劳动 L 和水资源 W 之间的替代弹性互不相同；

（2）研究对象具有可变的规模报酬，规模报酬参数 $m=1$、$m>1$ 和 $m<1$ 分别表示规模报酬不变、规模报酬递增和规模报酬递减；

（3）技术进步是希克斯中性。

在资本、劳动和水资源三种投入要素之间替代弹性各不相同的前提下，改进的二级 CES 生产函数应该存在三种形式，即（K/W）/L 型、（K/L）/W 型和（W/L）/K 型，分别如公式（5.3）、公式（5.4）和公式（5.5）所示。

$$Y = A_0 e^{\lambda t}\{\beta[\alpha K^{-\rho_1} + (1-\alpha)W^{-\rho_1}]^{\frac{\rho}{\rho_1}} + (1-\beta)L^{-\rho}\}^{-\frac{m}{\rho}} \tag{5.3}$$

$$Y = A_0 e^{\lambda t}\{\beta[\alpha K^{-\rho_1} + (1-\alpha)L^{-\rho_1}]^{\frac{\rho}{\rho_1}} + (1-\beta)W^{-\rho}\}^{-\frac{m}{\rho}} \tag{5.4}$$

$$Y = A_0 e^{\lambda t}\{\beta[\alpha W^{-\rho_1} + (1-\alpha)L^{-\rho_1}]^{\frac{\rho}{\rho_1}} + (1-\beta)K^{-\rho}\}^{-\frac{m}{\rho}} \tag{5.5}$$

其中，Y 为产出，K 为资本，L 为劳动，W 为水资源，t 为时间。

5.3.2　改进的二级 CES 生产函数模型构建

(1) (K/W)/L 型二级 CES 生产函数模型。

(K/W)/L 型二级 CES 生产函数的形式如公式 (5.6)、公式 (5.7) 所示。

第一级：$Y_{KW}=[\alpha K^{-\rho_1}+(1-\alpha)W^{-\rho_1}]^{-\frac{1}{\rho_1}}$　(5.6)

第二级：$Y=A_0e^{\lambda t}[\beta Y_{KW}^{-\rho}+(1-\beta)L^{-\rho}]^{-\frac{m}{\rho}}$　(5.7)

其中，第一级的投入要素包括资本 K 和水资源 W，两者之间的替代弹性为 $\sigma_1=1/(1+\rho_1)$；在第二级中，资本 K 和水资源 W 的组合要素 Y_{KW} 与劳动 L 的替代弹性为 $\sigma=1/(1+\rho)$。λ 表示广义技术进步速率，$A_0e^{\lambda t}$ 表示随着时间推移，生产过程中技术水平不断进步促进产出增加的倍数；α 和 β 是分配系数，$0<\alpha<1$，$0<\beta<1$；ρ_1 和 ρ 是替代参数，$-1<\rho_1<\infty$，$-1<\rho<\infty$；m 表示规模报酬参数，m=1、m>1 和 m<1 分别表示规模报酬不变、递增和递减。

(2) (K/L)/W 型二级 CES 生产函数模型。

(K/L)/W 型二级 CES 生产函数的形式如公式 (5.8)、公式 (5.9) 所示。

第一级：$Y_{KL}=[\alpha K^{-\rho_1}+(1-\alpha)L^{-\rho_1}]^{-\frac{1}{\rho_1}}$　(5.8)

第二级：$Y=A_0e^{\lambda t}[\beta Y_{KL}^{-\rho}+(1-\beta)W^{-\rho}]^{-\frac{m}{\rho}}$　(5.9)

其中，第一级的投入要素包括资本 K 和劳动 L，两者之间的替代弹性为 $\sigma_1=1/(1+\rho_1)$；在第二级中，资本 K 和劳动 L 的组合要素 Y_{KL} 与水资源 W 的替代弹性为 $\sigma=1/(1+\rho)$。λ 表示广义技术进步速率，$A_0e^{\lambda t}$ 表示随着时间推移，生产过程中技术水平不断进步促进产出增加的倍数；α 和 β 是分配系数，$0<\alpha<1$，$0<\beta<1$；ρ_1 和 ρ 是替代参数，$-1<\rho_1<\infty$，$-1<\rho<\infty$；m 表示规模报酬参数，m=1、m>1 和 m<1 分别表示规模报酬不变、递增和递减。

(3) (W/L)/K 型二级 CES 生产函数模型。

(W/L)/K 型二级 CES 生产函数的形式如公式 (5.10)、公式 (5.11) 所示。

第一级：$Y_{WL}=[\alpha W^{-\rho_1}+(1-\alpha)L^{-\rho_1}]^{-\frac{1}{\rho_1}}$　(5.10)

第二级：$Y=A_0e^{\lambda t}[\beta Y_{WL}^{-\rho}+(1-\beta)K^{-\rho}]^{-\frac{m}{\rho}}$　(5.11)

其中，第一级的投入要素包括水资源 W 和劳动 L，两者之间的替代弹性为 $\sigma_1=1/(1+\rho_1)$；在第二级中，水资源 W 和劳动 L 的组合要素 Y_{WL} 与资本 K 的替代弹性为 $\sigma=1/(1+\rho)$。λ 表示广义技术进步速率，$A_0e^{\lambda t}$ 表示随着时间推移，生产过程中技术水平不断进步促进产出增加的倍数；α 和 β 是分配系数，$0<\alpha<1$，$0<\beta<1$；ρ_1 和 ρ 是替代参数，$-1<\rho_1<\infty$，$-1<\rho<\infty$；m 表示规模报酬参数，$m=1$、$m>1$ 和 $m<1$ 分别表示规模报酬不变、递增和递减。

5.3.3 改进的二级 CES 生产函数参数估计

(1) CES 生产函数的参数估计方法。

含有资本 K 和劳动 L 两要素的 CES 生产函数计量经济学模型如公式 (5.12) 所示。

$$Y=A\left[aK^{-\rho}+(1-a)L^{-\rho}\right]^{-\frac{m}{\rho}}e^{\varepsilon} \tag{5.12}$$

对公式 (5.12) 两边取对数，得到公式 (5.13)：

$$\ln Y=\ln A-\frac{m}{\rho}\ln\left[aK^{-\rho}+(1-a)L^{-\rho}\right]+\varepsilon \tag{5.13}$$

对公式 (5.13) 中的 $\ln\left[aK^{-\rho}+(1-a)L^{-\rho}\right]$ 在 $\rho=0$ 处展开泰勒级数，并取 0、1 和 2 阶项代入公式 (5.13)，得到公式 (5.14)：

$$\ln Y=\ln A+am\ln K+(1-a)m\ln L-\frac{1}{2}a(1-a)m\rho\left(\ln\frac{K}{L}\right)^2+\varepsilon \tag{5.14}$$

假定：

$$\begin{cases} Z=\ln Y \\ \beta_0=\ln A \\ \beta_1=am \\ \beta_2=(1-a)m \\ \beta_3=-\frac{1}{2}a(1-a)m\rho \\ X_1=\ln K \\ X_2=\ln L \\ X_3=\left(\ln\frac{K}{L}\right)^2 \end{cases} \tag{5.15}$$

从而，得到公式（5.16）：

$$Z=\beta_0+\beta_1X_1+\beta_2X_2+\beta_3X_3+\varepsilon \tag{5.16}$$

采用普通最小二乘估计方法，可以得到 β_0、β_1、β_2 和 β_3 的参数估计值，再结合公式（5.15），可以计算得到参数 A、a、m 和 ρ 的估计值。

（2）（K/W）/L 型二级 CES 生产函数的参数估计方法。

参考 CES 生产函数的参数估计方法，对（K/W）/L 型二级 CES 生产函数进行参数估计。（K/W）/L 型二级 CES 生产函数的计量经济学模型如公式（5.17）、公式（5.18）和公式（5.19）所示：

$$Y=A_0e^{\lambda t}\{\beta[\alpha K^{-\rho_1}+(1-\alpha)W^{-\rho_1}]^{\frac{\rho}{\rho_1}}+(1-\beta)L^{-\rho}\}^{-\frac{m}{\rho}}e^{\varepsilon} \tag{5.17}$$

第一级：$Y_{KW}=[\alpha K^{-\rho_1}+(1-\alpha)W^{-\rho_1}]^{-\frac{1}{\rho_1}}$ （5.18）

第二级：$Y=A_0e^{\lambda t}[\beta Y_{KW}^{-\rho}+(1-\beta)L^{-\rho}]^{-\frac{m}{\rho}}e^{\varepsilon}$ （5.19）

具体参数估计步骤如下所示：

第一步：对公式（5.19）两边分别取对数，得到公式（5.20）：

$$\ln Y=\ln A_0+\lambda t-\frac{m}{\rho}\ln[\beta Y_{KW}^{-\rho}+(1-\beta)L^{-\rho}]+\varepsilon \tag{5.20}$$

对公式（5.20）中的 $\beta Y_{KW}^{-\rho}+(1-\beta)L^{-\rho}$ 在 $\rho=0$ 处展开泰勒级数，并取 0、1 和 2 阶项代入公式（5.20），得到公式（5.21）：

$$\ln Y=\ln A_0+\lambda t+\beta m\ln Y_{KW}+(1-\beta)m\ln L-\frac{1}{2}\beta(1-\beta)m\rho\left(\ln\frac{Y_{KW}}{L}\right)^2+\varepsilon \tag{5.21}$$

第二步：对公式（5.18）两边分别取对数，得到公式（5.22）：

$$\ln Y_{KW}=-\frac{1}{\rho_1}\ln[\alpha K^{-\rho_1}+(1-\alpha)W^{-\rho_1}] \tag{5.22}$$

对公式（5.22）中的 $\alpha K^{-\rho_1}+(1-\alpha)W^{-\rho_1}$ 在 $\rho_1=0$ 处展开泰勒级数，并取 0、1 和 2 阶项代入公式（5.22），得到公式（5.23）：

$$\ln Y_{KW}=\alpha\ln K+(1-\alpha)\ln W-\frac{1}{2}\alpha(1-\alpha)\rho_1\left(\ln\frac{K}{W}\right)^2 \tag{5.23}$$

将公式（5.23）代入公式（5.21），考虑到可能存在的多重共线性及计算复杂性，采用逐步回归方法筛选出新模型，如公式（5.24）所示：

$$\ln Y=\ln A_0+\lambda t+\beta m\left[\alpha\ln K+(1-\alpha)\ln W-\frac{1}{2}\alpha(1-\alpha)\rho_1\ln\left(\frac{K}{L}\right)^2\right]$$

$$+(1-\beta)m\ln L-\frac{1}{2}\beta(1-\beta)m\rho\left(\ln\frac{Y_{KW}}{L}\right)^2+\varepsilon$$

$$=\ln A_0+\lambda t+\alpha\beta m\ln K+(1-\alpha)\beta m\ln W+(1-\beta)m\ln L$$

$$-\frac{1}{2}\alpha(1-\alpha)\beta m\rho_1\left(\ln\frac{K}{W}\right)^2-\frac{1}{2}\beta(1-\beta)m\rho\left(\ln\frac{K}{L}\right)^2+\varepsilon \quad (5.24)$$

(3)（K/L)/W 型二级 CES 生产函数的参数估计方法。

参考 CES 生产函数的参数估计方法，对（K/L)/W 型二级 CES 生产函数进行参数估计。(K/L)/W 型二级 CES 生产函数的计量经济学模型如公式（5.25)、公式（5.26）和公式（5.27）所示：

$$Y=A_0e^{\lambda t}\{\beta[\alpha K^{-\rho_1}+(1-\alpha)L^{-\rho_1}]^{\frac{\rho}{\rho_1}}+(1-\beta)W^{-\rho}\}^{-\frac{m}{\rho}}e^{\varepsilon} \quad (5.25)$$

第一级：$Y_{KL}=[\alpha K^{-\rho_1}+(1-\alpha)L^{-\rho_1}]^{-\frac{1}{\rho_1}}$ (5.26)

第二级：$Y=A_0e^{\lambda t}[\beta Y_{KL}^{-\rho}+(1-\beta)W^{-\rho}]^{-\frac{m}{\rho}}e^{\varepsilon}$ (5.27)

具体参数估计步骤如下所示：

第一步：对公式（5.27）两边分别取对数，得到公式（5.28)：

$$\ln Y=\ln A_0+\lambda t-\frac{m}{\rho}\ln[\beta Y_{KL}^{-\rho}+(1-\beta)W^{-\rho}]+\varepsilon \quad (5.28)$$

对公式（5.28）中的 $\beta Y_{KL}^{-\rho}+(1-\beta)W^{-\rho}$ 在 $\rho=0$ 处展开泰勒级数，并取 0、1 和 2 阶项代入公式（5.28)，得到公式（5.29)：

$$\ln Y=\ln A_0+\lambda t+\beta m\ln Y_{KL}+(1-\beta)m\ln W-\frac{1}{2}\beta(1-\beta)m\rho\left(\ln\frac{Y_{KL}}{W}\right)^2+\varepsilon \quad (5.29)$$

第二步：对公式（5.26）两边分别取对数，得到公式（5.30)：

$$\ln Y_{KL}=-\frac{1}{\rho_1}\ln[\alpha K^{-\rho_1}+(1-\alpha)L^{-\rho_1}] \quad (5.30)$$

对公式（5.30）中的 $\alpha K^{-\rho_1}+(1-\alpha)L^{-\rho_1}$ 在 $\rho_1=0$ 处展开泰勒级数，并取 0、1 和 2 阶项代入公式（5.30)，得到公式（5.31)：

$$\ln Y_{KL}=\alpha\ln K+(1-\alpha)\ln L-\frac{1}{2}\alpha(1-\alpha)\rho_1\left(\ln\frac{K}{L}\right)^2 \quad (5.31)$$

将公式（5.31）代入公式（5.29)，考虑到可能存在的多重共线性及计算复杂性，采用逐步回归方法筛选出新模型，如公式（5.32）所示：

$$\ln Y = \ln A_0 + \lambda t + \beta m\left[\alpha\ln K + (1-\alpha)\ln L - \frac{1}{2}\alpha(1-\alpha)\rho_1\ln\left(\frac{K}{L}\right)^2\right]$$

$$+ (1-\beta)m\ln W - \frac{1}{2}\beta(1-\beta)m\rho\left(\ln\frac{Y_{KL}}{W}\right)^2 + \varepsilon$$

$$= \ln A_0 + \lambda t + \alpha\beta m\ln K + (1-\alpha)\beta m\ln L + (1-\beta)m\ln W$$

$$-\frac{1}{2}\alpha(1-\alpha)\beta m\rho_1\left(\ln\frac{K}{L}\right)^2 - \frac{1}{2}\beta(1-\beta)m\rho\left(\ln\frac{K}{W}\right)^2 + \varepsilon \quad (5.32)$$

(4)(W/L)/K 型二级 CES 生产函数的参数估计方法。

参考 CES 生产函数的参数估计方法，对（W/L)/K 型二级 CES 生产函数进行参数估计，(W/L)/K 型二级 CES 生产函数的计量经济学模型如公式（5.33)、公式（5.34）和公式（5.35）所示：

$$Y = A_0 e^{\lambda t}\{\beta[\alpha W^{-\rho_1} + (1-\alpha)L^{-\rho_1}]^{\frac{\rho}{\rho_1}} + (1-\beta)K^{-\rho}\}^{-\frac{m}{\rho}}e^{\varepsilon} \quad (5.33)$$

第一级：$Y_{WL} = [\alpha W^{-\rho_1} + (1-\alpha)L^{-\rho_1}]^{-\frac{1}{\rho_1}}$ (5.34)

第二级：$Y = A_0 e^{\lambda t}[\beta Y_{WL}^{-\rho} + (1-\beta)K^{-\rho}]^{-\frac{m}{\rho}}e^{\varepsilon}$ (5.35)

具体参数估计步骤如下所示：

第一步：对公式（5.35）两边分别取对数，得到公式（5.36)：

$$\ln Y = \ln A_0 + \lambda t - \frac{m}{\rho}\ln[\beta Y_{WL}^{-\rho} + (1-\beta)K^{-\rho}] + \varepsilon \quad (5.36)$$

对公式（5.36）中的 $\beta Y_{WL}^{-\rho} + (1-\beta)K^{-\rho}$ 在 $\rho = 0$ 处展开泰勒级数，并取 0、1 和 2 阶项代入公式（5.36)，得到公式（5.37)：

$$\ln Y = \ln A_0 + \lambda t + \beta m\ln Y_{WL} + (1-\beta)m\ln K - \frac{1}{2}\beta(1-\beta)m\rho\left(\ln\frac{Y_{WL}}{K}\right)^2 + \varepsilon \quad (5.37)$$

第二步：对公式（5.34）两边分别取对数，得到公式（5.38)：

$$\ln Y_{WL} = -\frac{1}{\rho_1}\ln[\alpha K^{-\rho_1} + (1-\alpha)L^{-\rho_1}] \quad (5.38)$$

对公式（5.38）中的 $\alpha K^{-\rho_1} + (1-\alpha)L^{-\rho_1}$ 在 $\rho_1 = 0$ 处展开泰勒级数，并取 0、1 和 2 阶项代入公式（5.38)，得到公式（5.39)：

$$\ln Y_{WL} = \alpha\ln W + (1-\alpha)\ln L - \frac{1}{2}\alpha(1-\alpha)\rho_1\ln\left(\frac{W}{L}\right)^2 \quad (5.39)$$

将公式（5.39）代入公式（5.37)，考虑到可能存在的多重共线性及计算复杂性，采用逐步回归方法筛选出新模型，如公式（5.40）所示。

$$
\begin{aligned}
\ln Y &= \ln A_0 + \lambda t + \beta m\left[\alpha \ln W + (1-\alpha)\ln L - \frac{1}{2}\alpha(1-\alpha)\rho_1 \ln\left(\frac{W}{L}\right)^2\right] \\
&\quad + (1-\beta) m \ln K - \frac{1}{2}\beta(1-\beta) m\rho\left(\ln\frac{Y_{WL}}{K}\right)^2 + \varepsilon \\
&= \ln A_0 + \lambda t + \alpha\beta m \ln W + (1-\alpha)\beta m \ln L + (1-\beta) m \ln K \\
&\quad - \frac{1}{2}\alpha(1-\alpha)\beta m\rho_1 \ln\left(\frac{W}{L}\right)^2 - \frac{1}{2}\beta(1-\beta) m\rho\left(\ln\frac{W}{K}\right)^2 + \varepsilon \qquad (5.40)
\end{aligned}
$$

5.3.4 增长阻力测算模型构建

（1）基于（K/W）/L 型二级 CES 生产函数的增长阻力测算模型。

令$\left(\ln\frac{K}{W}\right)^2 = \ln P$，$\left(\ln\frac{K}{L}\right)^2 = \ln Q$，对公式（5.24）两边分别对时间 t 求导数，利用变量的对数对时间 t 的导数等于该变量的变化率，得到公式（5.41）：

$$
\begin{aligned}
g_Y(t) &= \lambda + \alpha\beta m g_K(t) + (1-\alpha)\beta m g_W(t) + (1-\beta) m g_L(t) \\
&\quad - \frac{1}{2}\alpha(1-\alpha)\beta m\rho_1 g_P(t) - \frac{1}{2}\beta(1-\beta) m\rho g_Q(t) \qquad (5.41)
\end{aligned}
$$

其中，$g_Y(t)$、$g_K(t)$、$g_W(t)$、$g_L(t)$、$g_P(t)$ 和 $g_Q(t)$ 分别为 Y、K、W、L、P 和 Q 的增长率。如果处在平衡增长上，则存在 $g_Y(t) = g_K(t)$，则公式（5.41）可以改写成公式（5.42）的形式：

$$
g_Y(t)^{bgp} = \frac{\lambda + (1-\alpha)\beta m g_W(t) + (1-\beta) m g_L(t) - \frac{1}{2}\alpha(1-\alpha)\beta m\rho_1 g_P(t) - \frac{1}{2}\beta(1-\beta) m\rho g_Q(t)}{1-\alpha\beta m} \qquad (5.42)
$$

其中，$g_Y(t)^{gdp}$为平衡增长路径上的产出增长率。因此，平衡路径上单位劳动生产力产出增长率为：

$$
\begin{aligned}
g_{Y/L}(t)^{bgp} &= g_Y(t)^{bgp} - g_L(t)^{bgp} \\
&= \frac{\lambda + (1-\alpha)\beta m g_W(t) + (1-\beta) m g_L(t) - \frac{1}{2}\alpha(1-\alpha)\beta m\rho_1 g_P(t) - \frac{1}{2}\beta(1-\beta) m\rho g_Q(t)}{1-\alpha\beta m} - g_L(t)
\end{aligned}
$$

$$
\begin{aligned}
&\lambda + (1-\alpha)\beta m g_W(t) + (1-\beta) m g_L(t) - \frac{1}{2}\alpha(1-\alpha)\beta m\rho_1 g_P(t) \\
&= \frac{-\frac{1}{2}\beta(1-\beta) m\rho g_Q(t) - g_L(t)(1-\alpha\beta m)}{1-\alpha\beta m}
\end{aligned}
\tag{5.43}
$$

水资源的限制引起了单位劳动力产出最终下降，单位劳动力水资源量下降成为经济增长的阻力，但是由于经济增长与技术进步有关，并且技术进步的优势已经战胜了资源的限制，成为经济增长的最大动力，如果技术进步带来的经济增长大于水资源限制引起的增长阻力，那么单位劳动力产出仍然可以持续增长。

假设公式（5.43）表示水资源受到限制情况下单位劳动力产出增长率，那么水资源未受限制情况下单位劳动力产出增长率可以用公式（5.44）表示：

$$
\tilde{g}_{Y/L}(t)^{bgp} = \frac{\lambda + (1-\alpha)\beta m\tilde{g}_W(t) + (1-\beta) m g_L(t) - \frac{1}{2}\alpha(1-\alpha)\beta m\rho_1 g_P(t) - \frac{1}{2}\beta(1-\beta) m\rho g_Q(t) - g_L(t)(1-\alpha\beta m)}{1-\alpha\beta m}
\tag{5.44}
$$

其中，$\tilde{g}_{Y/L}(t)^{bgp}$表示水资源未受到限制情况下增长率，那么源于水资源限制引起的增长阻力便等于水资源未受限制情况下与受限制情况下的单位劳动力产出增长率的差，即 $\tilde{g}_{Y/L}(t)^{bgp}$与 $g_{Y/L}(t)^{bgp}$差，如公式（5.45）所示：

$$
Drag = \tilde{g}_Y(t)^{bgp} - g_Y(t)^{bgp} = \frac{(1-\alpha)\beta m[\tilde{g}_W(t) - g_W(t)]}{1-\alpha\beta m}
\tag{5.45}
$$

假定水资源未受限制情况下增长率等于劳动增长率，即满足 $\tilde{g}_W(t) = g_L(t) = n$，水资源受到限制情况下增长率取值存在差异，将水资源受到限制情况下增长率设为实际增长率，即 $g_W(t) = w$。

因此，公式（5.45）可以写成公式（5.46）的形式：

$$
Drag = \frac{(1-\alpha)\beta m(n-w)}{1-\alpha\beta m}
\tag{5.46}
$$

（2）基于（K/L）/W 型二级 CES 生产函数的增长阻力测算模型。

令$\left(\ln\frac{K}{L}\right)^2 = \ln P$，$\left(\ln\frac{K}{W}\right)^2 = \ln Q$，对公式（5.32）两边分别对时间 t 求

导数，利用变量的对数对时间 t 的导数等于该变量的变化率，得到公式 (5.47)：

$$g_Y(t)=\lambda+\alpha\beta m g_K(t)+(1-\alpha)\beta m g_L(t)+(1-\beta)m g_W(t)$$
$$-\frac{1}{2}\alpha(1-\alpha)\beta m\rho_1 g_P(t)-\frac{1}{2}\beta(1-\beta)m\rho g_Q(t) \tag{5.47}$$

其中，$g_Y(t)$、$g_K(t)$、$g_L(t)$、$g_W(t)$、$g_P(t)$ 和 $g_Q(t)$ 分别为 Y、K、L、W、P 和 Q 的增长率。如果处在平衡增长上，则存在 $g_Y(t)=g_K(t)$，则公式（5.47）可以改写成公式（5.48）的形式：

$$g_Y(t)^{bgp}=\frac{\lambda+(1-\alpha)\beta m g_L(t)+(1-\beta)m g_W(t)-\frac{1}{2}\alpha(1-\alpha)\beta m\rho_1 g_P(t)-\frac{1}{2}\beta(1-\beta)m\rho g_Q(t)}{1-\alpha\beta m} \tag{5.48}$$

其中，$g_Y(t)^{gdp}$ 为平衡增长路径上的产出增长率。因此，平衡路径上单位劳动生产力产出增长率为：

$$g_{Y/L}(t)^{bgp}=g_Y(t)^{bgp}-g_L(t)^{bgp}$$
$$=\frac{\lambda+(1-\alpha)\beta m g_L(t)+(1-\beta)m g_W(t)-\frac{1}{2}\alpha(1-\alpha)\beta m\rho_1 g_P(t)-\frac{1}{2}\beta(1-\beta)m\rho g_Q(t)}{1-\alpha\beta m}-g_L(t)$$
$$=\frac{\lambda+(1-\alpha)\beta m g_L(t)+(1-\beta)m g_W(t)-\frac{1}{2}\alpha(1-\alpha)\beta m\rho_1 g_P(t)-\frac{1}{2}\beta(1-\beta)m\rho g_Q(t)-g_L(t)(1-\alpha\beta m)}{1-\alpha\beta m} \tag{5.49}$$

水资源的限制引起了单位劳动力产出最终下降，单位劳动力水资源量下降成为经济增长的阻力，但是由于经济增长与技术进步有关，并且技术进步的优势已经战胜了资源的限制，成为经济增长的最大动力，如果技术进步带来的经济增长大于水资源限制引起的增长阻力，那么单位劳动力产出仍然可以持续增长。

假设公式（5.49）表示水资源受到限制情况下单位劳动力产出增长率，那么水资源未受限制情况下单位劳动力产出增长率可以用公式（5.50）表示：

$$\tilde{g}_{Y/L}(t)^{bgp}=\frac{\lambda+(1-\alpha)\beta m g_L(t)+(1-\beta)m\tilde{g}_W(t)-\frac{1}{2}\alpha(1-\alpha)\beta m\rho_1 g_P(t)-\frac{1}{2}\beta(1-\beta)m\rho g_Q(t)-g_L(t)(1-\alpha\beta m)}{1-\alpha\beta m} \tag{5.50}$$

其中，$\tilde{g}_{Y/L}(t)^{bgp}$表示水资源未受到限制情况下增长率，那么源于水资源限制引起的增长阻力便等于水资源未受限制情况下与受限制情况下的单位劳动力产出增长率的差，即 $\tilde{g}_{Y/L}(t)^{bgp}$与$g_{Y/L}(t)^{bgp}$差，如公式（5.51）所示：

$$Drag=\tilde{g}_Y(t)^{bgp}-g_Y(t)^{bgp}=\frac{(1-\beta)m[\tilde{g}_W(t)-g_W(t)]}{1-\alpha\beta m} \tag{5.51}$$

假定水资源未受限制情况下增长率等于劳动增长率，即满足 $\tilde{g}_W(t)=g_L(t)=n$，水资源受到限制情况下增长率取值存在差异，将水资源受到限制情况下增长率设为实际增长率，即$g_W(t)=w$。

因此，公式（5.51）可以写成公式（5.52）的形式：

$$Drag=\frac{(1-\beta)m(n-w)}{1-\alpha\beta m} \tag{5.52}$$

（3）基于（W/L）/K 型二级 CES 生产函数的增长阻力测算模型。

令$\left(\ln\frac{W}{L}\right)^2=\ln P$，$\left(\ln\frac{W}{K}\right)^2=\ln Q$，对公式（5.40）两边分别对时间 t 求导数，利用变量的对数对时间 t 的导数等于该变量的变化率，得到公式（5.53）：

$$\begin{aligned}g_Y(t)=&\lambda+\alpha\beta m g_W(t)+(1-\alpha)\beta m g_L(t)+(1-\beta)m g_K(t)\\&-\frac{1}{2}\alpha(1-\alpha)\beta m\rho_1 g_P(t)-\frac{1}{2}\beta(1-\beta)m\rho g_Q(t)\end{aligned} \tag{5.53}$$

其中，$g_Y(t)$、$g_W(t)$、$g_L(t)$、$g_K(t)$、$g_P(t)$ 和 $g_Q(t)$ 分别为 Y、W、L、K、P 和 Q 的增长率。如果处在平衡增长上，则存在 $g_Y(t)=g_K(t)$，则公式（5.53）可以改写成公式（5.54）的形式：

$$g_Y(t)^{bgp}=\frac{\lambda+\alpha\beta m g_W(t)+(1-\alpha)\beta m g_L(t)-\frac{1}{2}\alpha(1-\alpha)\beta m\rho_1 g_P(t)-\frac{1}{2}\beta(1-\beta)m\rho g_Q(t)}{1-(1-\beta)m} \tag{5.54}$$

其中，$g_Y(t)^{gdp}$为平衡增长路径上的产出增长率。因此，平衡路径上单位劳动生产力产出增长率为：

$$g_{Y/L}(t)^{bgp}=g_Y(t)^{bgp}-g_L(t)^{bgp}$$

$$=\frac{\lambda+\alpha\beta m g_W(t)+(1-\alpha)\beta m g_L(t)-\frac{1}{2}\alpha(1-\alpha)\beta m\rho_1 g_P(t)-\frac{1}{2}\beta(1-\beta)m\rho g_Q(t)}{1-(1-\beta)m}-g_L(t)$$

$$=\frac{\lambda+\alpha\beta m g_W(t)+(1-\alpha)\beta m g_L(t)-\frac{1}{2}\alpha(1-\alpha)\beta m\rho_1 g_P(t)-\frac{1}{2}\beta(1-\beta)m\rho g_Q(t)-g_L(t)[1-(1-\beta)m]}{1-(1-\beta)m}$$

(5.55)

水资源的限制引起了单位劳动力产出最终下降，单位劳动力水资源量下降成为经济增长的阻力，但是由于经济增长与技术进步有关，并且技术进步的优势已经战胜了资源的限制，成为经济增长的最大动力，如果技术进步带来的经济增长大于水资源限制引起的增长阻力，那么单位劳动力产出仍然可以持续增长。

假设公式（5.55）表示水资源受到限制情况下单位劳动力产出增长率，那么水资源未受限制情况下单位劳动力产出增长率可以用公式（5.56）表示：

$$\tilde{g}_{Y/L}(t)^{bgp}=\frac{\lambda+\alpha\beta m\tilde{g}_W(t)+(1-\alpha)\beta m g_L(t)-\frac{1}{2}\alpha(1-\alpha)\beta m\rho_1 g_P(t)-\frac{1}{2}\beta(1-\beta)m\rho g_Q(t)-g_L(t)\{[1-(1-\beta)m]\}}{1-(1-\beta)m}$$

(5.56)

其中，$\tilde{g}_{Y/L}(t)^{bgp}$表示水资源未受到限制情况下增长率，那么源于水资源限制引起的增长阻力便等于水资源未受限制情况下与受限制情况下的单位劳动力产出增长率的差，即 $\tilde{g}_{Y/L}(t)^{bgp}$与$g_{Y/L}(t)^{bgp}$差，如公式（5.57）所示：

$$\text{Drag}=\tilde{g}_Y(t)^{bgp}-g_Y(t)^{bgp}=\frac{\alpha\beta m[\tilde{g}_W(t)-g_W(t)]}{1-(1-\beta)m} \quad (5.57)$$

假定水资源未受限制情况下增长率等于劳动增长率，即满足 $\tilde{g}_W(t)=$

$g_L(t)=n$，水资源受到限制情况下增长率取值存在差异，将水资源受到限制情况下增长率设为实际增长率，即 $g_W(t)=w$。

因此，公式（5.57）可以写成公式（5.58）的形式：

$$Drag=\frac{\alpha\beta m(n-w)}{1-(1-\beta)m} \tag{5.58}$$

5.4　用水总量达峰路径优化分析

基于第4章所开展的用水总量潜在演变趋势的多情景动态模拟，结合用水总量的历史演变，得到多情景下用水总量的演变过程，可以判断各情景下用水总量达峰的峰值与时间。在基准情景与干预情景等8种情景中，可能存在多个情景下用水总量都实现了达峰，但是需要从中作出选择。本书主要考虑两个选择原则：

（1）用水总量不能超过7000亿 m^3 控制目标，同时，不能出现明显的反弹效应。《国务院关于实行最严格水资源管理制度的意见》和《国家节水行动方案》等政策文件都明确提出2035年用水总量控制在7000亿 m^3，因此，用水总量峰值不能超过该目标。当前，我国处于高质量发展阶段，经济增长由高速增长转变为中高速增长，由粗放式发展转变为集约式发展，产业结构逐渐优化升级，各产业行业节水技术得到推广与应用，节水政策制度的约束作用逐渐显现，可见，用水总量不会出现明显的上升趋势，否则，将不是合适的用水总量达峰路径。判别过程如公式（5.1）所示。

（2）潜在的用水总量不能制约我国的经济增长。我国是水资源非常稀缺的国家，单纯从用水总量大小来看，模拟出的用水总量当然越低越好，但需要注意的是，水资源是生产环节必需的要素，水资源约束从而制约着经济增长，而我国当前仍然是发展中国家，发展仍然是第一要务，因此，用水总量需要控制，同时，不能制约到经济增长。判别过程如公式（5.2）所示。

因此，基于上述两个原则，可以从基准情景与干预情景1、干预情景2，……，干预情景7中，选择合适的用水总量达峰路径。

5.5　本章小结

第一，本章提出用水总量达峰路径优化研究思路；第二，提出用水总量达峰路径优化的判别原则；第三，构建用水总量对经济增长的阻力模型，通过生产函数模型对比分析，选择改进的二级 CES 生产函数模型作为增长阻力模型的基础，基于资本、劳动和水资源三种投入要素，构建（K/W）/L 型、（K/L）/W 型和（W/L）/K 型三种改进的二级 CES 生产函数模型，并确定模型的参数估计方法；第四，构建用水总量对经济增长的阻力模型，测算各情景下用水总量对经济增长的阻力系数；第五，结合用水总量控制目标与增长阻力原则，分析用水总量合适的达峰路径。

| 第6章 |

用水总量达峰实现的因素贡献研究

从用水量历史演变和潜在演变结合的维度，挖掘出用水总量达峰过程中各驱动因素的贡献程度，这是本章的研究目标。基于因素分解法，构建时空情景分解模型，分别识别出各情景下用水总量达峰过程中的因素贡献，以及不同情景下用水总量达峰差异的因素贡献，为用水总量达峰实现提供两条不同的可行路径。

6.1 情景分解法内涵与特点

6.1.1 情景分解法内涵

情景分解与历史分解相对应，历史分解指运用指数分解法对某个综合指标历史演变的驱动因素进行分解，已经被众多学者广泛运用，而情景分解主要指运用指数分解法对某个综合指标的潜在演变的驱动因素进行分解。本章以用水量为研究对象，对用水量历史分解与情景分解的科学内涵开展研究。图6.1显示了用水量历史分解与情景分解的框架，从图中可以看出，整个时间轴被划分为两个部分，即历史演变与潜在演变，图中共有6个模型，即模型Ⅰ、模型Ⅱ、模型Ⅲ、模型Ⅳ、模型Ⅴ和模型Ⅵ，现逐一进行介绍。

（1）模型Ⅰ。

模型Ⅰ，即历史分解模型，运用指数分解法研究用水量历史演变的驱动

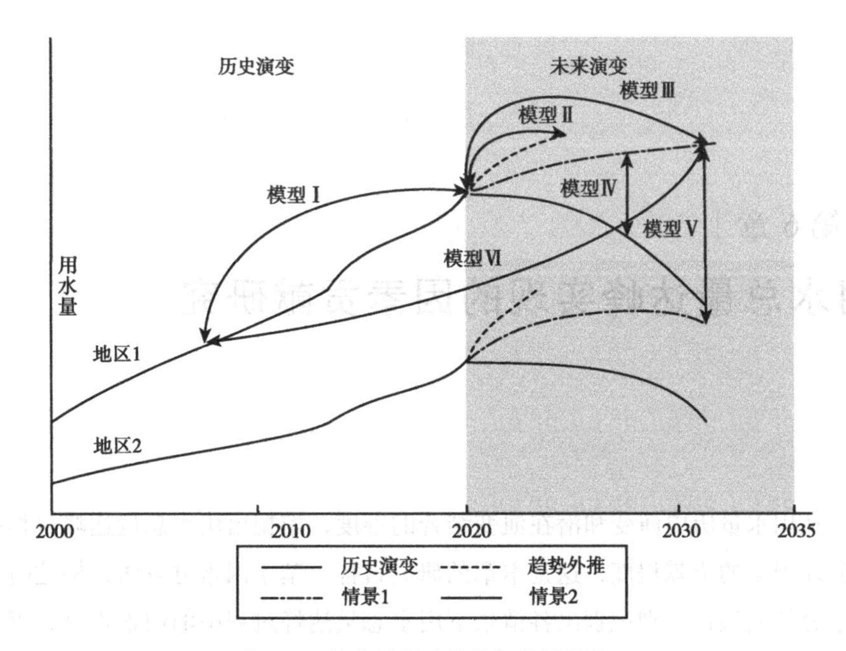

图 6.1 用水量历史分解与情景分解

因素，在第 3 章中，指数分解法被运用于农田灌溉、工业、建筑业、服务业和生活用水量历史演变的驱动因素分解。

（2）模型Ⅱ、Ⅲ和Ⅳ。

Ang[169]将情景分解（该文称为前瞻性分解）划分为 3 个模型，即趋势推衍分解（模型Ⅱ）、时间情景分解（模型Ⅲ）和空间情景分解（模型Ⅳ）。

从图中可以看出，模型Ⅱ基于趋势推衍方法，模拟得到用水量潜在演变趋势，然后采用指数分解法分解用水量潜在演变的驱动因素。而模型Ⅲ与模型Ⅱ的主要区别在于用水量潜在演变趋势的模拟方法，前者将情景分析与预测方法结合，而后者采用趋势推衍的方法。在模型Ⅱ和模型Ⅲ中，假定存在两个时间点 t_1 和 t_2，即分解 t_1 与 t_2 两个时间点用水量变化量（即 $\Delta W = W^{t_2} - W^{t_1}$）的驱动因素。

在模型Ⅳ中，运用指数分解法分解两种情景下用水量潜在演变趋势差异的驱动因素。假定存在两个情景 s_1 和 s_2，即分解两个情景下用水量潜在演变差异 $\Delta W = W^{s_1} - W^{s_2}$的驱动因素。通过比较两种情景下用水量潜在演变差异的驱动因素，可以为用水量达峰提供可行的路径参考，因此，模型Ⅳ值得开展研究。与模型Ⅲ的主要区别在于，前者研究某个时点上两个情景间的差异，而后者研究单个情景下两个时点间的差异。

（3）模型Ⅴ、Ⅵ。

基于 Ang[169]的研究成果，本章对情景分解法进行扩展，提出空间情景分析（模型Ⅴ）和时间情景分析（模型Ⅵ）。模型Ⅴ主要研究两个地区在某种情景下用水量潜在演变差异的驱动因素，假定存在两个地区 r_1 和 r_2，即分解特定情景下两个地区用水量潜在演变差异 $\Delta W = W^{r_1} - W^{r_2}$的驱动因素。而模型Ⅵ将历史演变与潜在演变结合，作为一个整体时间段，分解用水量演变的驱动因素。由于本书以中国整体作为实证分析的对象，不存在某种情景下两个地区用水量潜在演变差异的驱动因素分解分析。

综上所述，模型Ⅵ和模型Ⅳ是本书关注的重点。通过将历史演变与动态视野相结合，可以科学判断用水量达峰的路径，同时，研究不同情景之间用水量演变趋势差异的驱动因素，为判断用水总量达峰路径的选择提供另外一种思路。

6.1.2　情景分解法特点

针对情景分解法的特点，本节将通过文献研究法予以开展，共检索文献 61 篇，其中，外文文献主要参考 Ang 和 Goh[170]的研究成果。本书主要从研究对象、研究行业部门、分解方法选择、分解模型形式、应用领域等角度分析情景分解相关文献的特点，如表 6.1 所示。

（1）从研究对象来看，主要以碳排放为主，文献达到 53 篇。由人类活动过多排放温室气体引起的、以全球变暖为主要特征的全球气候变化，是人类面临的最大环境生态威胁。近年来，地球气候系统以极高的速率变化，给人类社会和生态系统带来了巨大的风险，便要求人类社会积极应对气候变化，从减排温室气体人手，减缓气候变化，同时积极采取适应气候变化的措施[171]。因此，节能减排的实现路径问题是众多学者重点关注的领域。

（2）从研究部门或行业来看，主要以整体经济为主，文献达到 34 篇，其次是电力产业，达到 8 篇，除此之外，还有交通行业、工业、制造业等。

（3）从分解方法选择来看，采用 LMDI 方法的文献达到了 48 篇，其中，Smit 等[172]同时选择了 LMDI 与 S/S 两种分解方法。Ang[156]将指数分解法划分

表 6.1　　情景指数分解分析主要特征汇总

序号	作者	研究对象	部门	年份	地区	应用领域			分解方法	模型形式	
						外推	时间	空间		加法	乘法
1	Kawase 等[180]	碳排放	整体经济	2030，2050	日本，法国，德国，英国		▲		Laspeyres	▲	
2	Steenhof[181]	碳排放强度	电力行业	2020	中国		▲		Laspeyres		▲
3	Sands 和 Schumacher[175]	碳排放	整体经济	2040，2050	德国		▲	▲	LMDI		▲
4	Luderer 等[182]	碳排放	整体经济	2100	全球		▲		Unknown	▲	
5	Agnolucci 等[183]	碳排放	整体经济	2050	英国	▲			Nil		▲
6	Hatzigeorgiou 等[184]	碳排放	整体经济	2020	欧盟		▲		LMDI		▲
7	Steckel 等[185]	碳排放	整体经济	2020～2050	中国		▲		S/S	▲	
8	Kesicki 和 Anandarajah[186]	碳排放	整体经济	2020～2100	全球			▲	LMDI	▲	
9	Kesicki[187]	碳排放	居民住宅	2030	英国			▲	LMDI	▲	
10	Hübler 和 Steckel[188]	碳排放	整体经济	2050	全球		▲		S/S	▲	
11	Förster 等[189]	碳排放	电力行业	2050	欧盟		▲		Laspeyres	▲	
12	Förster 等[190]	碳排放	电力行业	2050	欧盟		▲		Laspeyres	▲	
13	Fisher－Vanden 等[191]	碳排放	工业	2075	全球		▲		AMDI		▲
14	Bellevrat[192]	碳排放	整体经济	2020～2050	中国		▲		LMDI	▲	
15	Saygin 等[193]	能源	工业	2040	荷兰	▲			LMDI		▲
16	Park 等[194]	碳排放	电力行业	2030，2050	韩国		▲		LMDI	▲	

续表

序号	作者	研究对象	部门	年份	地区	应用领域			分解方法	模型形式	
						外推	时间	空间		加法	乘法
17	O'Mahony 等[195]	碳排放	整体经济	2020	爱尔兰	▲			LMDI		▲
18	Kesicki[196]	碳排放	交通	2050	英国			▲	LMDI	▲	
19	Jiao 等[197]	碳排放	整体经济	2020	中国		▲		LMDI		▲
20	Gambhir 等[198]	碳排放	整体经济	2050	中国			▲	LMDI	▲	
21	Förster 等[176]	碳排放	整体经济	2020～2050	欧盟		▲	▲	LMDI	▲	
22	Lescaroux[199]	能源	工业	2030	38 个国家	▲	▲		LMDI		▲
23	Hasanbeigi 等[200]	能源	制造业	2020	中国		▲		LMDI	▲	
24	Xu 等[201]	碳排放	水泥产业	2050	中国		▲		LMDI	▲	
25	Smit 等[172]	能源	整体经济	2020	欧盟			▲	S/S，LMDI	▲	
26	O'Mahony[202]	碳排放	整体经济	2020	爱尔兰	▲			LMDI		▲
27	Mishra 等[203]	碳排放	整体经济	2100	全球			▲	LMDI	▲	
28	Lin 和 Ouyang [204]	碳排放	非金属矿产业	2020	中国	▲			LMDI	▲	
29	Hasanbeigi 等[205]	能源	钢铁行业	2030	中国		▲		LMDI	▲	
30	Fujimori 等[206]	碳排放	终端利用	2050	全球			▲	Unknown	▲	
31	Belakhdar 等[207]	能源	电力行业	2020	摩洛哥	▲			LMDI	▲	
32	Yan 和 Fang [208]	碳排放	制造业	2020	中国	▲			LMDI	▲	
33	Marcucci 和 Fragkos [177]	碳排放	整体经济	2030～2100	欧盟，美国，中国，印度		▲	▲	LMDI	▲	

续表

序号	作者	研究对象	部门	年份	地区	应用领域			分解方法	模型形式	
						外推	时间	空间		加法	乘法
34	Kanitkar 等[174]	碳排放	农业，工业和服务业	2030	印度	▲			LMDI	▲	▲
35	IEA[209]	碳排放	整体经济	2030	全球			▲	LMDI	▲	
36	Gu 等[210]	碳排放	电力行业	2020	中国	▲	▲		LMDI	▲	
37	Gambhir 等[211]	碳排放	交通	2050	中国			▲	LMDI	▲	
38	Brockway 等[212]	能源	整体经济	2030	中国	▲			LMDI		▲
39	Robalino – López 等[213]	碳排放	整体经济	2025	委内瑞拉		▲		LMDI		▲
40	Kiuila 等[214]	碳排放	整体经济	2020	全球			▲	LMDI	▲	
41	Tang 等[215]	碳排放	整体经济	2020	中国，江苏		▲		LMDI	▲	
42	Yi 等[216]	碳排放强度	整体经济	2020	中国		▲		LMDI		▲
43	Zhao 等[217]	碳排放	电力行业	2030	中国	▲			LMDI	▲	
44	Zhang 等[218]	碳排放强度	工业	2030	中国		▲		LMDI	▲	
45	Yeh 等[219]	碳排放	交通	2030，2040，2050	全球			▲	LMDI	▲	
46	Xia 等[220]	碳排放	整体经济	2020，2030	中国，浙江	▲			LMDI	▲	
47	Shahiduzzaman 和 Layton[221]	碳排放	整体经济	2025	美国	▲			LMDI	▲	
48	Muratori 等[178]	碳排放	交通	2100	全球		▲	▲	LMDI	▲	
49	Mittal 等[222]	碳排放	交通	2100	全球		▲		Paasche	▲	

续表

序号	作者	研究对象	部门	年份	地区	应用领域			分解方法	模型形式	
						外推	时间	空间		加法	乘法
50	Fragkos 等[223]	碳排放	整体经济	2030，2050	欧盟		▲		LMDI	▲	
51	Edelenbosch 等[224]	碳排放	交通	2030，2050，2100	全球		▲		Laspeyres		▲
52	Yu 等[225]	碳排放	整体经济	2035	中国		▲		LMDI	▲	
53	Yu 等[226]	碳排放	整体经济	2023，2030	中国		▲		LMDI	▲	
54	Mathy 等[227]	碳排放	整体经济	2020~2050	全球		▲		LMDI	▲	
55	Palmer 等[228]	碳排放	电力行业	2030	美国			▲	LMDI	▲	
56	Wang 等[229]	电力	整体经济	2020，2030	中国	▲			LMDI	▲	
57	Dong 等[230]	碳排放	整体经济	2030	全球	▲			LMDI	▲	
58	Koomey 等[179]	碳排放	整体经济	2100	全球		▲	▲	LMDI	▲	
59	Köne 和 Büke[231]	碳排放	整体经济	2025~2060	土耳其		▲		LMDI	▲	
60	Wachsmuth 和 Duscha[232]	碳排放	整体经济	2050	欧盟		▲		LMDI	▲	
61	邵帅等[173]	碳排放	制造业	2030	中国		▲		GDIM	▲	

为迪氏指数法和拉氏指数法两类方法，并且认为 LMDI 方法是最优的方法，因此，LMDI 方法被广泛运用于情景指数分解分析。除 LMDI 方法外，S/S、AMDI、Laspeyres、Paasche 等指数分解法也被采用，另外，GDIM 方法也被运用于碳排放情景分解分析[173]。

(4) 从分解模型形式来看，主要以加法模型形式为主，文献达到 46 篇，其中，Kanitkar 等[174]同时选择了加法和乘法两种模型形式。虽然，加法与乘法两种模型形式可以相互转换，但是，与乘法模型形式相比，加法模型形式具有计算方便、容易理解等优点，成为学者开展指数分解研究的首要选择。

(5) 从应用领域来看，主要以时间情景分解分析为主，文献达到 35 篇，空间情景分析也有 17 篇，其中，5 篇文献[175-179]同时包含时间情景分析与空间情景分析。趋势推衍分析也有 16 篇文献，由于所有文献都开展碳排放、能源等指标潜在演变趋势分析，可见，采用其他预测方法模拟指标潜在演变的文献数量大于趋势推衍方法。因此，在情景指数分解分析研究中，指数分解法仅是一种用来进行时间或空间比较的工具，而非指标潜在演变趋势的建模工具。

6.2 农田灌溉用水量情景分解模型构建

基于农田灌溉用水量历史演变驱动因素识别结果，构建扩展的农田灌溉用水量时间情景分解模型（模型Ⅵ）和空间情景分解模型（模型Ⅳ）。

(1) 时间情景分解模型。

假定历史演变的时间跨度为 $0 \to t_1$，潜在演变的时间跨度为 $t_1+1 \to t_2$，因此，整个时间段为 $0 \to t_2$，且 $t_2 > t_1$。基于公式（3.6），可以得到农田灌溉用水量 4 个驱动因素的时间情景分解模型，如公式（6.1）所示。

$$
\begin{aligned}
\Delta AW^{t_2-0} &= AW^{t_2} - AW^{0} \\
&= NIW^{t_2} \times EUC^{t_2} \times IP^{t_2} \times EIA^{t_2} - NIW^{0} \times EUC^{0} \times IP^{0} \times EIA^{0} \\
&= \Delta AW_{NIW}^{t_2-0} + \Delta AW_{EUC}^{t_2-0} + \Delta AW_{IP}^{t_2-0} + \Delta AW_{EIA}^{t_2-0}
\end{aligned} \tag{6.1}
$$

基于 LMDI 加法模型，可以得到上述 4 个驱动因素对农田灌溉用水量达峰过程中的因素贡献，如公式（6.2）所示。

$$
\begin{aligned}
\Delta AW_{NIW}^{t_2-0} &= \frac{AW^{t_2}-AW^{0}}{\ln AW^{t_2}-\ln AW^{0}}\ln\frac{NIW^{t_2}}{NIW^{0}} \\
\Delta AW_{EUC}^{t_2-0} &= \frac{AW^{t_2}-AW^{0}}{\ln AW^{t_2}-\ln AW^{0}}\ln\frac{EUC^{t_2}}{EUC^{0}} \\
\Delta AW_{IP}^{t_2-0} &= \frac{AW^{t_2}-AW^{0}}{\ln AW^{t_2}-\ln AW^{0}}\ln\frac{IP^{t_2}}{IP^{0}} \\
\Delta AW_{EIA}^{t_2-0} &= \frac{AW^{t_2}-AW^{0}}{\ln AW^{t_2}-\ln AW^{0}}\ln\frac{EIA^{t_2}}{EIA^{0}}
\end{aligned}
\tag{6.2}
$$

其中，$\Delta AW_{NIW}^{t_2-0}$、$\Delta AW_{EUC}^{t_2-0}$、$\Delta AW_{IP}^{t_2-0}$和$\Delta AW_{EIA}^{t_2-0}$分别表示亩均净灌溉用水量、农田灌溉水有效利用系数、实际灌溉比例和有效灌溉面积对农田灌溉用水量达峰过程中的贡献。

（2）空间情景分解模型。

假定在潜在演变时间段 $t_1+1\to t_2$ 中存在两个情景 s_1 和 s_2，将农田灌溉用水量4个驱动因素时间情景分解模型推广到空间情景分解模型，从而得到公式（6.3）：

$$
\begin{aligned}
\Delta AW^{s_2-s_1} &= AW^{s_2}-AW^{s_1} \\
&= NIW^{s_2}\times EUC^{s_2}\times IP^{s_2}\times EIA^{s_2}-NIW^{s_1}\times EUC^{s_1}\times IP^{s_1}\times EIA^{s_1} \\
&= \Delta AW_{NIW}^{s_2-s_1}+\Delta AW_{EUC}^{s_2-s_1}+\Delta AW_{IP}^{s_2-s_1}+\Delta AW_{EIA}^{s_2-s_1}
\end{aligned}
\tag{6.3}
$$

基于LMDI加法模型，可以得到上述4个驱动因素对农田灌溉用水量潜在多情景演变差异的贡献值，如公式（6.4）所示。

$$
\begin{aligned}
\Delta AW_{NIW}^{s_2-s_1} &= \frac{AW^{s_2}-AW^{s_1}}{\ln AW^{s_2}-\ln AW^{s_1}}\ln\frac{NIW^{s_2}}{NIW^{s_1}} \\
\Delta AW_{EUC}^{s_2-s_1} &= \frac{AW^{s_2}-AW^{s_1}}{\ln AW^{s_2}-\ln AW^{s_1}}\ln\frac{EUC^{s_2}}{EUC^{s_1}} \\
\Delta AW_{IP}^{s_2-s_1} &= \frac{AW^{s_2}-AW^{t_1}}{\ln AW^{s_2}-\ln AW^{s_1}}\ln\frac{IP^{s_2}}{IP^{s_1}} \\
\Delta AW_{EIA}^{s_2-s_1} &= \frac{AW^{s_2}-AW^{s_1}}{\ln AW^{s_2}-\ln AW^{s_1}}\ln\frac{EIA^{s_2}}{EIA^{s_1}}
\end{aligned}
\tag{6.4}
$$

其中，$\Delta AW_{NIW}^{s_2-s_1}$、$\Delta AW_{EUC}^{s_2-s_1}$、$\Delta AW_{IP}^{s_2-s_1}$和$\Delta AW_{EIA}^{s_2-s_1}$分别表示亩均净灌溉用水量、农田灌溉水有效利用系数、实际灌溉比例和有效灌溉面积对农田灌溉用水量潜在多情景演变差异的贡献。

6.3 工业与建筑业用水量情景分解模型构建

6.3.1 工业用水量情景分解模型构建

基于工业用水量历史演变驱动因素识别结果，构建扩展的工业用水量时间情景分解模型（模型Ⅵ）和空间情景分解模型（模型Ⅳ）。

(1) 时间情景分解模型。

假定历史演变的时间跨度为 $0 \to t_1$，潜在演变的时间跨度为 $t_1 + 1 \to t_2$，因此，整个时间段为 $0 \to t_2$，且 $t_2 > t_1$。基于公式（3.18），可以得到工业用水量2个驱动因素的时间情景分解模型，如公式（6.5）所示。

$$\begin{aligned}\Delta IW^{t_2-0} &= IW^{t_2} - IW^0 \\ &= IWI^{t_2} \times IAV^{t_2} - IWI^0 \times IAV^0 \\ &= \Delta IW_{IWI}^{t_2-0} + \Delta IW_{IAV}^{t_2-0}\end{aligned} \tag{6.5}$$

基于LMDI加法模型，可以得到上述2个驱动因素对工业用水量达峰过程中的因素贡献，如公式（6.6）所示。

$$\begin{aligned}\Delta IW_{IWI}^{t_2-0} &= \frac{IW^{t_2} - IW^0}{\ln IW^{t_2} - \ln IW^0} \ln \frac{IWI^{t_2}}{IWI^0} \\ \Delta IW_{IAV}^{t_2-0} &= \frac{IW^{t_2} - IW^0}{\ln IW^{t_2} - \ln IW^0} \ln \frac{IAV^{t_2}}{IAV^0}\end{aligned} \tag{6.6}$$

其中，$\Delta IW_{IWI}^{t_2-0}$和$\Delta IW_{IAV}^{t_2-0}$分别表示工业用水强度和工业增加值对工业用水量达峰过程中的因素贡献。

(2) 空间情景分解模型。

假定在潜在演变时间段 $t_1 + 1 \to t_2$ 中存在两个情景 s_1 和 s_2，将工业用水量2个驱动因素时间情景分解模型推广到空间情景分解模型，从而得到公式(6.7)：

$$\begin{aligned}\Delta IW^{s_2-s_1} &= IW^{s_2} - IW^{s_1} \\ &= IWI^{s_2} \times IAV^{s_2} - IWI^{s_1} \times IAV^{s_1} \\ &= \Delta IW_{IWI}^{s_2-s_1} + \Delta IW_{IAV}^{s_2-s_1}\end{aligned} \tag{6.7}$$

基于LMDI加法模型，可以得到上述两个驱动因素对工业用水量潜在多情景演变差异的贡献值，如公式（6.8）所示。

$$\Delta IW_{IWI}^{s_2-s_1}=\frac{IW^{s_2}-IW^{s_1}}{\ln IW^{s_2}-\ln IW^{s_1}}\ln\frac{IWI^{s_2}}{IWI^{s_1}}$$
$$\Delta IW_{IAV}^{s_2-s_1}=\frac{IW^{s_2}-IW^{s_1}}{\ln IW^{s_2}-\ln IW^{s_1}}\ln\frac{IAV^{s_2}}{IAV^{s_1}} \tag{6.8}$$

其中，$\Delta IW_{IWI}^{s_2-s_1}$和$\Delta IW_{IAV}^{s_2-s_1}$分别表示工业用水强度和工业增加值对工业用水量潜在多情景演变差异的贡献。

6.3.2　建筑业用水量情景分解模型构建

基于建筑业用水量历史演变驱动因素识别结果，构建扩展的建筑业用水量时间情景分解模型（模型Ⅵ）和空间情景分解模型（模型Ⅳ）。

（1）时间情景分解模型。

假定历史演变的时间跨度为$0\to t_1$，潜在演变的时间跨度为$t_1+1\to t_2$，因此，整个时间段为$0\to t_2$，且$t_2>t_1$。基于公式（3.22），可以得到建筑业用水量2个驱动因素的时间情景分解模型，如公式（6.9）所示。

$$\begin{aligned}\Delta CW^{t_2-0}&=CW^{t_2}-CW^0\\&=CWI^{t_2}\times CAV^{t_2}-CWI^0\times CAV^0\\&=\Delta CW_{CWI}^{t_2-0}+\Delta CW_{CAV}^{t_2-0}\end{aligned} \tag{6.9}$$

基于LMDI加法模型，可以得到上述2个驱动因素对建筑业用水量达峰过程中的因素贡献，如公式（6.10）所示。

$$\Delta CW_{CWI}^{t_2-0}=\frac{CW^{t_2}-CW^0}{\ln CW^{t_2}-\ln CW^0}\ln\frac{CWI^{t_2}}{CWI^0}$$
$$\Delta CW_{CAV}^{t_2-0}=\frac{CW^{t_2}-CW^0}{\ln CW^{t_2}-\ln CW^0}\ln\frac{CAV^{t_2}}{CAV^0} \tag{6.10}$$

其中，$\Delta CW_{CWI}^{t_2-0}$和$\Delta CW_{CAV}^{t_2-0}$分别表示建筑业用水强度和建筑业增加值对建筑业用水量达峰过程的因素贡献。

（2）空间情景分解模型。

假定在潜在演变时间段$t_1+1\to t_2$中存在两个情景s_1和s_2，将建筑业用水量2个驱动因素时间情景分解模型推广到空间情景分解模型，从而得到公式（6.11）：

$$\begin{aligned}\Delta CW^{s_2-s_1} &= CW^{s_2} - CW^{s_1} \\ &= CWI^{s_2} \times CAV^{s_2} - CWI^{s_1} \times CAV^{s_1} \\ &= \Delta CW_{CWI}^{s_2-s_1} + \Delta CW_{CAV}^{s_2-s_1}\end{aligned} \tag{6.11}$$

基于 LMDI 加法模型，可以得到上述两个驱动因素对建筑业用水量潜在多情景演变差异的贡献值，如公式（6.12）所示。

$$\begin{aligned}\Delta CW_{CWI}^{s_2-s_1} &= \frac{CW^{s_2} - CW^{s_1}}{\ln CW^{s_2} - \ln CW^{s_1}} \ln \frac{CWI^{s_2}}{CWI^{s_1}} \\ \Delta CW_{CAV}^{s_2-s_1} &= \frac{CW^{s_2} - CW^{s_1}}{\ln CW^{s_2} - \ln CW^{s_1}} \ln \frac{CAV^{s_2}}{CAV^{s_1}}\end{aligned} \tag{6.12}$$

其中，$\Delta CW_{CWI}^{s_2-s_1}$ 和 $\Delta CW_{CAV}^{s_2-s_1}$ 分别表示建筑业用水强度和建筑业增加值对建筑业用水量潜在多情景演变差异的贡献。

6.4 服务业与生活用水量情景分解模型构建

6.4.1 服务业用水量情景分解模型构建

基于服务业用水量历史演变驱动因素识别结果，构建扩展的服务业用水量时间情景分解模型（模型Ⅵ）和空间情景分解模型（模型Ⅳ）。

（1）时间情景分解模型。

假定历史演变的时间跨度为 $0 \rightarrow t_1$，潜在演变的时间跨度为 $t_1 + 1 \rightarrow t_2$，因此，整个时间段为 $0 \rightarrow t_2$，且 $t_2 > t_1$。基于公式（3.30），可以得到服务业用水量 4 个驱动因素的时间情景分解模型，如公式（6.13）所示。

$$\begin{aligned}\Delta TW^{t_2-0} &= TW^{t_2} - TW^{0} \\ &= TWI^{t_2} \times TAV^{t_2} - TWI^{0} \times TAV^{0} \\ &= \Delta TW_{TWI}^{t_2-0} + \Delta TW_{TAV}^{t_2-0}\end{aligned} \tag{6.13}$$

基于 LMDI 加法模型，可以得到上述 2 个驱动因素对服务业用水量达峰过程中的因素贡献，如公式（6.14）所示。

$$\Delta TW_{CWI}^{t_2-0} = \frac{TW^{t_2} - TW^{0}}{\ln TW^{t_2} - \ln TW^{0}} \ln \frac{TWI^{t_2}}{TWI^{0}}$$

$$\Delta TW_{CAV}^{t_2-0}=\frac{TW^{t_2}-TW^{0}}{\ln TW^{t_2}-\ln TW^{0}}\ln\frac{TAV^{t_2}}{TAV^{0}} \tag{6.14}$$

其中，$\Delta TW_{TWI}^{t_2-0}$和$\Delta TW_{TAV}^{t_2-0}$分别表示服务业用水强度和服务业增加值对服务业用水量达峰过程的因素贡献。

(2) 空间情景分解模型。

假定在潜在演变时间段 $t_1+1\rightarrow t_2$ 中存在两个情景 s_1 和 s_2，将服务业用水量2个驱动因素时间情景分解模型推广到空间情景分解模型，从而得到公式 (6.15)：

$$\begin{aligned}\Delta TW^{s_2-s_1}&=TW^{s_2}-TW^{s_1}\\&=TWI^{s_2}\times TAV^{s_2}-TWI^{s_1}\times TAV^{s_1}\\&=\Delta TW_{TWI}^{s_2-s_1}+\Delta TW_{TAV}^{s_2-s_1}\end{aligned} \tag{6.15}$$

基于LMDI加法模型，可以得到上述两个驱动因素对服务业用水量潜在多情景演变差异的贡献值，如公式 (6.16) 所示。

$$\begin{aligned}\Delta TW_{TWI}^{s_2-s_1}&=\frac{TW^{s_2}-TW^{s_1}}{\ln TW^{s_2}-\ln TW^{s_1}}\ln\frac{TWI^{s_2}}{TWI^{s_1}}\\\Delta TW_{TAV}^{s_2-s_1}&=\frac{TW^{s_2}-TW^{s_1}}{\ln TW^{s_2}-\ln TW^{s_1}}\ln\frac{TAV^{s_2}}{TAV^{s_1}}\end{aligned} \tag{6.16}$$

其中，$\Delta CW_{CWI}^{s_2-s_1}$和$\Delta CW_{CAV}^{s_2-s_1}$分别表示服务业用水强度和服务业增加值对服务业用水量潜在多情景演变差异的贡献。

6.4.2 生活用水量情景分解模型构建

基于生活用水量历史演变驱动因素识别结果，构建扩展的生活用水量时间情景分解模型（模型Ⅵ）和空间情景分解模型（模型Ⅳ）。

(1) 时间情景分解模型。

假定历史演变的时间跨度为 $0\rightarrow t_1$，潜在演变的时间跨度为 $t_1+1\rightarrow t_2$，因此，整个时间段为 $0\rightarrow t_2$，且 $t_2>t_1$。基于公式 (3.34)，可以得到生活用水量4个驱动因素的时间情景分解模型，如公式 (6.17) 所示。

$$\begin{aligned}\Delta DW^{t_2-0}&=DW^{t_2}-DW^{0}\\&=\sum_i DI_i^{t_2}\times UR_i^{t_2}\times P^{t_2}-\sum_i DI_i^{0}\times UR_i^{0}\times P^{0}\end{aligned}$$

$$= \Delta DW_{DI}^{t_2-0} + \Delta DW_{UR}^{t_2-0} + \Delta DW_{P}^{t_2-0} \tag{6.17}$$

基于 LMDI 加法模型，可以得到上述三个驱动因素对生活用水量达峰过程中的因素贡献，如公式（6.18）所示。

$$\begin{aligned} \Delta DW_{DI}^{t_2-0} &= \sum_i \frac{DW_i^{t_2} - DW_i^0}{\ln DW_i^{t_2} - \ln DW_i^0} \ln \frac{DI_i^{t_2}}{DI_i^0} \\ \Delta DW_{UR}^{t_2-0} &= \sum_i \frac{DW_i^{t_2} - DW_i^0}{\ln DW_i^{t_2} - \ln DW_i^0} \ln \frac{UR_i^{t_2}}{UR_i^0} \\ \Delta DW_{P}^{t_2-0} &= \sum_i \frac{DW_i^{t_2} - DW_i^0}{\ln DW_i^{t_2} - \ln DW_i^0} \ln \frac{P^{t_2}}{P^0} \end{aligned} \tag{6.18}$$

其中，$\Delta DW_{DI}^{t_2-0}$、$\Delta DW_{UR}^{t_2-0}$和 $\Delta DW_{P}^{t_2-0}$ 分别表示居民生活用水强度、城市化和人口对生活用水量达峰过程的因素贡献。

（2）空间情景分解模型。

假定在潜在演变时间段 $t_1+1 \rightarrow t_2$ 中存在两个情景 s_1 和 s_2，将生活用水量 3 个驱动因素时间情景分解模型推广到空间情景分解模型，从而得到公式（6.19）。

$$\begin{aligned} \Delta DW^{s_2-s_1} &= DW^{s_2} - DW^{s_1} \\ &= \sum_i DI_i^{s_2} \times UR_i^{s_2} \times P^{s_2} - \sum_i DI_i^{s_1} \times UR_i^{s_1} \times P^{s_1} \\ &= \Delta DW_{DI}^{s_2-s_1} + \Delta DW_{UR}^{s_2-s_1} + \Delta DW_{P}^{s_2-s_1} \end{aligned} \tag{6.19}$$

基于 LMDI 加法模型，可以得到上述三个驱动因素对生活用水量潜在多情景演变差异的贡献值，如公式（6.20）所示。

$$\begin{aligned} \Delta DW_{DI}^{s_2-s_1} &= \sum_i \frac{DW_i^{s_2} - DW_i^{s_1}}{\ln DW_i^{s_2} - \ln DW_i^{s_1}} \ln \frac{DI_i^{s_2}}{DI_i^{s_1}} \\ \Delta DW_{UR}^{s_2-s_1} &= \sum_i \frac{DW_i^{s_2} - DW_i^{s_1}}{\ln DW_i^{s_2} - \ln DW_i^{s_1}} \ln \frac{UR_i^{s_2}}{UR_i^{s_1}} \\ \Delta DW_{P}^{s_2-s_1} &= \sum_i \frac{DW_i^{s_2} - DW_i^{s_1}}{\ln DW_i^{s_2} - \ln DW_i^{s_1}} \ln \frac{P^{s_2}}{P^{s_1}} \end{aligned} \tag{6.20}$$

其中，$\Delta DW_{DI}^{s_2-s_1}$、$\Delta DW_{UR}^{s_2-s_1}$和 $\Delta DW_{P}^{s_2-s_1}$ 分别表示居民生活用水强度、城市化和人口对生活用水量潜在多情景演变差异的贡献。

6.5 用水总量情景分解模型构建

由于生态用水量和林牧渔畜用水量影响机制复杂，与历史演变驱动因素分解研究相同，不再构建两者的情景分解模型，而是直接将其作为驱动因素。因此，基于农田灌溉、工业、建筑业、服务业和生活用水量情景分解模型，同时考虑生态用水量和林牧渔畜用水量，从而可以得到用水总量情景分解模型。

（1）时间情景分解模型。

假定历史演变的时间跨度为 $0 \to t_1$，潜在演变的时间跨度为 $t_1+1 \to t_2$，因此，整个时间段为 $0 \to t_2$，且 $t_2 > t_1$，得到用水总量演变的时间情景分解模型，如公式（6.21）所示。

$$\Delta TOW^{t_2-0} = \Delta AW^{t_2-0} + \Delta IW^{t_2-0} + \Delta CW^{t_2-0} + \Delta TW^{t_2-0} + \Delta DW^{t_2-0} + \Delta LW^{t_2-0} + \Delta EW^{t_2-0} \tag{6.21}$$

其中，ΔTOW^{t_2-0} 表示用水总量变化量，ΔAW^{t_2-0}、ΔIW^{t_2-0}、ΔCW^{t_2-0}、ΔTW^{t_2-0}、ΔDW^{t_2-0}、ΔLW^{t_2-0}、ΔEW^{t_2-0} 分别表示农田灌溉、工业、建筑业、服务业、生活、林牧渔畜和生态用水量的变化量。

进一步，得到公式（6.22）：

$$\begin{aligned}\Delta TOW^{t_2-0} = & (\Delta AW_{NIW}^{t_2-0} + \Delta AW_{EUC}^{t_2-0} + \Delta AW_{IP}^{t_2-0} + \Delta AW_{EIA}^{t_2-0}) \\ & + (\Delta IW_{IWI}^{t_2-0} + \Delta IW_{IAV}^{t_2-0}) + (\Delta CW_{CWI}^{t_2-0} + \Delta CW_{CAV}^{t_2-0}) \\ & + (\Delta TW_{TWI}^{t_2-0} + \Delta TW_{TAV}^{t_2-0}) + (\Delta DW_{DI}^{t_2-0} + \Delta DW_{UR}^{t_2-0} + \Delta DW_{P}^{t_2-0}) \\ & + \Delta LW^{t_2-0} + \Delta EW^{t_2-0}\end{aligned} \tag{6.22}$$

其中，$\Delta AW_{NIW}^{t_2-0}$、$\Delta AW_{EUC}^{t_2-0}$、$\Delta AW_{IP}^{t_2-0}$、$\Delta AW_{EIA}^{t_2-0}$、$\Delta IW_{IWI}^{t_2-0}$、$\Delta IW_{IAV}^{t_2-0}$、$\Delta CW_{CWI}^{t_2-0}$、$\Delta CW_{CAV}^{t_2-0}$、$\Delta TW_{TWI}^{t_2-0}$、$\Delta TW_{TAV}^{t_2-0}$、$\Delta DW_{DI}^{t_2-0}$、$\Delta DW_{UR}^{t_2-0}$ 和 $\Delta DW_{P}^{t_2-0}$ 分别表示亩均净灌溉用水量、农田灌溉水有效利用系数、实际灌溉比例、有效灌溉面积、工业用水强度、工业增加值、建筑业用水强度、建筑业增加值、服务业用水强度、服务业增加值、居民生活用水强度、城市化和人口对用水总量达峰过程的因素贡献。

（2）空间情景分解模型。

假定在潜在演变时间段 $t_1+1 \to t_2$ 中存在两个情景 s_1 和 s_2，得到用水总量空间情景分解模型，如公式（6.23）所示。

$$\Delta TOW^{s_2-s_1} = \Delta AW^{s_2-s_1} + \Delta IW^{s_2-s_1} + \Delta CW^{s_2-s_1} + \Delta TW^{s_2-s_1} + \Delta DW^{s_2-s_1} + \Delta LW^{s_2-s_1} + \Delta EW^{s_2-s_1} \tag{6.23}$$

其中，$\Delta TOW^{s_2-s_1}$表示用水总量差异，$\Delta AW^{s_2-s_1}$、$\Delta IW^{s_2-s_1}$、$\Delta CW^{s_2-s_1}$、$\Delta TW^{s_2-s_1}$、$\Delta DW^{s_2-s_1}$、$\Delta LW^{s_2-s_1}$、$\Delta EW^{s_2-s_1}$分别表示农田灌溉、工业、建筑业、服务业、生活、林牧渔畜和生态用水量的差异。

进一步，得到公式（6.24）：

$$\begin{aligned}\Delta TOW^{s_2-s_1} = &(\Delta AW_{NIW}^{s_2-s_1} + \Delta AW_{EUC}^{s_2-s_1} + \Delta AW_{IP}^{s_2-s_1} + \Delta AW_{EIA}^{s_2-s_1}) \\ &+ (\Delta IW_{IWI}^{s_2-s_1} + \Delta IW_{IAV}^{s_2-s_1}) + (\Delta CW_{CWI}^{s_2-s_1} + \Delta CW_{CAV}^{s_2-s_1}) \\ &+ (\Delta TW_{TWI}^{s_2-s_1} + \Delta TW_{TAV}^{s_2-s_1}) + (\Delta DW_{DI}^{s_2-s_1} + \Delta DW_{UR}^{s_2-s_1} + \Delta DW_{P}^{s_2-s_1}) \\ &+ \Delta LW^{s_2-s_1} + \Delta EW^{s_2-s_1}\end{aligned} \tag{6.24}$$

其中，$\Delta AW_{NIW}^{s_2-s_1}$、$\Delta AW_{EUC}^{s_2-s_1}$、$\Delta AW_{IP}^{s_2-s_1}$、$\Delta AW_{EIA}^{s_2-s_1}$、$\Delta IW_{IWI}^{s_2-s_1}$、$\Delta IW_{IAV}^{s_2-s_1}$、$\Delta CW_{CWI}^{s_2-s_1}$、$\Delta CW_{CAV}^{s_2-s_1}$、$\Delta TW_{TWI}^{s_2-s_1}$、$\Delta TW_{TAV}^{s_2-s_1}$、$\Delta DW_{DI}^{s_2-s_1}$、$\Delta DW_{UR}^{s_2-s_1}$和分别表示亩均净灌溉用水量、农田灌溉水有效利用系数、实际灌溉比例、有效灌溉面积、工业用水强度、工业增加值、建筑业用水强度、建筑业增加值、服务业用水强度、服务业增加值、居民生活用水强度、城市化和人口对用水总量差异的因素贡献。

6.6 本章小结

本章采用文献研究法分析情景分解法的内涵与特点，对当前的情景分解法进行扩展，构建空间情景分析（模型Ⅳ）和时间情景分析（模型Ⅵ）。基于各类别用水量历史演变驱动因素识别结果，构建农田灌溉、工业、建筑业、服务业和生活用水量时间情景分解模型，探讨用水总量达峰过程中的因素贡献，为用水总量达峰提供可行的实现路径。构建农田灌溉、工业、建筑业、服务业和生活用水量空间情景分解模型，研究不同情景间用水量演变差异的驱动因素，从而为用水总量达峰提供另外一条可行的路径。

| 第 7 章 |

实证分析

本章以中国为研究对象，从《中国水资源公报》《中国统计年鉴》等获取数据，识别农田灌溉、工业、建筑业、服务业和生活等类别用水量历史演变的驱动因素，模拟各类别用水量潜在演变趋势，寻找用水总量达峰的可行路径，掌握用水总量达峰实现的因素贡献。

7.1 数据来源与说明

（1）各类别用水量历史演变驱动因素分解所需数据。

水利部按照以下两种划分标准对用水总量进行分类，第一种是划分为生产（第一、第二、第三产业）、生活、生态用水量；第二种是划分为农业、工业、生活和生态用水量。虽然水利部于 1997 年开始发布《中国水资源公报》，但是 1997 ~ 2002 年，仅按照第二种划分方法对用水总量进行分类，不利于对用水总量进行更加细致的分类，从而影响到本书的深入研究。2003 ~ 2019 年，水利部同时采用了两种划分方法，便可以将用水总量划分为农田灌溉、工业、建筑业、服务业、生活、林牧渔畜和生态用水量。因此，基于数据的最大可得性，本书研究所涉数据的时间跨度为 2003 ~ 2019 年，以下将分别阐述农田灌溉、工业、建筑业、服务业、生活、林牧渔畜和生态用水量演变驱动因素识别研究所涉数据及其来源情况，数据详见附录中附表 1、附表 2、附表 3 和附表 4。

农田灌溉用水量历史演变驱动因素识别研究主要涉及农田灌溉用水量、实际灌溉面积、农田灌溉水有效利用系数、有效灌溉面积等，数据主要来源于历年《中国统计年鉴》[233]《中国水资源公报》[1]《中国农村统计年鉴》[234]和《全国水利发展统计公报》[235]。

工业、建筑业与服务业用水量历史演变驱动因素识别研究主要涉及产业增加值、增加值指数和产业用水量，数据主要来源于历年《中国统计年鉴》[233]和《中国水资源公报》[1]，为了消除价格因素影响，工业、建筑业和服务业产业增加值均按照2003年不变价格进行调整。

生活用水量历史演变驱动因素识别研究主要涉及城镇与农村生活用水量、城镇与农业人口数以及总人口数，数据主要来源于历年《中国统计年鉴》[233]和《中国水资源公报》[1]。

由于未对林牧渔畜和生态用水量历史演变驱动因素进行识别研究，仅仅分析两种用水量自身的变化，数据主要来源于历年《中国水资源公报》[1]。

（2）用水总量对经济增长的阻力测算所需数据。

用水总量对经济增长的阻力测算过程中，需要劳动、资本存量、用水总量和增加值数据，其中，用水总量和增加值数据如前所述，劳动数据用就业人口表示，数据来源于历年《中国统计年鉴》[233]。本节重点介绍资本存量测算所需数据，资本存量的测算方法主要参考张军[236]的研究成果。

本书采用永续盘存法测算资本存量，测算公式如下：

$$K_t = I_t + (1-\alpha_t)K_{t-1} \tag{7.1}$$

其中，K_t 为第 t 年的资本存量，K_{t-1} 为第 t－1 年的资本存量，I_t 为第 t 年的投资，α_t 为第 t 年的折旧率。同时，当年投资 I_t 使用固定资本形成总额，根据固定资产投资价格指数进行调整，以消除价格因素的影响；折旧率 α_t 取9.6%；2003年的固定资本形成总额除以10%作为初始资本存量。上述所涉数据均来源于历年《中国统计年鉴》[233]。

用水总量对经济增长阻力测算所需数据见附表5。其中，2020～2035年国内生产总值、用水总量在干预情景1、干预情景2，……，干预情景7下各不相同，前者根据各情景下潜在年均变化率进行测算，后者直接来源于模拟值。就业人口和资本存量在干预情景1、干预情景2，……，干预情景7下的取值相同。

7.2　中国各类别用水量历史演变驱动因素识别分析

7.2.1　中国农田灌溉用水量历史演变驱动因素识别分析

（1）分阶段因素分解贡献。

基于中国五年规划设定情况，将整个考察时间段2003～2019年划分为四个子时间段，分别为2003～2005年、2005～2010年、2010～2015年和2015～2019年，对应着"十五"末期、"十一五"时期、"十二五"时期和"十三五"初期。由公式（3.8）可以计算得到4个驱动因素对农田灌溉用水量历史演变的贡献，如图7.1所示。

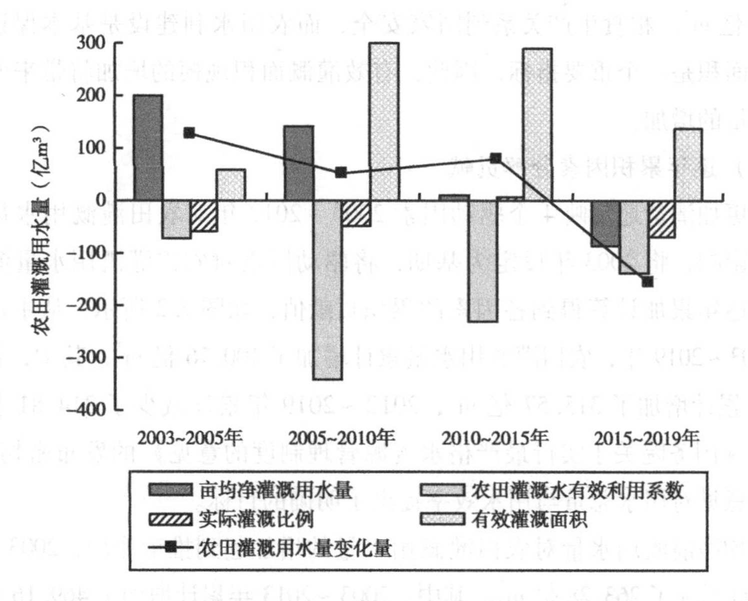

图7.1　中国农田灌溉用水量演变驱动因素的分阶段贡献值

亩均净灌溉用水量对农田灌溉用水量的促增效应和促减效应均有出现，2003～2005年、2005～2010年和2010～2015年分别引致农田灌溉用水量增加200.63亿m^3、141.43亿m^3和10.75亿m^3，可见，田间灌溉水利用效率有所提高，2015～2019年引致农田灌溉用水量减少85.97亿m^3，这与国家积极推广喷灌、微灌、集雨补灌、水田控制灌溉和水肥一体化等高效节水技术密切相关。

农田灌溉水有效利用系数始终对农田灌溉用水量起到促减效应，在 4 个时期，分别促进农田灌溉用水量下降 71.03 亿 m^3、342.50 亿 m^3、230.45 亿 m^3和 137.59 亿 m^3，意味着输水渠系建设水平逐渐提高，输水损失减少，与国家农田水利基础设施建设、灌区节水改造等密切相关。

实际灌溉比例对农田灌溉用水量的促增效应和促减效应均有出现，2003～2005 年、2005～2010 年和 2015～2019 年分别引致农田灌溉用水量减少 59.26 亿 m^3、47.46 亿 m^3和 69.53 亿 m^3，2010～2015 年引致农田灌溉用水量增加 7.02 亿 m^3。

有效灌溉面积始终对农田灌溉用水量起到促增效应，在 4 个时期，分别促进农田灌溉用水量增加 58.85 亿 m^3、299.90 亿 m^3、290.36 亿 m^3和 136.61 亿 m^3。粮食生产关系到国家安全，而农田水利建设是基本保证，有效灌溉面积是一个重要指标，因此，有效灌溉面积规模的增加将带来农田灌溉用水量的增加。

（2）逐年累积因素分解贡献。

为更加清楚地反映 4 个驱动因素 2003～2019 年对农田灌溉用水量演变的动态影响，将 2003 年设定为基期，将驱动因素对农田灌溉用水量演变的贡献值逐年累加计算得到各因素的累积贡献值，如图 7.2 所示。从中可以看出，2003～2019 年，农田灌溉用水量累计增加了 100.76 亿 m^3，其中，2003～2012 年累计增加了 315.57 亿 m^3，2012～2019 年累计减少了 214.81 亿 m^3，可能与《国务院关于实行最严格水资源管理制度的意见》的发布密切相关，因为该意见对用水总量与用水效率提出了明确的目标。

亩均净灌溉用水量对农田灌溉用水量的增加起到推动作用，2003～2019 年，累计增加了 263.28 亿 m^3，其中，2003～2013 年累计增加了 469.16 亿 m^3，2013～2019 年累计减少了 205.89 亿 m^3，与最严格水资源管理制度的贯彻执行存在关联，可见，近年来我国田间灌溉水利用效率逐渐提高，与喷灌、滴灌等新型节水技术的推广应用密切相关。

农田灌溉水有效利用系数是促进农田灌溉用水量下降的首要因素，2003～2019 年，累计减少 753.19 亿 m^3，从 2004 年的 35.72 亿 m^3变化到 2019 年的

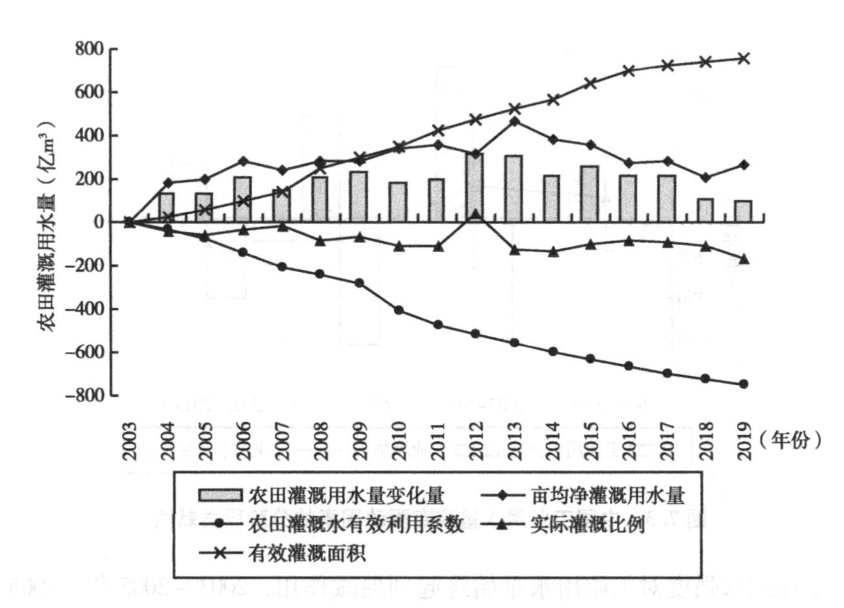

图7.2 中国农田灌溉用水量演变驱动因素的逐年累积贡献值

753.19 亿 m³，年均下降率达到 22.54%，意味着国家一直致力于输水渠系等灌溉基础设施建设，减少输水损失，提高输水效率，以节约用水。

实际灌溉比例对农田灌溉用水量的影响具有波动性，2003～2019 年，累计减少 165.08 亿 m³。实际灌溉面积呈逐年增加趋势，而实际灌溉比例却呈波动趋势，可能与我国的工业化、城镇化密切相关，引起人口就业结构变化，导致从事农业生产的就业人口规模有所减少，出现“耕地荒芜”现象。

有效灌溉面积对农田灌溉用水量增加起到推动作用，2003～2019 年，累计增加了 755.76 亿 m³，从 2004 年的 27.05 亿 m³增加到 2018 年的 755.76 亿 m³，年均增长率达到 24.86%。2004～2008 年，亩均净灌溉用水量对农田灌溉用水量的促增效应大于有效灌溉面积，而 2009～2019 年，有效灌溉面积成为农田灌溉用水量增加的首要因素。

7.2.2 中国工业用水量历史演变驱动因素识别分析

（1）分阶段因素分解贡献。

由公式（3.20）可以计算得到 2 个驱动因素（工业用水强度与工业增加值）对工业用水量演变的贡献，如图 7.3 所示。

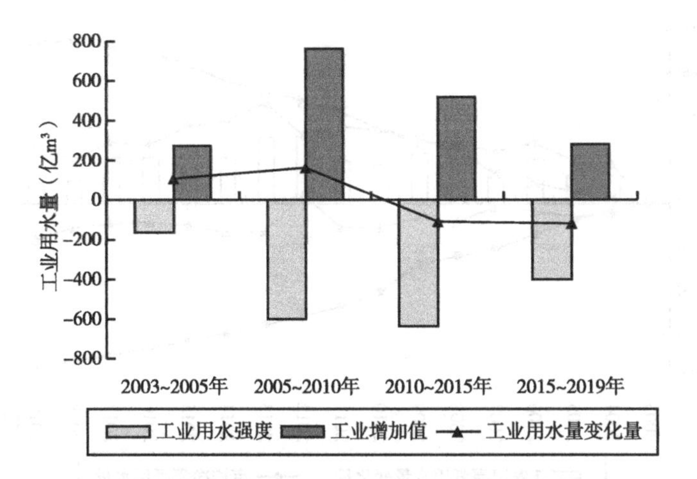

图 7.3 中国工业用水量演变驱动因素的分阶段贡献值

工业用水强度对工业用水量始终起到促减作用，2003～2005 年、2005～2010 年、2010～2015 年和 2015～2019 年分别引致工业用水量下降 162.08 亿 m^3、603.88 亿 m^3、634.99 亿 m^3和 399.91 亿 m^3，意味着工业用水效率提高有力促进了工业用水量下降。

工业增加值对工业用水量始终起到促增作用，在 4 个时期分别引致工业用水量增加 270.08 亿 m^3、765.98 亿 m^3、522.49 亿 m^3和 282.71 亿 m^3，可见，工业经济增长势必增加对用水量的需求。

（2）逐年累积因素分解贡献。

图 7.4 显示了中国工业用水量演变驱动因素的累积贡献值，可以看出，2003～2019 年，工业用水量累计增加了 40.40 亿 m^3，其中，2003～2011 年累计增加了 284.60 亿 m^3，2011～2019 年累计减少了 244.20 亿 m^3，2010～2015 年和 2015～2019 年，工业用水量呈逐年减少趋势，可能与《国务院关于实行最严格水资源管理制度的意见》和《“十三五”水资源消耗总量和强度双控行动方案》密切相关，对万元工业增加值用水量提出明确的目标。

工业用水强度始终对工业用水量增加起到抑制作用，2003～2019 年，累计减少 1609.82 亿 m^3，绝对值从 2004 年的 80.32 亿 m^3增加到 2019 年的 1609.82 亿 m^3，年均增长率达到 22.12%，这主要因为国家在重点开展火电、钢铁、石化、化工、印染、造纸、食品等高耗水工业行业节水技术改造，大力推广工业水循环利用，推进节水型企业、节水型工业园区建设。

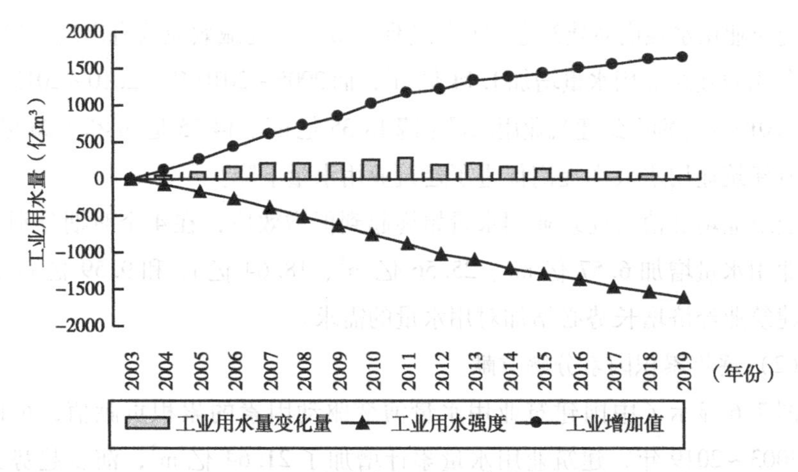

图7.4　中国工业用水量演变驱动因素的逐年累积贡献值

工业增加值始终对工业用水量增加起到推动作用，2003～2019年，累计增加1650.22亿m^3，从2004年的132.02亿m^3增加到2019年的1650.22亿m^3，年均增长率达到18.34%，这与我国工业化进程逐渐深化有关。

7.2.3　中国建筑业用水量历史演变驱动因素识别分析

（1）分阶段因素分解贡献。

由公式（3.24）可以计算得到2个驱动因素（建筑业用水强度与建筑业增加值）对建筑业用水量演变的贡献，如图7.5所示。

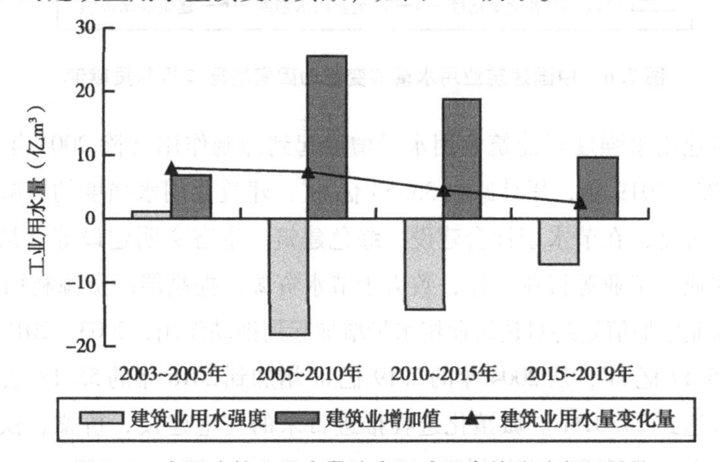

图7.5　中国建筑业用水量演变驱动因素的分阶段贡献值

建筑业用水强度对建筑业用水量的促增效应和促减效应均有出现，2003～2005年引致建筑业用水量增加1.14亿m^3，而2005～2010年、2010～2015年和2015～2019年分别引致建筑业用水量下降18.35亿m^3、14.25亿m^3和7.26亿m^3，意味着建筑业用水效率提高促进了建筑业用水量下降。

建筑业增加值对建筑业用水量始终起到促增效应，在4个时期分别引致建筑业用水量增加6.57亿m^3、25.56亿m^3、18.64亿m^3和9.59亿m^3，可见，建筑业经济增长势必增加对用水量的需求。

（2）逐年累积因素分解贡献。

图7.6显示了中国建筑业用水量演变驱动因素的累积贡献值，可以看出，2003～2019年，建筑业用水量累计增加了21.64亿m^3，演变趋势具有波动性。

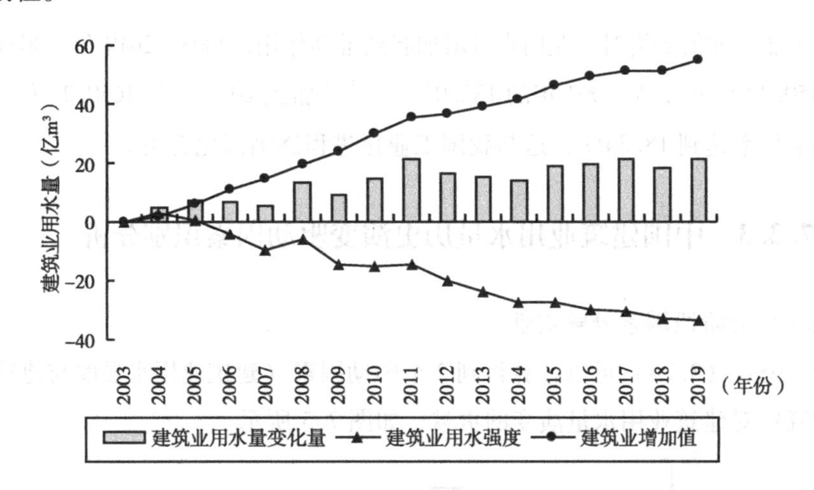

图7.6 中国建筑业用水量演变驱动因素的逐年累积贡献值

建筑业用水强度对建筑业用水量增加起到抑制作用（除2004年和2005年），2003～2019年，累计减少33.53亿m^3，建筑业用水强度的促减效应逐渐增强，可见，在节水型社会建设、绿色建筑、生态文明建设等背景下，建筑业与农业、工业等行业一样，致力于节水资源，提高能源资源利用效率。

建筑业增加值始终对建筑业用水量增加起到推动作用，2003～2019年，累计增加55.17亿m^3，从2004年的2.19亿m^3增加到2018年的55.17亿m^3，年均增长率达到24.01%。城镇化进程推进带来的住宅建设、桥梁、铁路等建设，都将促进建筑业用水量增加。

7.2.4　中国服务业用水量历史演变驱动因素识别分析

（1）分阶段因素分解贡献。

由公式（3.32）可以计算得到2个驱动因素（服务业用水强度与服务业增加值）对服务业用水量演变的贡献，如图7.7所示。

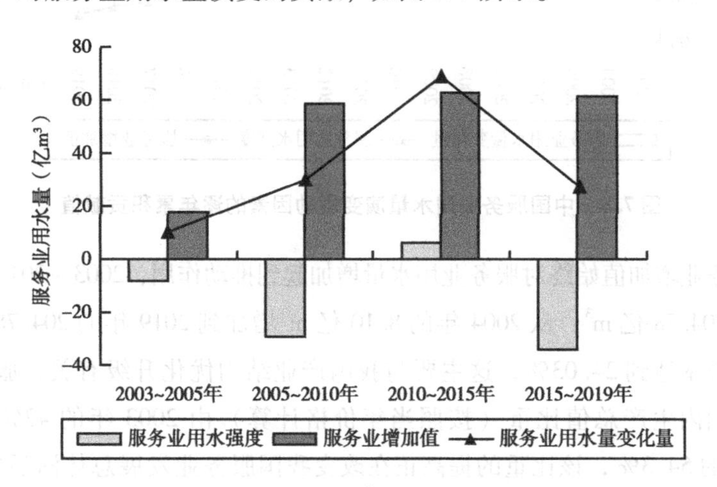

图7.7　中国服务业用水量演变驱动因素的分阶段贡献值

服务业用水强度对服务业用水量的促增效应和促减效应均有出现，2003～2005年、2005～2010年和2015～2019年分别引致服务业用水量下降7.77亿m^3、28.79亿m^3和34.07亿m^3，2010～2015年引致服务业用水量增加6.11亿m^3。

服务业增加值对服务业用水量始终起到促增效应，在4个时期分别引致服务业用水量增加18.09亿m^3、59.10亿m^3、62.65亿m^3和61.63亿m^3，可见，服务业发展势必会增加对用水量的需求。

（2）逐年累积因素分解贡献。

图7.8显示了中国服务业用水量演变驱动因素的累积贡献值，可以看出，2003～2019年，服务业用水量累计增加了136.95亿m^3，呈逐年增加趋势，从2004年的8.95亿m^3增加到2018年的136.95亿m^3，年均增长率为19.95%。

服务业用水强度对服务业用水量增加起到抑制作用（除2004年），2003～2019年，累计减少67.83亿m^3，意味着服务业用水效率一直提高。

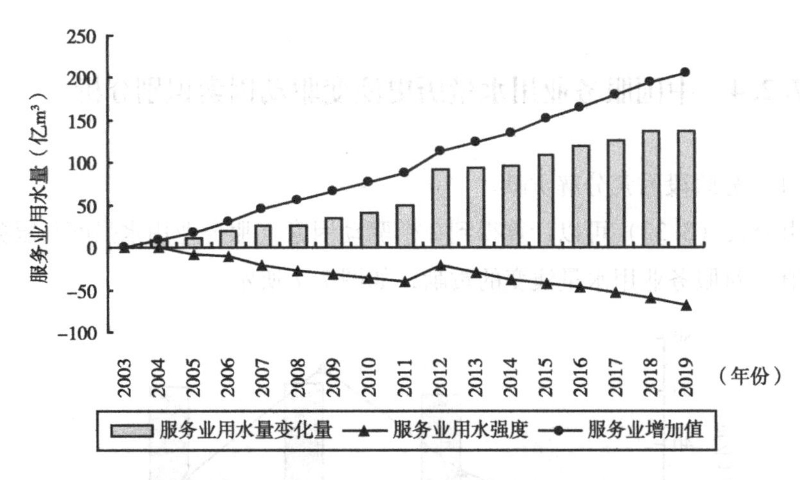

图 7.8　中国服务业用水量演变驱动因素的逐年累积贡献值

服务业增加值始终对服务业用水量增加起到推动作用，2003～2019 年，累计增加 204.78 亿 m^3，从 2004 年的 8.10 亿 m^3 增加到 2019 年的 204.78 亿 m^3，年均增长率达到 24.03%，这主要与我国产业结构优化升级有关，服务业增加值占国内生产总值比重（按照当年价格计算）由 2003 年的 42% 提高到 2019 年的 54.3%，该比重的提高正在改变我国服务业发展总体滞后的趋势，也进入了以服务业为主导的时代，反映出社会和人们对服务产品的消费已经超过对物质产品的消费。

7.2.5　中国生活用水量历史演变驱动因素识别分析

（1）分阶段因素分解贡献。

由公式（3.36）可以计算得到 3 个驱动因素（居民生活用水强度、城市化和人口）对生活用水量演变的贡献，如图 7.9 所示。

居民生活用水强度对生活用水量起到促增效应，2003～2005 年、2005～2010 年、2010～2015 年和 2015～2019 年分别引致生活用水量增加 5.81 亿 m^3、17.16 亿 m^3、21.49 亿 m^3 和 24.18 亿 m^3，可见，居民人均生活用水量提高有力促进了生活用水量增加，原因可以归结为收入增加和生活水平提高，对水资源的需求层次将逐渐提高。

城市化对生活用水量也起到促增效应，在 4 个时期分别引致生活用水量

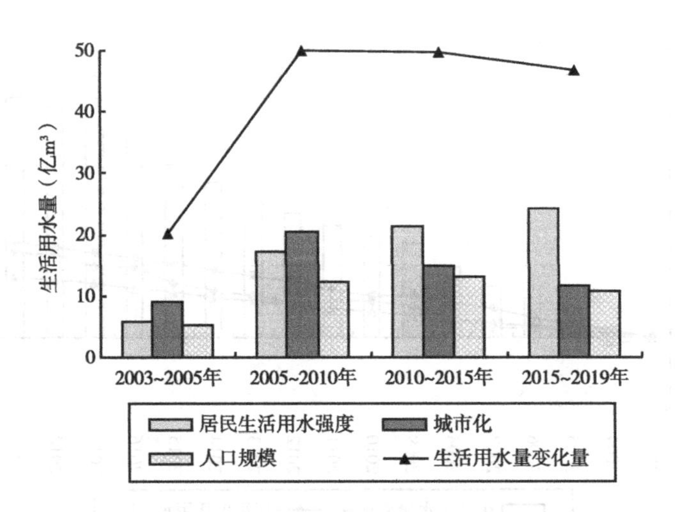

图7.9　中国生活用水量演变驱动因素的分阶段贡献值

增加9.20亿m^3、20.55亿m^3、14.84亿m^3和11.76亿m^3，可见，城市化水平逐渐提高，会带来农村人口向城市流动，而城市居民的人均生活用水量大于农村居民，最终促进生活用水量增加。

人口对生活用水量也起到促增效应，在4个时期分别引致生活用水量增加5.31亿m^3、12.25亿m^3、13.29亿m^3和10.71亿m^3，其促增效应弱于居民生活用水强度和城市化两个因子，人口规模的扩大将直接增加对生活用水量的需求。

（2）逐年累积因素分解贡献。

图7.10显示了中国生活用水量演变驱动因素的累积贡献值，可以看出，2003～2019年，生活用水量累计增加了166.55亿m^3，呈逐年增加趋势，从2004年的2.23亿m^3增加到2019年的166.55亿m^3，年均增长率为33.32%，可见，随着居民生活水平提高，对生活用水需求逐渐增加。

居民生活用水强度对生活用水量增加起到推动作用（除2004年），2003～2019年，累计增加了58.89亿m^3。

城市化对生活用水量增加起到推动作用，2003～2019年，累计增加了66.10亿m^3，从2004年的4.54亿m^3增加到2019年的66.10亿m^3，年均增长率达到19.54%，可见，城市化进程不断深入，促进农村人口向城市流动，城市居民的生活用水需求类别和层次都高于农村，从而导致生活用水量增加。

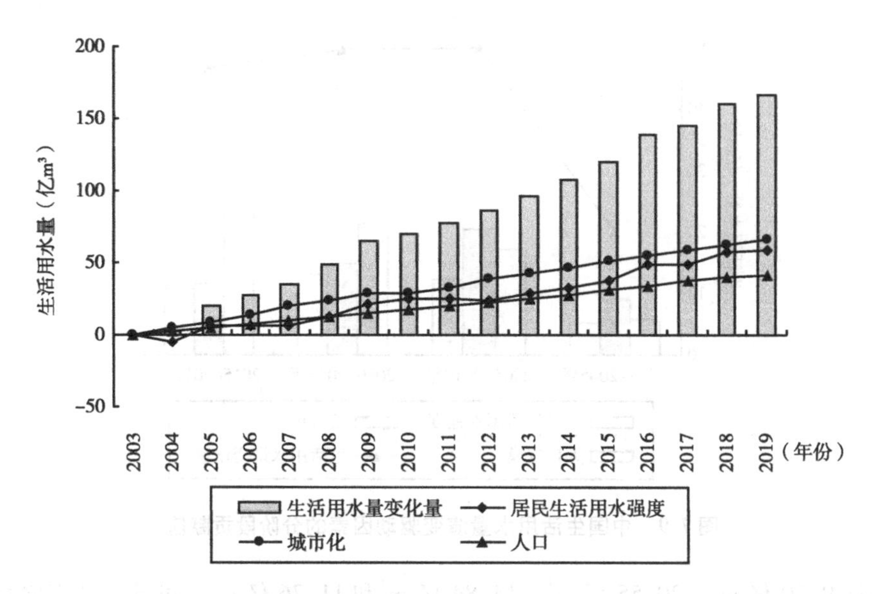

图 7.10　中国生活用水量演变驱动因素的逐年累积贡献值

人口对生活用水量增加起到推动作用，2003～2019 年，累计增加了 41.55 亿 m^3，从 2004 年的 2.60 亿 m^3 增加到 2019 年的 41.55 亿 m^3，年均增长率达到 20.30%，可见，人口规模扩大将直接增加对生活用水量的需求，随着“全面二孩”政策的落实，人口规模在一定时间内还是会逐渐增加的，将会进一步促进生活用水量增加。

7.2.6　中国用水总量历史演变驱动因素识别分析

（1）分阶段因素分解贡献。

基于公式（3.39），可以得到中国用水总量演变驱动因素的分阶段因素分解结果，如表 7.1 所示。

表 7.1　中国用水总量演变驱动因素的分阶段贡献值　单位：亿 m^3

变量	2003～2005 年	2005～2010 年	2010～2015 年	2015～2019 年
农田灌溉用水量变化量	129.19	50.38	77.68	-156.49
亩均净灌溉用水量	200.63	140.43	10.75	-85.97
农田灌溉水有效利用系数	-71.03	-342.50	-230.45	-137.59

续表

变量	2003~2005年	2005~2010年	2010~2015年	2015~2019年
实际灌溉比例	-59.26	-47.46	7.02	-69.53
有效灌溉面积	58.85	299.90	290.36	136.61
工业用水量变化量	108.00	162.10	-112.50	-117.20
工业用水强度	-162.08	-603.88	-634.99	-399.91
工业增加值	270.08	765.98	522.49	282.71
建筑业用水量变化量	7.71	7.21	4.39	2.33
建筑业用水强度	1.14	-18.35	-14.25	-7.26
建筑业增加值	6.57	25.56	18.64	9.59
服务业用水量变化量	10.32	30.31	68.76	27.56
服务业用水强度	-7.77	-28.79	6.11	-34.07
服务业增加值	18.09	59.10	62.65	61.63
生活用水量变化量	20.32	49.96	49.62	46.65
生活用水强度	5.81	17.16	21.49	24.18
城市化	9.20	20.55	14.84	11.76
人口	5.31	12.25	13.29	10.71
生态用水量变化量	10.31	30.32	1.63	124.81
林牧渔畜用水量变化量	26.75	58.72	-8.38	-9.66
用水总量变化量	312.60	389.00	81.20	-82.00

从第一层驱动因素来看，农田灌溉用水量对用水总量的促增效应和促减效应均有出现，2003~2005年和2010~2015年都是用水总量增加贡献最大的用水类别，分别为129.19亿m^3和77.68亿m^3，而2015~2019年成为用水总量下降贡献最大的用水类别，下降量达到156.49亿m^3。工业用水量对用水总量的促增效应和促减效应均有出现，其中，2005~2010年工业用水量增加了162.1亿m^3，成为用水总量增加贡献最大的用水类别，2010~2015年是抑制用水总量增加贡献最大的用水类别。建筑业用水量对用水总量的促增效应和促减效应均有出现，与其他用水类别相比较，对用水总量变化的影响比较微弱。服务业用水量对用水总量起到促增效应，2003~2005年、2005~2010年、2010~2015年和2015~2019年分别引致用水总量增加10.32亿m^3、30.31亿m^3、68.76亿m^3和27.56亿m^3，与产业结构优化升级密切相关，服

务业的快速发展势必增加对用水量的需求。生活用水量对用水总量起到促增效应，2003～2005年、2005～2010年、2010～2015年和2015～2019年分别引致用水总量增加20.32亿m^3、49.96亿m^3、49.62亿m^3和46.65亿m^3，随着收入增加和生活水平提高，对水资源需求层次会逐渐提高，从而增加了对生活用水量的需求。生态用水量对用水总量起到促增效应，尤其是2015～2019年，生态用水量增加了124.81亿m^3，成为用水总量增加贡献最大的用水类别，远远大于2003～2005年、2005～2010年和2010～2015年，主要因为国家对生态文明建设逐渐重视，十八届五中全会将生态文明建设写入国家五年规划，习近平总书记在党的十九大报告中指出，加快生态文明体系改革，建立美丽中国，都为生态用水提供了战略支撑。林牧渔畜业用水量对用水总量的促增效应和促减效应均有出现，2003～2005年、2005～2010年分别引致用水总量增加26.75亿m^3和58.72亿m^3，2010～2015年和2015～2019年分别引致用水总量下降8.38亿m^3和9.66亿m^3。

从第二层驱动因素来看，农田灌溉水有效利用系数和工业用水强度对用水总量都起到促减效应，其中，工业用水强度是促进用水总量下降贡献最大的因子，农田灌溉水有效利用系数也有力促进了用水总量下降。有效灌溉面积、工业增加值、建筑业增加值、服务业增加值、生活用水强度、城市化和人口对用水总量都起到促增效应，其中，工业增加值是促进用水总量增加贡献最大的因子，其次是有效灌溉面积。亩均净灌溉用水量、实际灌溉比例、建筑业用水强度和服务业用水强度对用水总量的促增效应和促减效应均有出现。

（2）逐年累积因素分解贡献。

图7.11显示了中国用水总量演变第一层次驱动因素的累积贡献值。可以看出，2003～2019年，农田灌溉、工业用水量呈先上升后下降的倒“U”形，对用水总量变化量的贡献逐渐下降。建筑业用水量是促进用水总量增加贡献最小的因素。服务业用水量对用水总量的促增效应逐渐增强，从2004年的8.95亿m^3增加到2019年的136.95亿m^3，年均增长率达到19.95%。生活用水量对用水总量的促增效应逐渐增强，从2004年的2.23亿m^3增加到2019年的166.55亿m^3，年均增长率达到33.32%，尤其在2019年用水总量变化量中贡献第二的因素，与生态用水量非常接近。生态用水量对用水总量的促增效应逐渐增强，从2004年的3.42亿m^3增加到2019年的167.07亿m^3，

年均增长率达到29.60%，与生态文明建设战略密切相关。林牧渔畜用水量对用水总量的促增效应存在波动性。

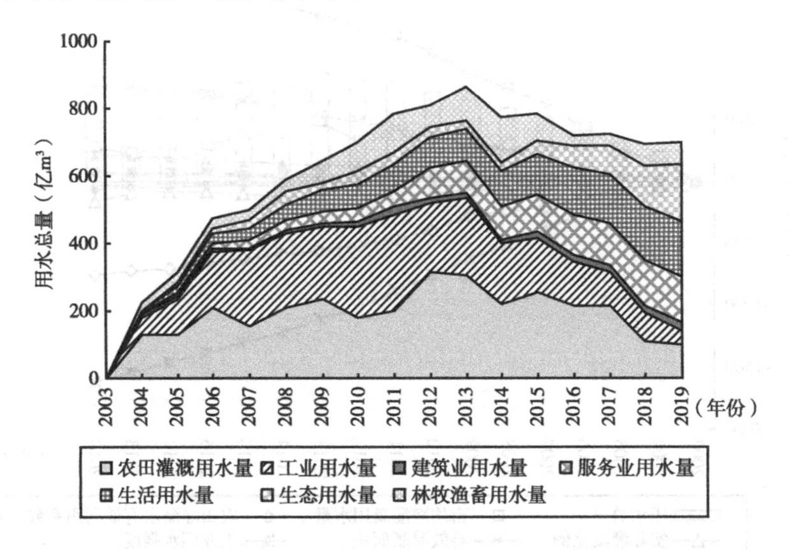

图7.11 中国用水总量演变第一层次驱动因素的逐年累积贡献值

图7.12显示了中国用水总量演变第二层次驱动因素的累积贡献值。亩均净灌溉用水量对用水总量的促增效应呈先增加后减少的倒“U”形，意味着田间灌溉水利用效率得到提高，这离不开喷灌、滴灌等先进灌溉技术的推广与应用。农田灌溉水有效利用系数对用水总量的促减效应逐渐增强，可见，渠系水利用效率明显提高，带来农田灌溉用水效率提高。总体来看，工业用水强度、建筑业用水强度和服务业用水强度对用水总量都起到促减效应，并逐渐增强，可见，第二、第三产业用水效率普遍提高，有力促进了用水总量下降，其中，工业用水强度下降对用水总量的促减效应最显著，2003~2019年，累计达到1609.82亿m^3。生活用水强度对用水总量主要起到促增效应，2003~2019年，累计达到58.89亿m^3，可见，居民收入增加和生活水平提高，从而增加了对生活用水的需求，进一步增加了用水总量。

实际灌溉比例对用水总量的促增效应和促减效应均有出现，并且存在波动性。城市化对用水总量的促增效应逐渐增强，可见，人口从农村向城市流动，由于城市居民生活需水多样化，人均用水量大于农村，从而带来用水总量增加。

有效灌溉面积、工业增加值、建筑业增加值、服务业增加值和人口对用

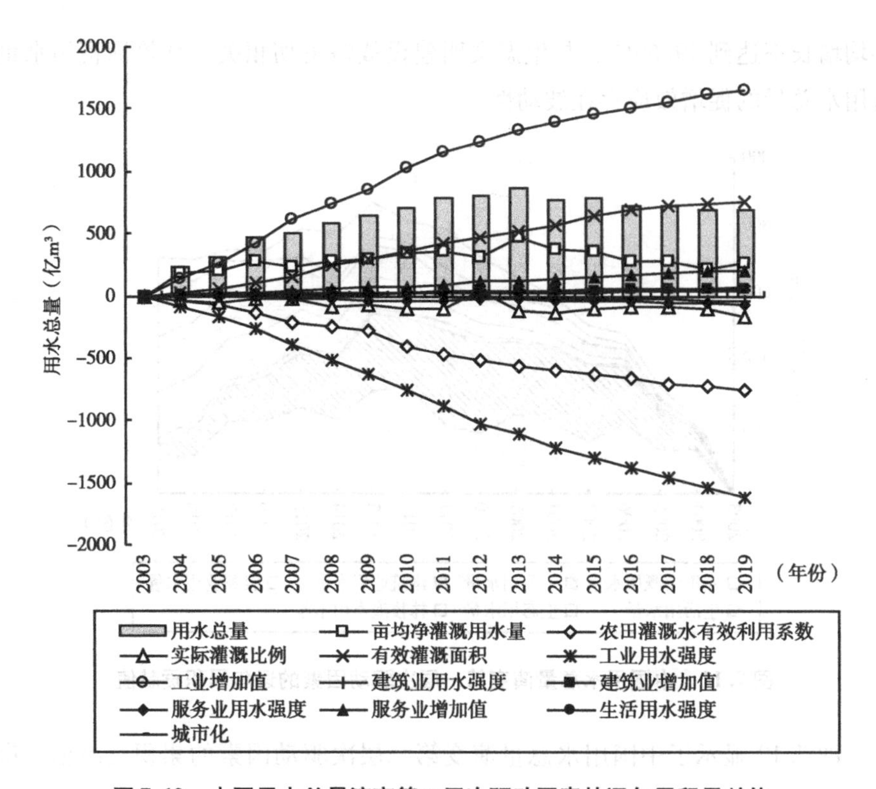

图 7.12 中国用水总量演变第二层次驱动因素的逐年累积贡献值

水总量的促增效应逐渐增强，可见，农业生产的基础条件逐渐改善，各行业经济增长，以及人口规模扩大都有力促进了用水总量增加，其中，工业经济规模扩大的促增效应最显著，2003～2019 年，累计达到 1650.22 亿 m³，其次是有效灌溉面积，为 755.76 亿 m³。

7.3 中国各类别用水量潜在演变的动态情景模拟

7.3.1 中国农田灌溉用水量潜在演变动态情景模拟

(1) 基准情景与干预情景下各驱动因素年均变化率的设定。

①基准情景。

基于 4.3.2 节对农田灌溉用水量潜在演变驱动因素变化率取值的设定，

亩均净灌溉用水量、农田灌溉水有效利用系数、实际灌溉比例和有效灌溉面积4个驱动因素在基准情景下的取值说明如下：

亩均净灌溉用水量：2015~2019年，年均变化率为-0.65%，将其作为2020~2035年的中间值，最小值和最大值分别在中间值基础上向下和向上调整0.5个百分点，即-1.15%和-0.15%。

农田灌溉水有效利用系数：2015~2019年，年均变化率为-1.04%，将其作为2020~2035年的中间值，最小值和最大值分别在中间值基础上向下和向上调整0.2个百分点。即-1.24%和-0.84%。

灌溉比例：2015~2019年，年均变化率为-0.53%，将其作为2020~2035年的中间值，最小值和最大值分别在中间值基础上向下和向上调整0.2个百分点，即-0.73%和-0.33%。

有效灌溉面积：2015~2019年，年均变化率为1.05%，将其作为2020~2035年的中间值，最小值和最大值分别在中间值基础上向下和向上调整0.2个百分点，即0.85%和1.25%。

基准情景下农田灌溉用水量潜在演变驱动因素年均变化率的设定情况如表7.2所示。

表7.2　基准情景下农田灌溉用水量各因素的潜在年均变化率　单位：%

变量	2020~2035年		
	最小值	中间值	最大值
NIW	-1.15	-0.65	-0.15
EUC	-1.24	-1.04	-0.84
IP	-0.73	-0.53	-0.33
EIA	0.85	1.05	1.25

②干预情景1、干预情景2，……，干预情景7。

基于前面分析可知，干预情景2、干预情景3，……，干预情景7下农田灌溉用水量潜在演变驱动因素的变化率取值主要依赖于干预情景1的取值，因此，本书重点分析干预情景1下各驱动因素的参数率定。基于4.3.2节对农田灌溉用水量潜在演变驱动因素变化率取值的设定，亩均净灌溉用水量、农田灌溉水有效利用系数、实际灌溉比例和有效灌溉面积4个驱动因素在干预情景1下的取值说明如下：

亩均净灌溉用水量。通过观察2003～2019年亩均净灌溉用水量的变化趋势，发现其呈先上升后下降的倒“U”形，拐点出现在2013年，随着喷灌、滴灌、微灌等先进灌溉技术的推广与应用，田间水利用效率将逐渐提高，亩均净灌溉用水量有望继续保持下降，因此，假定2020年将延续2015～2019年（“十三五”时期）的变化趋势，即年均变化率为-0.65%。随着经济发展和技术进步，农田灌溉技术将得到发展，亩均净灌溉用水量也会继续下降，假定2021～2035年亩均净灌溉用水量年均变化率为-1.15%。将其作为年均变化率的中间值，假定最小值和最大值分别在中间值基础上向下和向上调整0.5个百分点。

农田灌溉水有效利用系数。《国务院关于实行最严格水资源管理制度的意见》中提出，2020年和2030年农田灌溉水有效利用系数分别提高到0.55和0.60，而2019年农田灌溉水有效利用系数为0.559，已经提前达到预期目标，因此，以2020年0.55目标测算2020年变化率不具有现实意义。假定2020年和2021～2030年两个时间段具有相同的年均变化率，以2030年0.60目标值为基础，测算得到2020年和2021～2030年两个时间段农田灌溉水有效利用系数的倒数的年均变化率为-0.64%。《国家节水行动方案》提出，2035年水资源节约和循环利用达到世界先进水平，但是并未提出农田灌溉水有效利用系数的具体目标，如果按照发达国家水平，处于0.7～0.8，基于当前我国农田灌溉水有效利用系数的演变现状，实现该水平具有非常大的难度，基于2020年与2030年的预设目标，若在变化平稳的情况下，每五年增加0.25，即2035年农田灌溉水有效利用系数为0.625①，从而，计算出2031～2035年农田灌溉水有效利用系数倒数的年均变化率为-0.81%。将此年均变化率作为中间值，假定最小值和最大值分别在中间值基础上向下和向上调整0.2个百分点。

实际灌溉比例。基于2003～2019年实际灌溉比例的变化趋势，发现呈波动中下降趋势，假定2020年将延续2015～2019年的变化趋势，即年均变化率为-0.53%。随着城镇化进程加快，农村人口大量流动到城市，以及人口老龄化，从而导致很多农田被闲置撂荒，降低了农田利用效率，但是随着《关于统筹利用撂荒地促进农业生产发展的指导意见》发布，以及乡村振兴

① 胡鞍钢教授在其著作《十四五大战略与2035年远景》中预计2035年农田灌溉水有效利用系数为0.62，本书设定为0.625，两者非常接近。

战略的实施，农业生产效率将得到较大提高，实际灌溉比例下降速度有望得到缓解，因此，假定2021～2035年实际灌溉比例的年均变化率为－0.33%（2003～2019年年均变化率为－0.33%）。将其作为年均变化率的中间值，假定最小值和最大值分别在中间值基础上向下和向上调整0.2个百分点。

有效灌溉面积。中国正全面实行乡村振兴战略，推进农业农村现代化，推进灌排事业发展，形成较为完善的灌排工程体系和灌排设施管理体制机制，因此，有效灌溉面积有望继续增加。基于有效灌溉面积的历史变化趋势，发现其增长速度逐渐放缓，因此，假定2020年将延续2015～2019年的变化趋势，即年均变化率为1.05%。同时，假定2021～2025年、2026～2030年和2031～2035年年均变化率分别减缓到0.85%、0.65%和0.45%。将其作为年均变化率的中间值，假定最小值和最大值分别在中间值基础上向下和向上调整0.2个百分点。

干预情景1下农田灌溉用水量潜在演变各驱动因素的年均变化率的设定情况如表7.3所示。

表7.3　干预情景1下农田灌溉用水量各因素的潜在年均变化率　单位：%

变量	2020年			2021～2025年			2026～2030年			2031～2035年		
	最小值	中间值	最大值	最小值	中间值	最大值	最小值	中间值	最大值	最小值	中间值	最大值
NIW	－1.15	－0.65	－0.15	－1.65	－1.15	－0.65	－1.65	－1.15	－0.65	－1.65	－1.15	－0.65
EUC	－0.84	－0.64	－0.44	－0.84	－0.64	－0.44	－0.84	－0.64	－0.44	－1.01	－0.81	－0.61
IP	－0.73	－0.53	－0.33	－0.53	－0.33	－0.13	－0.53	－0.33	－0.13	－0.53	－0.33	－0.13
EIA	0.85	1.05	1.25	0.65	0.85	1.05	0.45	0.65	0.85	0.25	0.45	0.65

根据农田灌溉用水量潜在演变驱动因素年均变化率的取值原则，干预情景2、干预情景3，……，干预情景7下各驱动因素年均变化率的率定分别如附录中附表6、附表7、附表8、附表9、附表10和附表11所示。

（2）基准情景与干预情景下农田灌溉农用水量潜在演变趋势。

①基准情景。

基于图的可读性，仅列示出2020年、2025年、2030年和2035年4个典型年份农田灌溉用水量的分布演变趋势，如图7.13所示。其中，2020年农田灌溉用水量的演变范围为3129亿～3187亿m^3，出现概率最大的农田灌溉用水量为3159.76亿m^3，到2035年，农田灌溉用水量的演变范围为2267亿～3046亿m^3，出现概率最大的农田灌溉用水量为2644.76亿m^3。

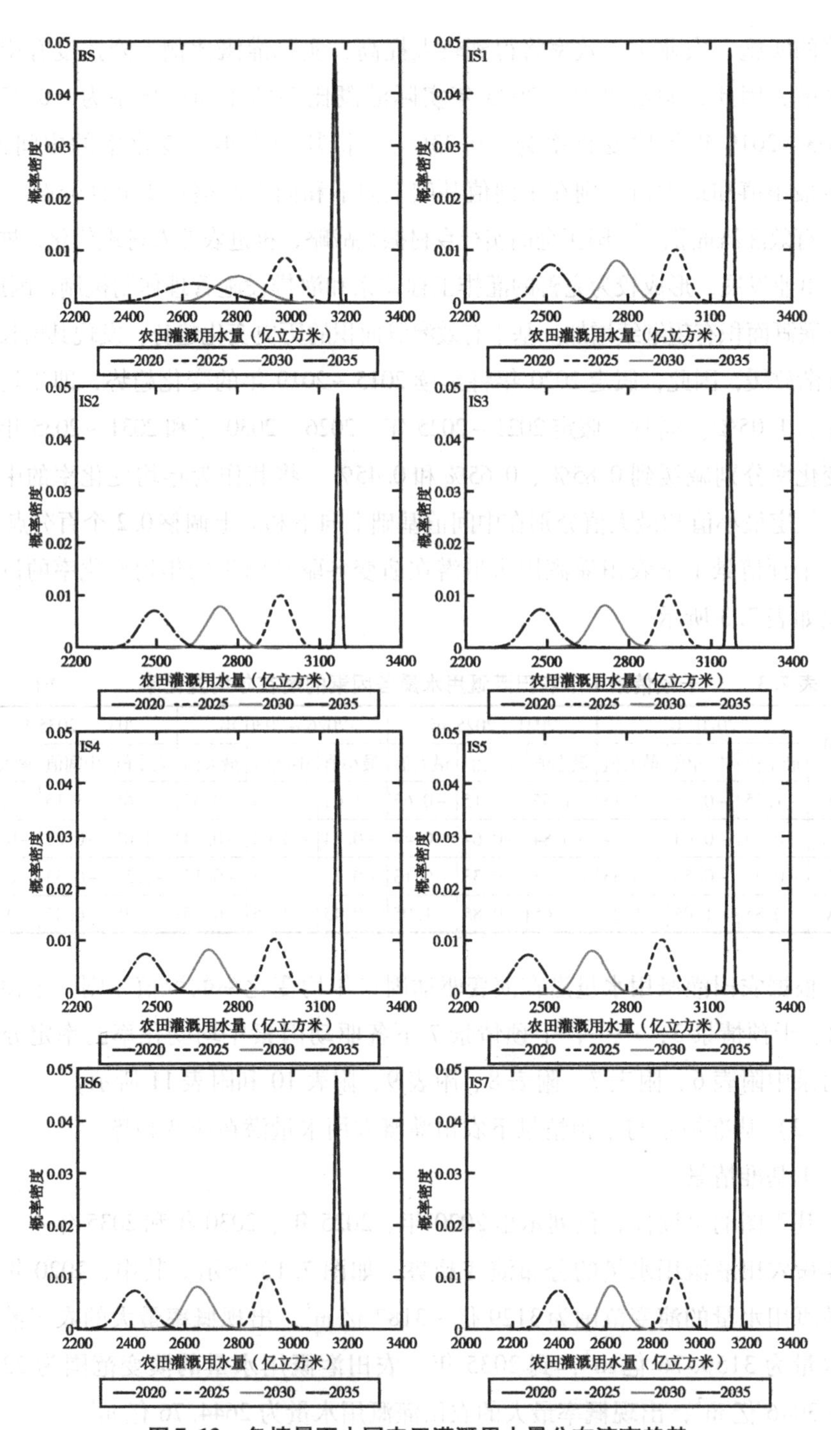

图 7.13　各情景下中国农田灌溉用水量分布演变趋势

基于中国2020～2035年出现概率最大的农田灌溉用水量，绘制其演变趋势，得到图7.14。可以看出，农田灌溉用水量从2020年的3159.76亿m^3下降到2035年的2644.76亿m^3，累计减少了515亿m^3，年均下降率为1.18%。虽然在基准情景下，农田灌溉用水量处于下降趋势，但是对农田灌溉用水量增长起到绝对抑制作用的农田灌溉水有效利用系数与发达国家还存在较大差距，“十三五”时期处于0.53～0.56，而发达国家达到0.7～0.8，可见，农田灌溉用水量具有比较大的节水空间，如果加强农田灌溉基础设施建设，减少输水损失，将有助于提高农田灌溉水有效利用系数，进一步挖掘农田灌溉用水节水潜力，从而促进用水总量下降。

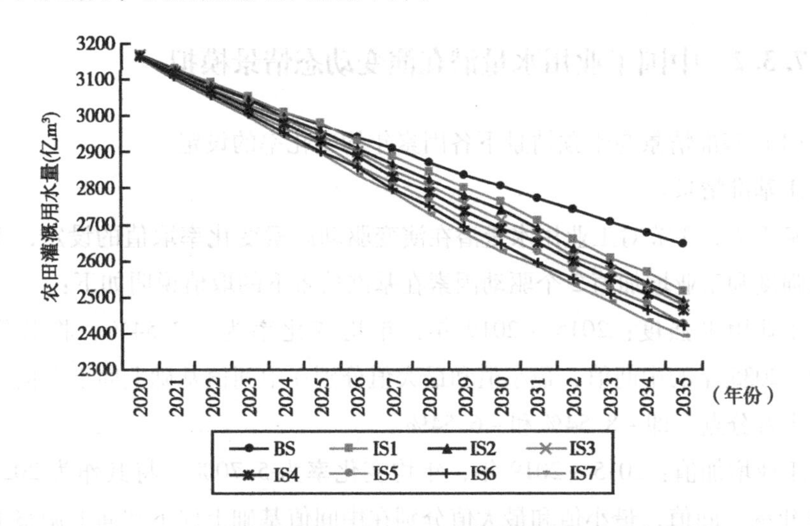

图7.14 各情景下最大概率中国农田灌溉用水量潜在演变趋势

②干预情景1、干预情景2，……，干预情景7。

由于干预情景2、干预情景3，……，干预情景7下农田灌溉用水量的潜在演变趋势是以干预情景1为基础，因此，仅以干预情景1为例进行说明。图7.13显示了2020年、2025年、2030年和2035年4个典型年份农田灌溉用水量的分布演变趋势，可以看出，2020年农田灌溉用水量的演变范围为3143亿～3205亿m^3，概率最大的农田灌溉用水量为3171.32亿m^3，到2035年，农田灌溉用水量的演变范围为2293亿～2758亿m^3，出现概率最大的农田灌溉用水量为2518.04亿m^3。图7.14显示了中国2020～2035年出现概率最大的农田灌溉用水量演变趋势，从中可以看出，农田灌溉用水量从

2020 年的 3171.32 亿 m^3 下降到 2035 年的 2518.04 亿 m^3，累计减少了 653.28 亿 m^3，年均下降率为 1.53%。亩均净灌溉用水量持续下降、农田灌溉水有效利用系数继续提高是促进农田灌溉用水量下降的主要促进因素，可见，加强农田灌溉基础设施建设将有助于农田灌溉用水量下降。

从 8 种情景下农田灌溉用水量潜在演变趋势来看，干预情景下的农田灌溉用水量小于基准情景。从 7 种干预情景的潜在演变趋势来看，随着干预政策的逐渐强化，农田灌溉用水量呈逐渐下降趋势，干预情景 7 与干预情景 1 相比，2035 年农田灌溉用水量少 128.27 亿 m^3，这主要得益于农田灌溉效率的提高，也就是农田净灌溉用水量下降和农田灌溉水有效利用系数上升。

7.3.2 中国工业用水量潜在演变动态情景模拟

（1）基准情景与干预情景下各因素年均变化率的设定。

①基准情景。

基于 4.3.3 节对工业用水量潜在演变驱动因素变化率取值的设定，工业用水强度和工业增加值 2 个驱动因素在基准情景下的取值说明如下：

工业用水强度：2015 ~ 2019 年，年均变化率为 -7.54%，将其作为 2020 ~ 2035 年的中间值，最小值和最大值分别在中间值基础上向下和向上调整 1 个百分点，即 -8.54% 和 -6.54%。

工业增加值：2015 ~ 2019 年，年均变化率为 5.70%，将其作为 2020 ~ 2035 年的中间值，最小值和最大值分别在中间值基础上向下和向上调整 1 个百分点，即 4.70% 和 6.70%。

基准情景下工业用水量潜在演变驱动因素年均变化率的设定情况如表 7.4 所示。

表 7.4 基准情景下工业用水量各因素的潜在年均变化率 单位：%

变量	2020 ~ 2035 年		
	最小值	中间值	最大值
IWI	-8.54	-7.54	-6.54
IAV	4.70	5.70	6.70

②干预情景 1、干预情景 2，……，干预情景 7。

基于前面分析可知，干预情景 2、干预情景 3，……，干预情景 7 下工业用水量潜在演变驱动因素的变化率取值主要依赖于干预情景1的取值，因此，本书重点分析干预情景1下各驱动因素的参数率定。基于4.3.3节对工业用水量潜在演变驱动因素变化率取值的设定，工业用水强度、工业增加值2个驱动因素在干预情景1下的取值说明如下：

工业用水强度。《国家节水行动方案》提出，到2020年，万元工业增加值用水量较2015年降低20%，2015年万元工业增加值用水量为75.84m³，从而计算得到2020年万元工业增加值用水量年均变化率为-4.36%。《国务院关于实行最严格水资源管理制度的意见》提出，到2020年、2030年万元工业增加值用水量分别下降到65m³、40m³以下的目标，即2030年万元工业增加值较2020年降低38.46%，从而计算得到2021~2030年万元工业增加值用水量年均变化率为-4.74%。胡鞍钢等[164]预测2030年和2035年万元工业增加值用水量分别为23m³和19m³，即2035年万元工业增加值较2030年降低17.39%，从而计算得到2031~2035年万元工业增加值用水量年均变化率为-3.75%。将其作为年均变化率的中间值，最小值和最大值分别在中间值基础上向下和向上调整1个百分点。

工业增加值。基于中国统计局数据，测算得到2003年不变价格水平下2020年工业增加值，从而计算得到2020年工业增加值变化率为2.4%。胡鞍钢等[164]预测2021~2025年、2026~2030年和2031~2035年国内生产总值年均变化率分别为5.7%、4.8%和4.0%，同时预测2025年、2030年和2035年工业增加值占国内生产总值比重分别为28.2%、26.5%和25.5%，进而计算得到2021~2025年、2026~2030年和2031~2035年工业增加值年均变化率分别为3.85%、3.50%和3.20%，将其作为未来年均变化率的中间值，最小值和最大值分别在中间值基础上向下和向上调整1个百分点。

干预情景1下工业用水量潜在演变驱动因素年均变化率的设定情况如表7.5所示。

表7.5　干预情景1下工业用水量各因素的潜在年均变化率　单位：%

变量	2020年			2021~2025年			2026~2030年			2031~2035年		
	最小值	中间值	最大值	最小值	中间值	最大值	最小值	中间值	最大值	最小值	中间值	最大值
IWI	-5.36	-4.36	-3.36	-5.74	-4.74	-3.74	-5.74	-4.74	-3.74	-4.75	-3.75	-2.75
IAV	1.4	2.4	3.4	2.85	3.85	4.85	2.50	3.50	4.50	2.20	3.20	4.20

根据工业用水量潜在演变驱动因素年均变化率的取值原则，干预情景 2、干预情景 3，……，干预情景 7 下各驱动因素年均变化率的率定分别如附录中附表 7.12、附表 13、附表 14、附表 15、附表 16 和附表 17 所示。

（2）基准情景与干预情景下工业用水量潜在演变趋势。

①基准情景。

基于图的可读性，仅列示出 2020 年、2025 年、2030 年和 2035 年 4 个典型年份工业用水量的分布演变趋势，如图 7.15 所示。其中，2020 年工业用水量的演变范围为 1167 亿 ~ 1213 亿 m^3，出现概率最大的工业业用水量为 1189.44 亿 m^3，到 2035 年，工业用水量的演变范围为 619.7 亿 ~ 1148 亿 m^3，出现概率最大的工业用水量为 838.6 亿 m^3。

基于中国 2020 ~ 2035 年出现概率最大的工业用水量值，绘制其演变趋势，得到图 7.16，可以看出，工业用水量从 2020 年的 1189.44 亿 m^3 下降到 2035 年的 838.6 亿 m^3，累计减少了 350.84 亿 m^3，年均下降率为 2.30%。虽然在基准情景下，工业用水量处于下降趋势，但是历史阶段的工业用水效率与发达国家仍然存在较大的差距，具有较大的节水空间，若不采取新的节水措施，工业节水潜力将无法得到完全挖掘，甚至有可能出现“回弹”效应。

②干预情景 1、干预情景 2，……，干预情景 7。

由于干预情景 2、干预情景 3，……，干预情景 7 下工业用水量的潜在演变趋势是以干预情景 1 为基础，因此，仅以干预情景 1 为例进行说明。图 7.15 显示了 2020 年、2025 年、2030 年和 2035 年 4 个典型年份工业用水量的分布演变趋势，可以看出，2020 年工业用水量的演变范围为 1169 亿 ~ 1216 亿 m^3，出现概率最大的工业用水量为 1193 亿 m^3，到 2035 年，工业用水量的演变范围为 819.7 亿 ~ 1283 亿 m^3，出现概率最大的工业用水量为 1016.26 亿 m^3。图 7.16 显示了中国 2020 ~ 2035 年出现概率最大的工业用水量演变趋势，从中可以看出，工业用水量从 2020 年的 1193 亿 m^3 下降到 2035 年的 1016.26 亿 m^3，累计减少了 176.74 亿 m^3，年均下降率为 1.06%。工业用水强度下降速度和工业增加值增长速度都有所放缓，导致工业用水量比基准情景下略高，但是工业用水量仍然处于下降趋势。

从 8 种情景下工业用水量潜在演变趋势来看，工业用水量都呈下降趋势，而干预情景 1、干预情景 2，……，干预情景 4 下工业用水量却大于基准

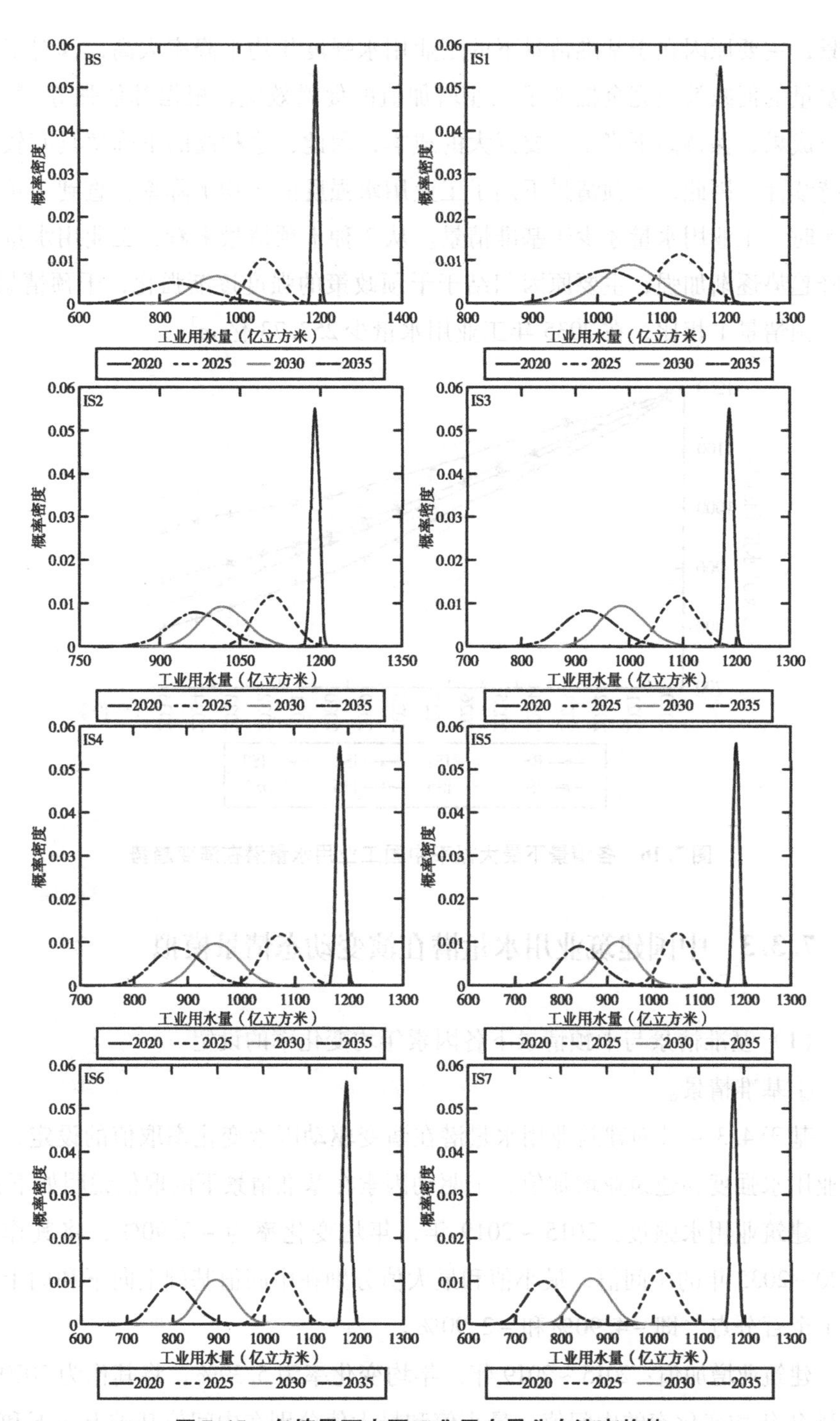

图7.15　各情景下中国工业用水量分布演变趋势

情景，主要原因在于基准情景下的工业用水强度年均下降率太高，其对工业用水量的促减效应完全抵消了工业增加值的促增效应，根据林伯强等[166]的研究成果，保持高下降率需要巨大的成本，因此，这种高的下降率具有较弱的持续性。因此，干预情景下调了工业用水强度的年均下降率，直到干预情景5时，工业用水量才少于基准情景。从7种干预情景来看，工业用水量的下降趋势逐渐加强，主要原因归结于干预政策的强度逐渐强化，干预情景7与干预情景1相比，在2035年工业用水量少257.73亿 m^3。

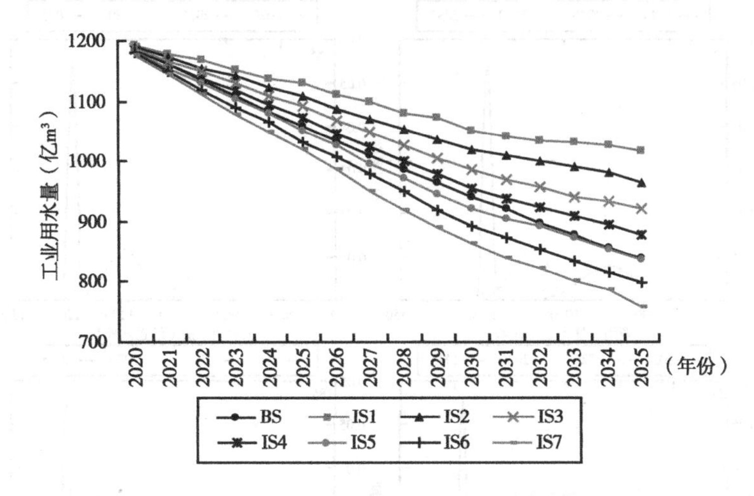

图7.16 各情景下最大概率中国工业用水量潜在演变趋势

7.3.3 中国建筑业用水量潜在演变动态情景模拟

（1）基准情景与干预情景下各因素年均变化率的设定。

①基准情景。

基于4.3.4节对建筑业用水量潜在演变驱动因素变化率取值的设定，建筑业用水强度和建筑业增加值2个驱动因素在基准情景下的取值说明如下：

建筑业用水强度：2015～2019年，年均变化率为－3.90%，将其作为2020～2035年的中间值，最小值和最大值分别在中间值基础上向下和向上调整1个百分点，即－4.90%和－2.90%。

建筑业增加值：2015～2019年，年均变化率为5.39%，将其作为2020～2035年年均变化率的中间值，最小值和最大值分别在中间值基础上向下和向上调整1个百分点，即4.39%和6.39%。

基准情景下建筑业用水量潜在演变驱动因素年均变化率的设定情况如表7.6所示。

表7.6　　基准情景下建筑业用水量各因素的潜在年均变化率　　单位:%

变量	2020~2035年		
	最小值	中间值	最大值
CWI	-4.90	-3.90	-2.90
CAV	4.39	5.39	6.39

②干预情景1、干预情景2，……，干预情景7。

基于前面分析可知，干预情景2、干预情景3，……，干预情景7下建筑业用水量潜在演变驱动因素的变化率取值主要依赖于干预情景1的取值，因此，本书重点分析干预情景1下各驱动因素的参数率定。基于4.3.4节对建筑业用水量潜在演变驱动因素变化率取值的设定，建筑业用水强度、建筑业增加值2个驱动因素在干预情景1下的取值说明如下：

建筑业用水强度。假定2020年建筑业用水强度将延续2015~2019年的变化趋势，即年均变化率为-3.90%。与工业相比，当前建筑业用水强度处于较低水平，节水空间相对较小，用水强度的下降速度将逐渐放缓，因此，假定2021~2025年、2026~2030年和2031~2035年建筑业用水强度年均变化率分别为-2.90%、-1.90%和-0.90%。将其作为潜在年均变化率的中间值，最小值和最大值分别在中间值基础上向下和向上调整1个百分点。

建筑业增加值。基于中国统计局数据，测算得到2003年不变价格水平下2020年建筑业增加值，从而计算得到2020年建筑业增加值变化率为3.5%。胡鞍钢等[164]预测2021~2025年、2026~2030年和2031~2035年国内生产总值年均变化率分别为5.7%、4.8%和4.0%，同时预测2025年、2030年和2035年建筑业增加值占国内生产总值比重分别为7.6%、6.1%和4.5%，进而计算得到2021~2025年、2026~2030年和2031~2035年建筑业增加值年均变化率分别为6.85%、0.29%和-2.14%，将其作为潜在年均变化率的中间值，最小值和最大值分别在中间值基础上向下和向上调整1个百分点。

干预情景1下建筑业用水量潜在演变驱动因素年均变化率的设定情况如

表 7.7 所示。

表 7.7　　干预情景 1 下建筑业用水量各因素的潜在年均变化率　　单位：%

变量	2020 年			2021 ~ 2025 年			2026 ~ 2030 年			2031 ~ 2035 年		
	最小值	中间值	最大值	最小值	中间值	最大值	最小值	中间值	最大值	最小值	中间值	最大值
CWI	-4.90	-3.90	-2.90	-3.90	-2.90	-1.90	-2.90	-1.90	-0.90	-1.90	-0.90	0.10
CAV	2.5	3.5	4.5	5.85	6.85	7.85	-0.71	0.29	1.29	-3.14	-2.14	-1.14

根据建筑业用水量潜在演变驱动因素年均变化率的取值原则，干预情景 2、干预情景 3，……，干预情景 7 下各驱动因素年均变化率的率定分别如附录中附表 18、附表 19、附表 20、附表 21、附表 22 和附表 23 所示。

（2）基准情景与干预情景下建筑业用水量潜在演变趋势。

①基准情景。

基于图的可读性，仅列示出 2020 年、2025 年、2030 年和 2035 年 4 个典型年份建筑业用水量的分布演变趋势，如图 7.17 所示。其中，2020 年建筑业用水量的演变范围为 46.55 亿 ~48.37 亿 m^3，出现概率最大的建筑业用水量为 47.47 亿 m^3，到 2035 年，建筑业用水量的演变范围为 42.36 亿 ~78.05 亿 m^3，出现概率最大的建筑业用水量为 56.42 亿 m^3。

基于中国 2020 ~2035 年出现概率最大的建筑业用水量值，绘制其演变趋势，得到图 7.18，可以看出，建筑业用水量从 2020 年的 47.47 亿 m^3 增加到 2035 年的 56.42 亿 m^3，累计增加了 8.95 亿 m^3，年均增加率为 1.16%。虽然当前建筑业用水效率处于较高的水平，但是仍然存在进一步节水的空间，随着建筑业行业的发展，如不采取新的节水措施，建筑业用水量将在未来持续增加。

②干预情景 1、干预情景 2，……，干预情景 7。

由于干预情景 2、干预情景 3，……，干预情景 7 下建筑业用水量的潜在演变趋势是以干预情景 1 为基础，因此，仅以干预情景 1 为例进行说明。图 7.17 显示了 2020 年、2025 年、2030 年和 2035 年 4 个典型年份建筑业用水量的分布演变趋势，2020 年建筑业用水量的演变范围为 45.72 亿 ~47.5 亿 m^3，出现概率最大的建筑业用水量为 46.58 亿 m^3，到 2035 年，建筑业用水量的演变范围为 35.69 亿 ~55.51 亿 m^3，出现概率最大的建筑业用水量为

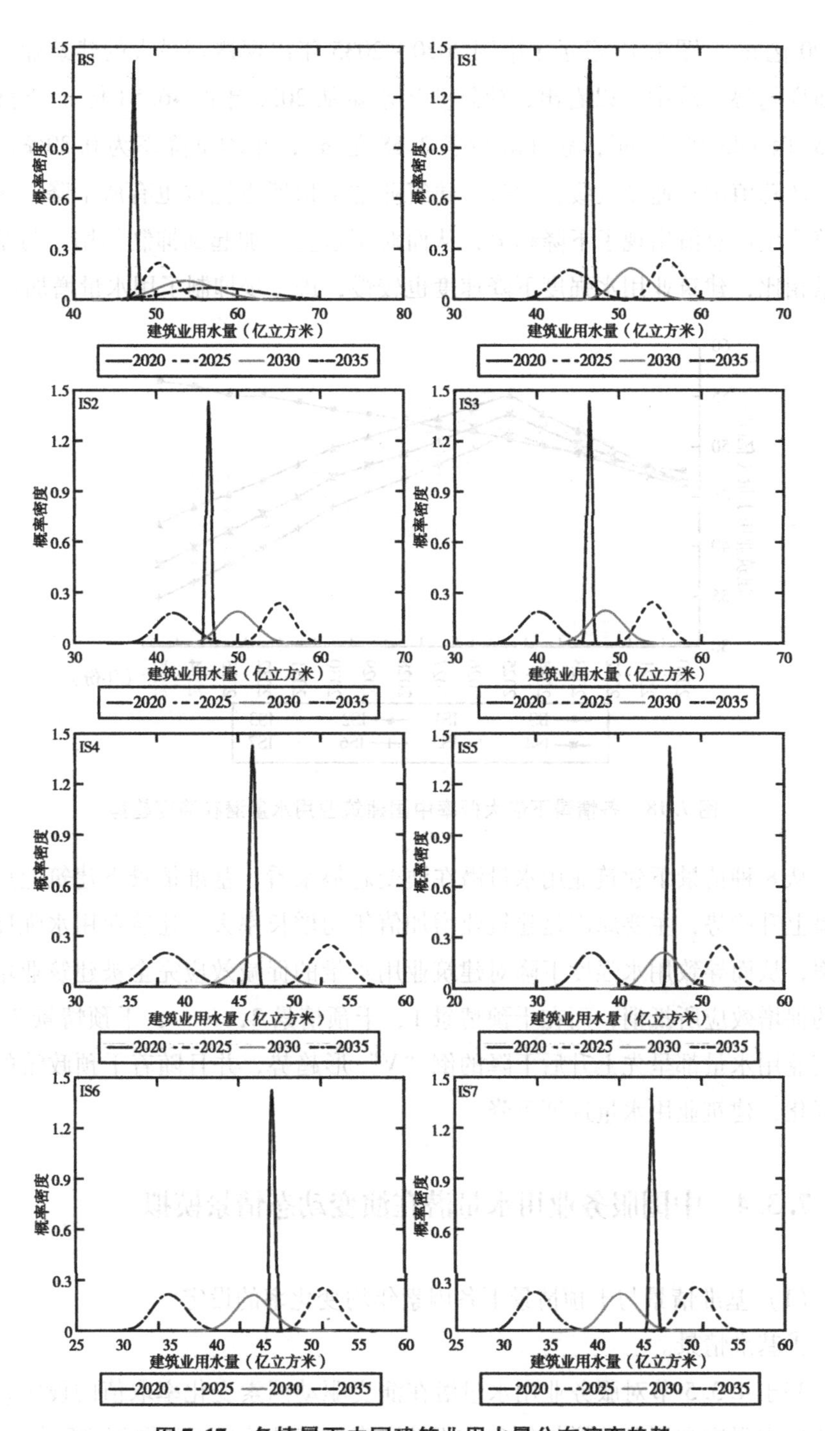

图 7.17 各情景下中国建筑业用水量分布演变趋势

43.90 亿 m^3。图 7.18 显示了中国 2020～2035 年出现概率最大的建筑业用水量演变趋势，从中可以看出，建筑业用水量从 2020 年的 46.58 亿 m^3 下降到 2035 年的 43.90 亿 m^3，累计减少了 2.68 亿 m^3，年均下降率为 0.39%。国内生产总值增长速度放缓，同时，建筑业增加值所占比重也有所下降，导致建筑业生产总值出现了下降趋势，从而对用水量增加起到抑制作用，与基准情景相比，建筑业用水强度下降速度也较慢，进一步抑制了用水量增加。

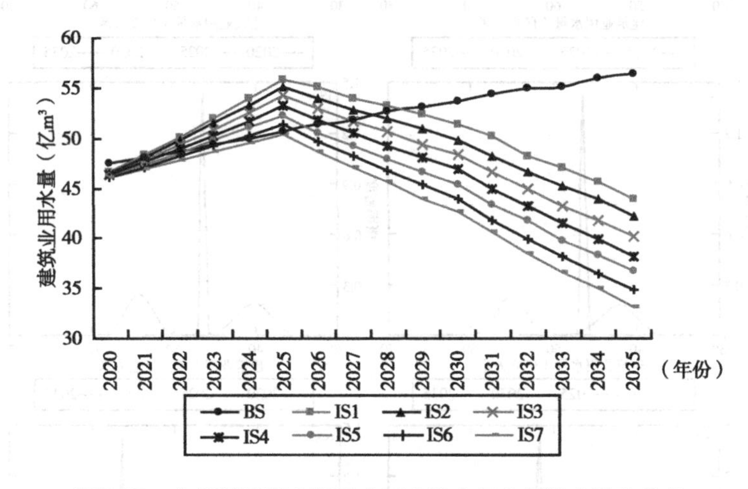

图 7.18　各情景下最大概率中国建筑业用水量潜在演变趋势

从 8 种情景下建筑业用水量潜在演变趋势来看，基准情景下建筑业用水量呈上升趋势，主要原因是建筑业增加值年均增长率大于建筑业用水强度下降率，从而导致用水强度下降对建筑业用水量的促减效应完全被建筑业增加值的促增效应所抵消，而在干预情景 1、干预情景 2，……，干预情景 7 下，建筑业用水量都呈先上升后下降的倒“V”形趋势，并且随着干预政策的逐渐强化，建筑业用水量逐渐下降。

7.3.4　中国服务业用水量潜在演变动态情景模拟

（1）基准情景与干预情景下各因素年均变化率的设定。

①基准情景。

基于 4.3.5 节对服务业用水量潜在演变驱动因素变化率取值的设定，服务业用水强度和服务业增加值 2 个驱动因素在基准情景下的取值说明如下：

服务业用水强度。2015~2019年，年均变化率为-4.12%，将其作为中间值，最小值和最大值分别为-5.12%和-3.12%。

服务业增加值。2015~2019年，年均变化率为7.90%，将其作为中间值，最小值和最大值分别为6.90%和8.90%。

基准情景下服务业用水量潜在演变驱动因素年均变化率的设定情况如表7.8所示。

表7.8 基准情景下服务业用水量各因素的潜在年均变化率 单位:%

变量	2020~2035年		
	最小值	中间值	最大值
TWI	-5.12	-4.12	-3.12
TAV	6.90	7.90	8.90

②干预情景1、干预情景2，……，干预情景7。

基于前面分析可知，干预情景2、干预情景3，……，干预情景7下服务业用水量演变驱动因素变化率取值主要依赖于干预情景1的取值，因此，本书重点分析干预情景1下各驱动因素的取值。基于4.3.5节对服务业用水量潜在演变驱动因素变化率取值的设定，服务业用水强度、服务业增加值2个驱动因素在干预情景1下的取值说明如下：

服务业用水强度。假定2020年服务业用水强度年均变化率延续2015~2019年的变化趋势，即年均变化率为-4.12%。由于服务业用水强度远远小于工业与建筑业，其节水空间与潜力相对较小，因此，用水强度下降速度将逐渐放缓，因此，假定2021~2025年、2025~2030年和2031~2035年服务业用水强度年均变化率分别为-3.12%、-2.12%和-1.12%。将其作为未来年均变化率的中间值，最小值和最大值分别在中间值基础上向下和向上调整1个百分点。

服务业业增加值。基于中国统计局数据，测算得到2003年不变价格水平下2020年服务业增加值，从而计算得到2020年服务业增加值变化率为2.1%。胡鞍钢等[164]预测2021~2025年、2026~2030年和2031~2035年国内生产总值年均变化率分别为5.7%、4.8%和4.0%，同时预测2025年、2030年和2035年服务业增加值占国内生产总值比重分别为58%、61.9%和65.1%，进而计算得到2021~2025年、2026~2030年和2031~2035年服务业增加值年均变化率分别为7.02%、6.17%和5.05%，将其作为未来年均变化率的中间值，最小值和最大值分别在中间值基础上向下和向上调整1个百分点。

干预情景1下服务业用水量潜在演变驱动因素年均变化率的设定情况如表7.9所示。

表7.9　干预情景1下服务业用水量各因素的潜在年均变化率　单位:%

变量	2020年			2021~2025年			2026~2030年			2031~2035年		
	最小值	中间值	最大值	最小值	中间值	最大值	最小值	中间值	最大值	最小值	中间值	最大值
TWI	-5.12	-4.12	-3.12	-4.12	-3.12	-2.12	-3.12	-2.12	-1.12	-2.12	-1.12	-0.12
TAV	1.1	2.1	3.1	6.02	7.02	8.02	5.17	6.17	7.17	4.05	5.05	6.05

根据服务业用水量潜在演变驱动因素年均变化率的取值原则，干预情景2、干预情景3，……，干预情景7下各驱动因素年均变化率的率定分别如附录中附表24、附表25、附表26、附表27、附表28和附表29所示。

（2）基准情景与干预情景下建筑业用水量潜在演变趋势。

①基准情景。

基于图的可读性，仅列示出2020年、2025年、2030年和2035年4个典型年份服务业用水量的分布演变趋势，如图7.19所示。其中，2020年服务业用水量的演变范围为220.1亿~228.5亿m^3，出现概率最大的服务业用水量为224.24亿m^3，到2035年，服务业用水量的演变范围为276.6亿~503.9亿m^3，出现概率最大的服务业用水量为366.17亿m^3。

基于中国2020~2035年出现概率最大的服务业用水量值，绘制其演变趋势，得到图7.20，可以看出，服务业用水量从2020年的224.24亿m^3增加到2035年的366.17亿m^3，累计增加了141.93亿m^3，年均增加率为3.32%。虽然当前服务业用水效率处于较高的水平，但是仍然存在进一步节水的空间，随着服务业行业的发展，如不采取新的节水措施，服务业用水量将在未来持续增加。

②干预情景1、干预情景2，……，干预情景7。

由于干预情景2、干预情景3，……，干预情景7下服务业用水量的潜在演变趋势是以干预情景1为基础，因此，仅以干预情景1为例进行说明。图7.19显示了2020年服务业用水量的演变范围为208.1亿~216.3亿m^3，出

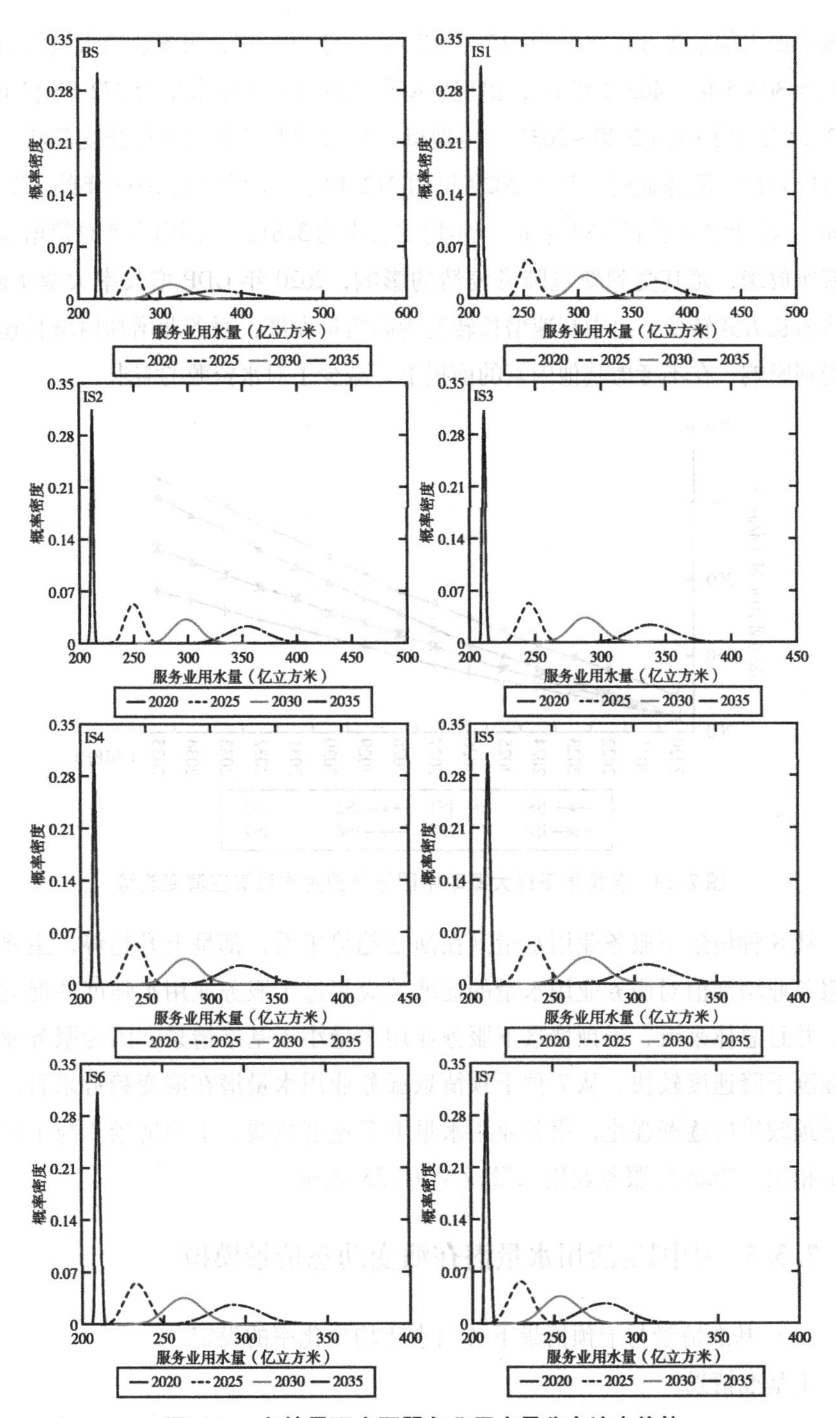

图 7.19　各情景下中国服务业用水量分布演变趋势

现概率最大的服务业用水量为212.19亿m^3，到2035年，服务业用水量的演变范围为300.5亿~465.2亿m^3，出现概率最大的服务业用水量为372.03亿m^3。图7.20显示了中国2020~2035年出现概率最大的服务业用水量演变趋势，从中可以看出，服务业用水量从2020年的212.19亿m^3增加到2035年的372.03亿m^3，累计增加了159.84亿m^3，年均增长率为3.81%。国内生产总值增长速度有所放缓，尤其受到新冠肺炎疫情的影响，2020年GDP增长率大幅下降，经济增长方式转变，由中高速增长转变为高质量发展，服务业增加值增长速度也受到影响，在不考虑其他因素的前提下，减少了对水资源的需求。

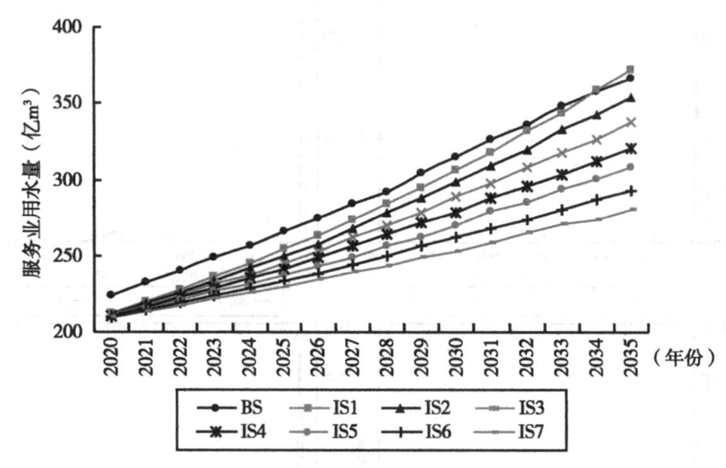

图7.20 各情景下最大概率中国服务业用水量潜在演变趋势

从8种情景下服务业用水量潜在演变趋势来看，都呈上升趋势，主要在于服务业增加值对服务业用水量的促增效应超过了服务业用水强度的促减效应，并且总体来看，干预情景下服务业用水量小于基准情景，因为服务业用水强度下降速度较快。从7种干预情景服务业用水量潜在演变趋势来看，随着干预政策的逐渐强化，服务业用水量上升速度放缓，干预情景7与干预情景1相比，2035年服务业用水量减少91.33亿m^3。

7.3.5 中国生活用水量潜在演变动态情景模拟

(1) 基准情景与干预情景下各因素年均变化率的设定。

①基准情景。

基于4.3.6节对生活用水量潜在演变驱动因素变化率取值的设定，生活用水强度、城市化和人口3个驱动因素在基准情景下的取值说明如下：

生活用水强度。城镇居民生活用水强度在2015～2019年年均变化率为0.63%，将其作为2020～2035年年均变化率的中间值，最小值和最大值分别在中间值基础上向下和向上调整0.2个百分点，即0.43%和0.83%。农村居民生活用水强度2015～2019年年均变化率为1.97%，将其作为2020～2035年年均变化率的中间值，最小值和最大值分别在中间值基础上向下和向上调整0.5个百分点，即1.47%和2.47%。

城市化。城市化水平2015～2019年年均变化率为1.95%，将其作为2020～2035年年均变化率的中间值，最小值和最大值分别在中间值基础上向下和向上调整0.4个百分点，即1.55%和2.35%。农村人口占总人口比重2015～2019年年均变化率为－2.67%，将其作为2020～2035年年均变化率的中间值，最小值和最大值分别在中间值基础上向下和向上调整0.4个百分点，即－3.07%和－2.27%。

人口。总人口2015～2019年年均变化率为0.46%，将其作为2020～2035年年均变化率的中间值，最小值和最大值分别在中间值基础上向下和向上调整0.2个百分点，即0.26%和0.66%。

基准情景下生活用水量潜在演变驱动因素年均变化率的设定情况如表7.10所示。

表7.10　基准情景下生活用水量各因素的潜在年均变化率　单位：%

变量		2020～2035年		
		最小值	中间值	最大值
DI	城镇	0.43	0.63	0.83
	农村	1.47	1.97	2.47
UR	城镇	1.55	1.95	2.35
	农村	－3.07	－2.67	－2.27
P		0.26	0.46	0.66

②干预情景1、干预情景2，……，干预情景7。

基于前面分析可知，干预情景2、干预情景3，……，干预情景7下生活用水量演变驱动因素变化率取值主要依赖于干预情景1的取值，因此，本书重点分析干预情景1下各驱动因素的取值。基于4.3.6节对生活用水量潜在演变驱动因素变化率取值的设定，生活用水强度、城市化和人口 3 个驱动因素在干预情景 1 下的取值说明如下：

居民生活用水强度。假定 2020 年城镇居民生活用水强度、农村居民生活用水强度延续 2015 ~ 2019 年的变化趋势，即年均变化率分别为 0.63% 和 1.97%。由于经济发展和收入水平提高，人们生活需水层次将逐步提高，将会增加生活用水需求，同时，随着社会经济发展，人们的节水意识将提高，并且水价机制将发挥其杠杆作用，因此，认为生活用水强度增长速度将放缓。由于城乡收入、用水需求、用水习惯等差异的存在，城乡居民生活用水强度存在较大差距，因此，生活用水强度潜在年均变化率也存在差异，假定城镇居民生活用水强度在 2021 ~ 2025 年、2026 ~ 2030 年和 2031 ~ 2035 年的年均变化率分别为 0.43%、0.23% 和 0.03%，农村居民生活用水强度在 2021 ~ 2025 年、2026 ~ 2030 年和 2031 ~ 2035 年分别为 1.47%、0.97% 和 0.47%。将其作为潜在年均变化率的中间值，城镇居民和农村居民生活用水强度的最小值和最大值分别在中间值的基础上向下和向上调整 0.2 个和 0.5 个百分点。

城市化。《国务院关于印发国家人口发展规划（2016 ~ 2030 年）的通知》提出 2020 年、2030 年常住人口城镇化率分别为 60% 和 70%，《中华人民共和国国民经济和社会发展第十四个五年规划和 2035 年远景目标纲要》提出 2025 年常住人口城镇化率达到 65%。2019 年常住人口城镇化率为 60.6%，已超过 2020 年预期目标，因此，以 60% 目标测算 2020 年变化率不合适，本书根据 2025 年 65% 目标测算 2020 年、2021 ~ 2025 年两个时间段的年均变化率，即为 1.18%。基于 2025 年、2030 年分别为 65% 和 70% 的目标，测算得到 2026 ~ 2030 年年均变化率为 1.49%。中国社会科学院宏观经济研究中心课题组的研究成果《未来 15 年中国经济增长潜力与“十四五”时期经济社会发展主要目标及指标研究》[165] 提出 2035 年常住人口城镇化率为 72.6%，从而测算得到 2031 ~ 2035 年年均变化率为 0.73%。与此同时，测算得到 2020 ~ 2025 年、2026 ~ 2030 年和 2031 ~ 2035 年农村人口占总人口比重的年均变化率分别为 −1.95%、−3.04% 和 −1.80%。将其作为潜在年均变化率的中间值，最小值和最大值在中间值的基础上向下和向上调整 0.4 个百分点。

人口。《国务院关于印发国家人口发展规划（2016 ~ 2030 年）的通知》

提出2020年和2030年全国总人口预期目标分别为14.2亿和14.5亿，假定2025年预期目标取其平均值，即14.35亿，2019年全国总人口为14.0005亿，从而计算得到2020年和2021～2025年总人口数年均变化率分别为1.42%和0.21%。蔡昉在中国发展高层论坛2021年会上指出，2025年中国人口总量或将达到峰值，以后就是负增长。因此，2026～2030年和2031～2035年两个时间段总人口年均变化率为0。将其作为潜在年均变化率的中间值，最小值和最大值分别在中间值基础上向下和向上调整0.2个百分点。

干预情景1下生活用水量演变各驱动因素的潜在年均变化率设置如表7.11所示。

表7.11　干预情景1下生活用水量各因素的潜在年均变化率　单位:%

变量		2020年			2021～2025年			2026～2030年			2031～2035年		
		最小值	中间值	最大值	最小值	中间值	最大值	最小值	中间值	最大值	最小值	中间值	最大值
DI	城镇	0.43	0.63	0.83	0.23	0.43	0.63	0.03	0.23	0.43	-0.17	0.03	0.23
	农村	1.47	1.97	2.47	0.97	1.47	1.97	0.47	0.97	1.47	-0.03	0.47	0.97
UR	城镇	0.78	1.18	1.58	0.78	1.18	1.58	1.09	1.49	1.89	0.33	0.73	1.13
	农村	-2.35	-1.95	-1.55	-2.35	-1.95	-1.55	-3.44	-3.04	-2.64	-2.20	-1.80	-1.40
P		1.22	1.42	1.62	0.01	0.21	0.41	-0.20	0	0.20	-0.20	0	0.20

根据生活用水量潜在演变驱动因素年均变化率的取值原则，干预情景2、干预情景3，……，干预情景7下各驱动因素年均变化率的率定分别如附录中附表30、附表31、附表32、附表33、附表34和附表35所示。

（2）基准情景与干预情景下生活用水量潜在演变趋势。

①基准情景。

基于图的可读性，仅列示出2020年、2025年、2030年和2035年4个典型年份城镇生活用水量的分布演变趋势，如图7.21所示。其中，2020年城镇生活用水量的演变范围为439.5亿～445.6亿m^3，出现概率最大的城镇生活用水量为442.46亿m^3，到2035年，城镇生活用水量的演变范围为622.4亿～777.8亿m^3，出现概率最大的城镇生活用水量为694.64亿m^3。基于图的可读性，仅列示出2020年、2025年、2030年和2035年4个典型年份农村生活用水量的分布演变趋势，如图7.22所示。其中，2020年农村生活用水量

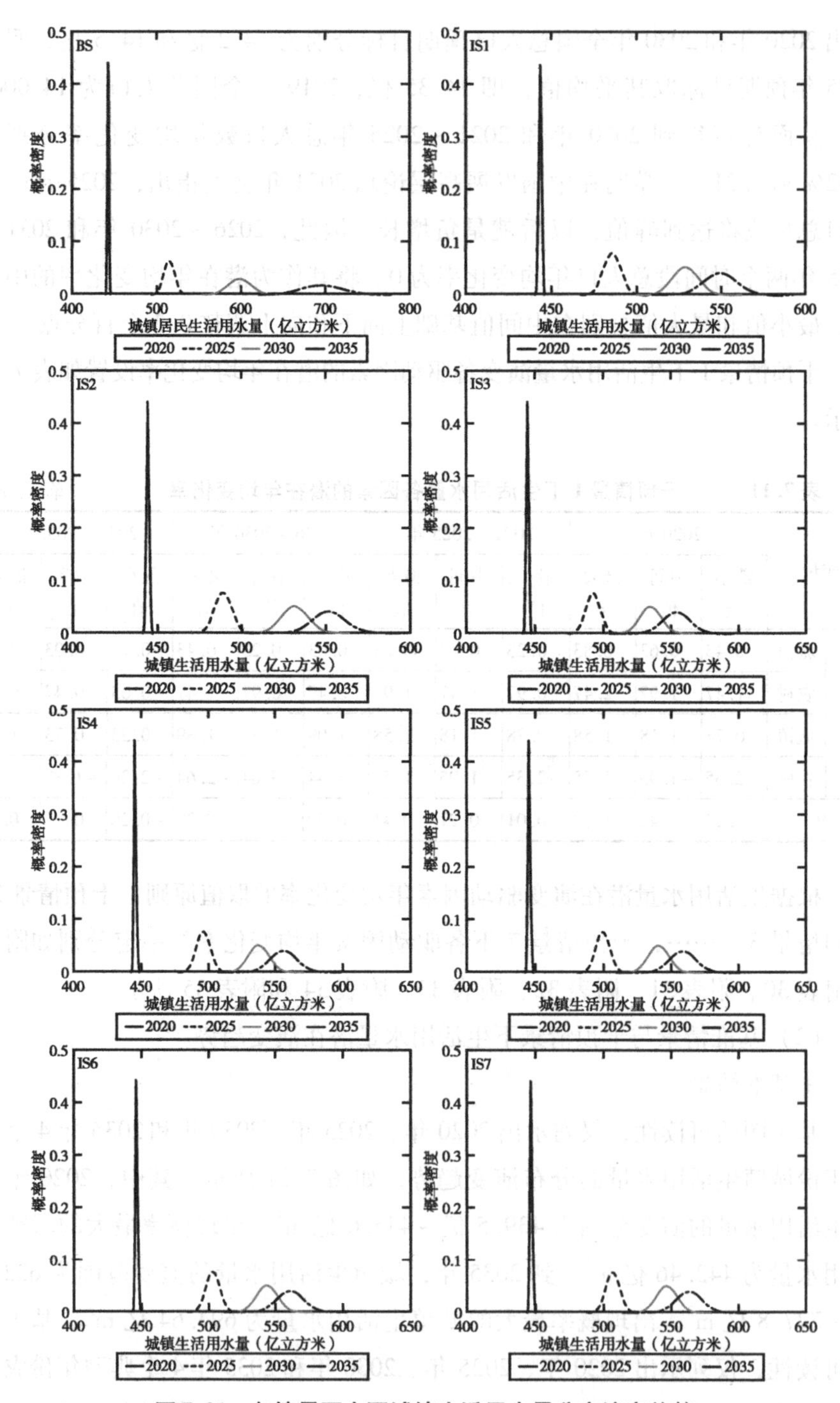

图 7.21　各情景下中国城镇生活用水量分布演变趋势

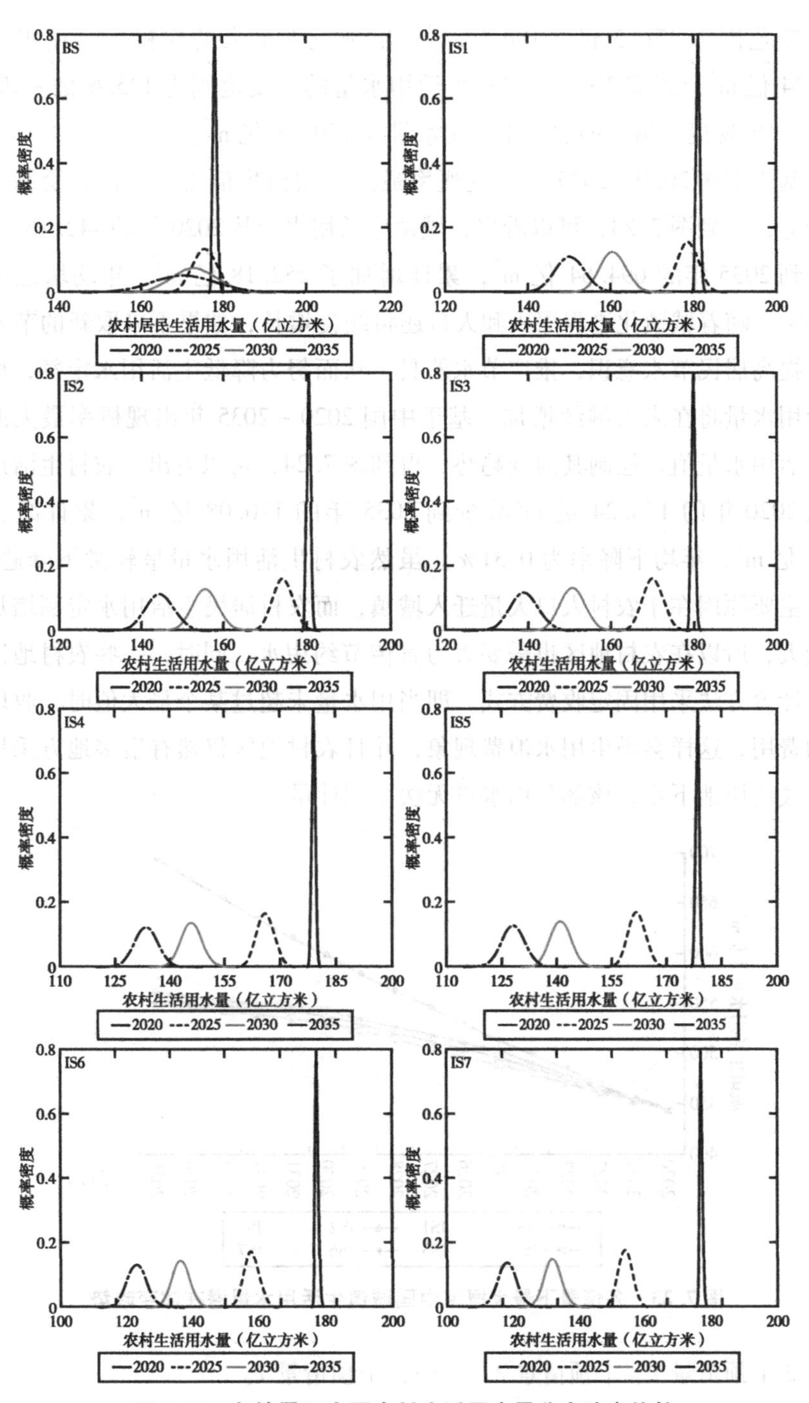

图7.22　各情景下中国农村生活用水量分布演变趋势

的演变范围为 176.5 亿～180 亿 m^3，出现概率最大的农村生活用水量为 178.24 亿 m^3，到 2035 年，农村生活用水量的演变范围为 145.6 亿～199.4 亿 m^3，出现概率最大的农村生活用水量为 170.08 亿 m^3。

基于中国 2020～2035 年出现概率最大的城镇生活用水量值，绘制其演变趋势，得到图 7.23，可以看出，城镇生活用水量从 2020 年的 442.46 亿 m^3 增加到 2035 年的 694.64 亿 m^3，累计增加了 252.18 亿 m^3，年均增加率为 3.05%。随着城镇化进程深入和人口还将缓慢增长，如果不采取新的节水措施，提高居民节水意识，推广节水器具，从而努力降低生活用水定额，城镇生活用水量将在未来继续增加。基于中国 2020～2035 年出现概率最大的农村生活用水量值，绘制其演变趋势，得到图 7.24，可以看出，农村生活用水量从 2020 年的 178.24 亿 m^3 减少到 2035 年的 170.08 亿 m^3，累计减少了 8.16 亿 m^3，年均下降率为 0.31%。虽然农村生活用水量呈轻微下降趋势，但是主要原因在于农村人口大量迁入城镇，而农村居民生活用水定额增加幅度较大，所以在农村地区也需要大力宣传节约用水，同时，一些农村地区用水量计价方法采用固定收费方式，即当用水量未超过某个最大值时，收取同样的费用，这样会滋生用水浪费现象，并且农村地区仍然有很多地方采用水井方式使用地下水，该部分用水量无法得到计量。

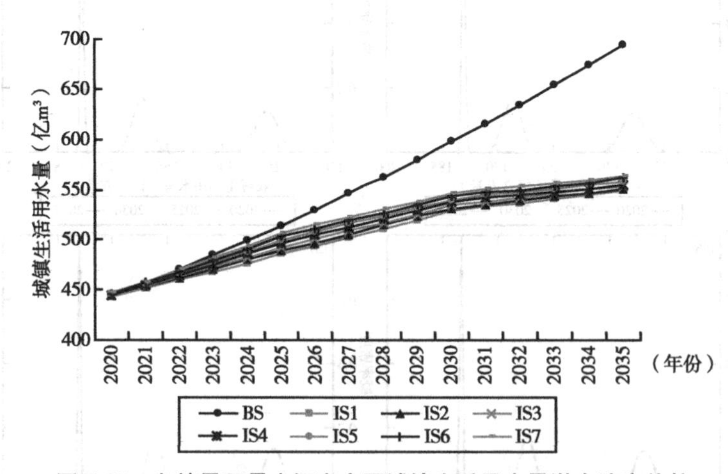

图 7.23　各情景下最大概率中国城镇生活用水量潜在演变趋势

②干预情景 1、干预情景 2，……，干预情景 7。

由于干预情景 2、干预情景 3，……，干预情景 7 下生活用水量的潜在

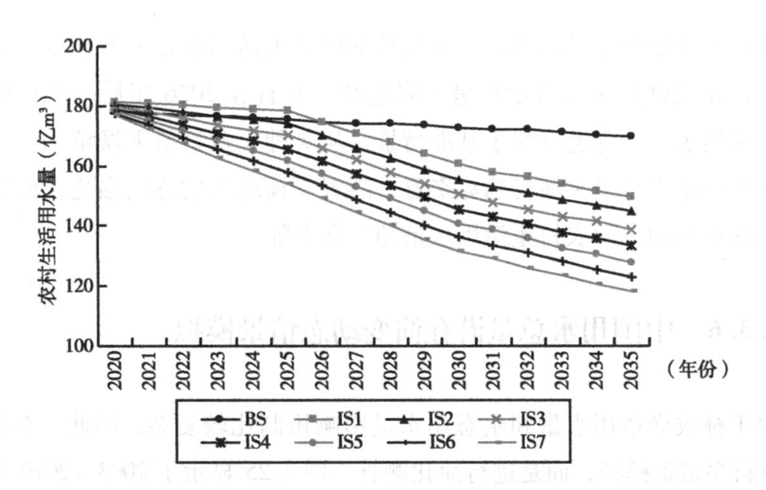

图7.24　各情景下最大概率中国农村生活用水量潜在演变趋势

演变趋势是以干预情景1为基础，因此，仅以干预情景1为例进行说明。

图7.21显示了2020年、2025年、2030年和2035年4个典型年份城镇生活用水量的分布演变趋势，可以看出，2020年城镇生活用水量的演变范围为440.2亿~446.6亿m^3，出现概率最大的城镇生活用水量为443.41亿m^3，到2035年，城镇生活用水量的演变范围为509.2亿~592.4亿m^3，出现概率最大的城镇生活用水量为548.69亿m^3。图7.22显示了2020年、2025年、2030年和2035年4个典型年份农村生活用水量的分布演变趋势，可以看出，2020年农村生活用水量的演变范围为179.5亿~183亿m^3，出现概率最大的农村生活用水量为181.22亿m^3，到2035年，农村生活用水量的演变范围为134.3亿~166.3亿m^3，出现概率最大的农村生活用水量为149.83亿m^3。

图7.23显示了中国2020~2035年出现概率最大的城镇生活用水量演变趋势，从中可以看出，城镇生活用水量从2020年的443.41亿m^3增加到2035年的548.69亿m^3，累计增加了105.28亿m^3，年均增长率为1.43%。城镇生活用水量、城镇化和人口三者增长率都有所放缓，在综合影响下，城镇生活用水量增加幅度远远小于基准情景。图7.24显示了中国2020~2035年出现概率最大的农村生活用水量演变趋势，从中可以看出，农村生活用水量从2020年的181.22亿m^3下降到2035年的149.83亿m^3，累计下降了31.39亿m^3，年均下降率为1.26%。

从8种情景下城镇生活用水量和农村生活用水量潜在演变趋势来看，城镇生活用水量都呈上升趋势，基准情景下城镇生活用水量上升速度要快于干预情景，而农村生活用水量却呈下降趋势，并且在 2026 年后，干预情景下农村生活用水量下降速度快于基准情景。从 7 种干预情景下城镇生活用水量和农村生活用水量未来演变趋势来看，随着干预政策的逐渐强化，城镇生活用水量逐渐增加，而农村生活用水量却逐渐下降。

7.3.6 中国用水总量潜在演变动态情景模拟

由于林牧渔畜用水量和生态用水量影响机制比较复杂，因此，本书不再对其进行多情景模拟，而是进行简化测算。图 7.25 显示了 2003 ~ 2019 年两者的变化趋势，可以看出，林牧渔畜用水量变化趋势比较平稳，因此，2020 ~ 2035 年林牧渔畜用水量使用 2003 ~ 2019 年的平均值来表征，即 478.29 亿 m^3。而生态用水量与林牧渔畜用水量的变化趋势存在较大差异，整体上呈上升趋势，2003 ~ 2019 年年均变化率为 7.31%，因此，按照该年均变化率测算 2020 ~ 2035 年潜在生态用水量。

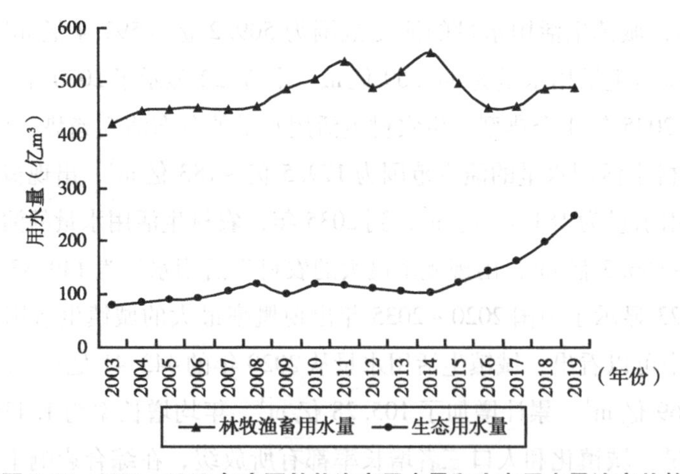

图 7.25　2003 ~ 2019 年中国林牧渔畜用水量和生态用水量演变趋势

假定该两类用水量在 8 种情景下都保持不变，基于农田灌溉、工业、建筑业、服务业、生活（城镇和农村）、林牧渔畜和生态用水量的模拟结果，得到 2020 ~ 2035 年不同情景下用水总量潜在演变趋势，如图 7.26 所示。同时，本书也用表格形式将潜在演变趋势列示出来，如附录中附表 36 所示。

可以看出，基准情景下中国用水总量呈先下降后上升的“U”形趋势，从2020年的5984.83亿m^3下降到2028年的5882.27亿m^3，再上升到2035年的6012.64亿m^3。虽然部分干预情景下用水总量在后期存在轻微的反弹（例如，干预情景1），但是整体来说，呈下降趋势，在7种干预情景下，2035年用水总量分别为5890.72亿m^3、5790.13亿m^3、5712.14亿m^3、5632.08亿m^3、5538.03亿m^3、5476.26亿m^3和5385.53亿m^3。

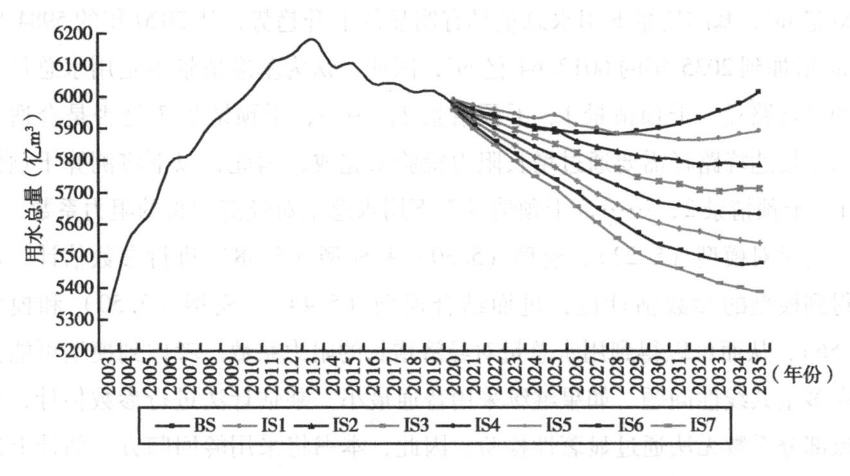

图7.26　8种情景下中国用水总量潜在演变趋势

在基准情景、干预情景1、干预情景2，……，干预情景7等8种情景下，都可以将2035年用水总量控制在7000亿m^3以内，从而完成《国家节水行动方案》的用水总量控制目标。本书得到以下启示：①8种情景下用水总量都可以实现2035年控制目标，但是2035年用水总量存在较大的差异。②结合2003～2019年历史阶段用水总量演变趋势，在8种情景下，用水总量达峰出现的时间大概在2013年附近，用水总量峰值在6200亿m^3左右，该结论与中国科学院贾绍凤教授[2]的研究成果非常相近，他认为中国用水总量在2010年达到顶峰，最大用水量不大可能超过6500亿m^3，实际峰值为6000亿m^3左右；但是在基准情景下，用水总量出现了明显的反弹效应。③如果仅仅以用水总量大小为标准，选择用水总量达峰的路径，显然，基准情景与7种干预情景都可以作为备选路径，但是，该路径是否符合我国发展实际情况？该用水总量约束下对经济增长是否产生阻碍？将值得深入研究。

7.4 中国用水总量达峰路径优化研究

基于中国用水总量潜在演变趋势多情景模拟可知，基准情景、干预情景1、干预情景2，……，干预情景7下用水总量都未超过用水总量控制目标7000亿m^3，基准情景下用水总量具有明显的上升趋势，从2020年的5984.83亿m^3增加到2035年的6012.64亿m^3，因此，认为基准情景不是用水总量达峰的可行路径。干预情景1、干预情景2，……，干预情景7是否是合适的用水总量达峰路径需要通过增长阻力检验来完成，因此，以下将测算干预情景1、干预情景2，……，干预情景7下用水总量对经济增长的阻力系数。

通过对模型（5.22）、模型（5.30）和模型（5.38）进行参数估计，可以得到模型的参数估计值，进而结合模型（5.44）、模型（5.50）和模型（5.56），从而可以得到用水总量对经济增长的阻力系数。考虑到模型可能会存在多重共线性问题，如果继续采用普通最小二乘估计法进行参数估计，会导致部分系数无法通过显著性检验。因此，本书将采用岭回归方法估计上述模型。

限于篇幅，本书仅列出干预情景1下（K/W）/L型、（K/L）/W型和（W/L）/K型3种模型的估计结果，如表7.12所示，可以看出，3个模型的调整可决系数Adj－R^2分别为0.9981、0.9981和0.9980，表明拟合程度非常高，F统计量值分别为2844.2959、2844.2959和2720.9089，表明各变量联合检验是显著的，同时，各变量的t统计量值都较大，表明各变量是显著的。干预情景2、干预情景3，……，干预情景7下回归结果如附录中附表37、附表38、附表39、附表40、附表41和附表42所示。

表7.12　干预情景1下三种模型的岭回归估计结果

变量	(K/W)/L型		(K/L)/W型		(W/L)/K型	
	标准化系数	t值	标准化系数	t值	标准化系数	t值
$\ln A_0$	0.0000	-9.3641	0.0000	-9.3641	0.0000	-7.2585
t	0.2482	73.1448	0.2482	73.1448	0.3185	90.3795

续表

变量	(K/W)/L型		(K/L)/W型		(W/L)/K型	
	标准化系数	t值	标准化系数	t值	标准化系数	t值
lnK	0.2270	96.4972	0.2270	96.4972	0.3046	107.4242
lnW	0.1168	12.3120	0.1168	12.3120	0.0587	18.7085
lnL	0.0475	4.9788	0.0475	4.9788	0.0596	7.5267
$\left(\ln\frac{K}{W}\right)^2$	0.2270	105.2674	0.2270	105.2674		
$\left(\ln\frac{K}{L}\right)^2$	0.2314	112.7780	0.2314	112.7780		
$\left(\ln\frac{W}{L}\right)^2$					-0.0474	-7.0475
$\left(\ln\frac{W}{K}\right)^2$					0.3078	112.4427
Adj-R^2	0.9981		0.9981		0.9980	
F	2844.2959		2844.2959		2720.9089	

基于表7.12中（K/W)/L型模型变量lnK、lnW和lnL的系数值，如公式（7.2）所示：

$$\begin{cases}\alpha\beta m=0.2270\\(1-\alpha)\beta m=0.1168\\(1-\beta)m=0.0475\end{cases}\tag{7.2}$$

根据劳动、用水总量年均增长率计算公式 $n=\sqrt[32]{L_{2035}/L_{2003}}-1$ 和 $w=\sqrt[32]{W_{2035}/W_{2003}}-1$，得到n和w分别为0.000563和0.003187，结合公式（5.44），可以计算出（K/W)/L型模型下用水总量对经济增长的阻力系数为-0.0396%，同理，可以计算出（K/L)/W型和（W/L)/K型2种模型下用水总量对经济增长的阻力系数分别为-0.0396%和-0.0221%，这表明，水资源受到制约与未受到制约相比，并未对经济增长速度产生影响，主要是因为用水总量变化率超过了劳动变化率。同时，意味着未来经济增长与水资源之间呈现“脱钩”的状态，但需要注意的是，该阻力系数计算结果与国内生产总值、劳动、用水量、资本存量4个变量在2020～2035年的预测结果密切相关。同理，计算得到干预情景2、干预情景3，……，干预情景7下3种模型的阻力参数结果，如表7.13所示。可以看出，干预情景1、干预情景2，……，干预情景6下用水总量都未对经济增长速度产生制约，仅有干预情景7下用水总量对经济增长速度产生制约，因此可以判断，干预情景1、干预情景2，……，干预情景6都可以作为用水总量达峰的可行路径，因为用水总量都经历上升后下降的趋势，同时，用水总量约束并未对经济增长产生阻力。

表7.13　干预情景1、干预情景2，……，干预情景7下阻力测算结果

变量	(K/W)/L型	(K/L)/W型	(W/L)/K型
干预情景1	-0.000396	-0.000396	-0.000221
干预情景2	-0.000302	-0.000302	-0.000171
干预情景3	-0.000229	-0.000229	-0.000134
干预情景4	-0.000160	-0.000160	-0.000097
干预情景5	-0.000084	-0.000084	-0.000053
干预情景6	-0.000038	-0.000038	-0.000025
干预情景7	0.000018	0.000018	0.000012

基于前面分析可知，干预情景1、干预情景2，……，干预情景6都可以作为用水总量达峰的合适路径，表7.14显示了干预情景1、干预情景2，……，干预情景6下2035年用水总量模拟值所对应的各驱动因素取值。从中可以得出，若顺利实现用水总量达峰，具体实现路径的设置思路如下：

在林牧渔畜用水保持平稳、生态用水持续增加以满足生态文明建设需求时，需要从农田灌溉、工业、建筑业、服务业和生活用水量方面予以考虑，面对有效灌溉面积持续增加、实际灌溉比例略有下降，通过渠系建设和灌溉技术改进，降低亩均净灌溉用水量到158.44～171.82m^3/亩，提高农田灌溉水有效利用系数到0.625～0.65；虽然经济增长速度有所放缓，但是产业结构更加高级，工业、建筑业和服务业占比分别达到25.5%、4.5%和65.1%，通过节水技术工艺改造，工业、建筑业和服务业用水效率更加高效，三者用水强度分别下降到22.77～26.94m^3/万元、7.85～9.25m^3/万元和4.97～5.85m^3/万元；在城镇化进程不断深入，达到72.6%～75.6%，人口规模微增到142990万～143490万人，通过提高节水意识，推广节水器具等，控制城镇居民和农村居民生活用水强度在142.13～144.42L/d、96.64～104.62L/d，最终将使得用水总量处于5476.26亿～5890.72亿m^3，从而将完成用水总量7000亿m^3的控制目标，并且顺利实现用水总量达峰。

表 7.14　　用水总量达峰时各驱动因素的参数设置

变量	农田灌溉用水量				工业用水量		建筑业用水量		服务业用水量		生活用水量			
	NIW（m^3/亩）	EUC	IP（%）	EIA（千公顷）	IWI（m^3/万元）	IAV（亿元）	CWI（m^3/万元）	CAV（亿元）	TWI（m^3/万元）	TAV（亿元）	DI（L/d）		UR（%）	P（万人）
											城市	农村		
2019 年	205.71	1.79	84.33	68678.60	55.42	219684.82	12.85	36465.11	8.42	257302.76	138.66	88.78	60.60	140005
IS1 -2035	171.82	1.60	79.82	76481.41	26.94	377774.59	9.25	47863.53	5.85	636479.30	144.42	104.62	72.60	143490
IS2 -2035	169.06	1.59	79.82	77706.01	26.06	372517.39	8.96	47208.92	5.67	627537.94	143.96	102.98	73.21	143419
IS3 -2035	166.34	1.57	79.82	79736.48	25.20	367327.93	8.67	46515.59	5.48	618713.93	143.50	101.36	73.79	143276
IS4 -2035	163.67	1.56	79.82	80210.55	24.36	362207.13	8.39	45855.27	5.30	610005.83	143.04	99.76	74.38	143204
IS5 -2035	161.03	1.55	79.82	81491.02	23.68	356979.36	8.12	45181.92	5.13	601412.23	142.59	98.19	75.01	143061
IS6 -2035	158.44	1.54	79.82	82790.63	22.77	351822.08	7.85	44539.29	4.97	592931.73	142.13	96.64	75.60	142990

注：表中 EUC 值为农田灌溉水有效利用系数的倒数，对应的农田灌溉水有效利用系数分别为 0.559、0.625、0.63、0.635、0.64、0.645 和 0.65。工业用水强度 IWI、工业增加值 IAV、建筑业用水强度 CWI、建筑业增加值 CAV、服务业用水强度 TWI 和服务业增加值 TAV 等 6 个驱动因素都是按照 2003 年不变价格测算。

7.5 中国用水总量达峰的因素贡献研究

7.5.1 用水总量达峰的时间情景分解

由前面分析可知，干预情景1、干预情景2，……，干预情景6都是合适的用水总量达峰路径，但只是基于未来总体用水总量控制路径分析得到的结论，为用水总量达峰路径的实现提供更加细致科学的政策依据，还需要从历史维度和动态视野对用水总量达峰过程中相关因素的具体贡献及其变化情况予以掌握。因此，本书利用时间情景分解模型对2003～2035年6种干预情景下用水总量演变进行逐年累积分解。限于篇幅，仅详细分析干预情景6下用水总量演变各驱动因素的贡献，干预情景1、干预情景2，……，干预情景5下用水总量演变各驱动因素分解结果详见附录中附表43、附表44、附表45、附表46和附表47，同时，也列出了干预情景6下用水总量演变各驱动因素分解结果，见附表48。

基于干预情景6下2003～2035年中国用水总量达峰下第一、第二层驱动因素的逐年累积贡献，绘制图7.27和图7.28。从图中可以看出，中国用水总量呈先上升后下降的倒“U”形演变趋势，用水总量峰值出现在2013年，与2003年的5320.40亿m^3相比较，增加了863亿m^3，达到6183.40亿m^3，该结论与中国科学院贾绍凤教授[2]的研究成果非常相近，他认为中国用水总量在2010年达到顶峰，最大用水量不大可能超过6500亿m^3，实际峰值为6000亿m^3左右。这意味着中国用水总量已经实现了达峰，并且在2035年完全可以实现《国家节水行动方案》所提出的7000亿m^3的控制目标。

从第一层驱动因素来看，2003～2035年，农田灌溉用水量呈倒“U”形演变趋势，峰值出现在2012年，与2003年的3096.39亿m^3相比较，增加了315.57亿m^3，达到3411.96亿m^3，可以发现，农田灌溉用水量峰值出现的时间与用水总量峰值出现的时间非常接近，由于农田灌溉用水量是众多用水类别所占比重最大的部门，该部门用水量控制将对整个用水总量控制起到决定性作用。工业用水量也呈倒“U”形演变趋势，峰值出现在2011年，与2003

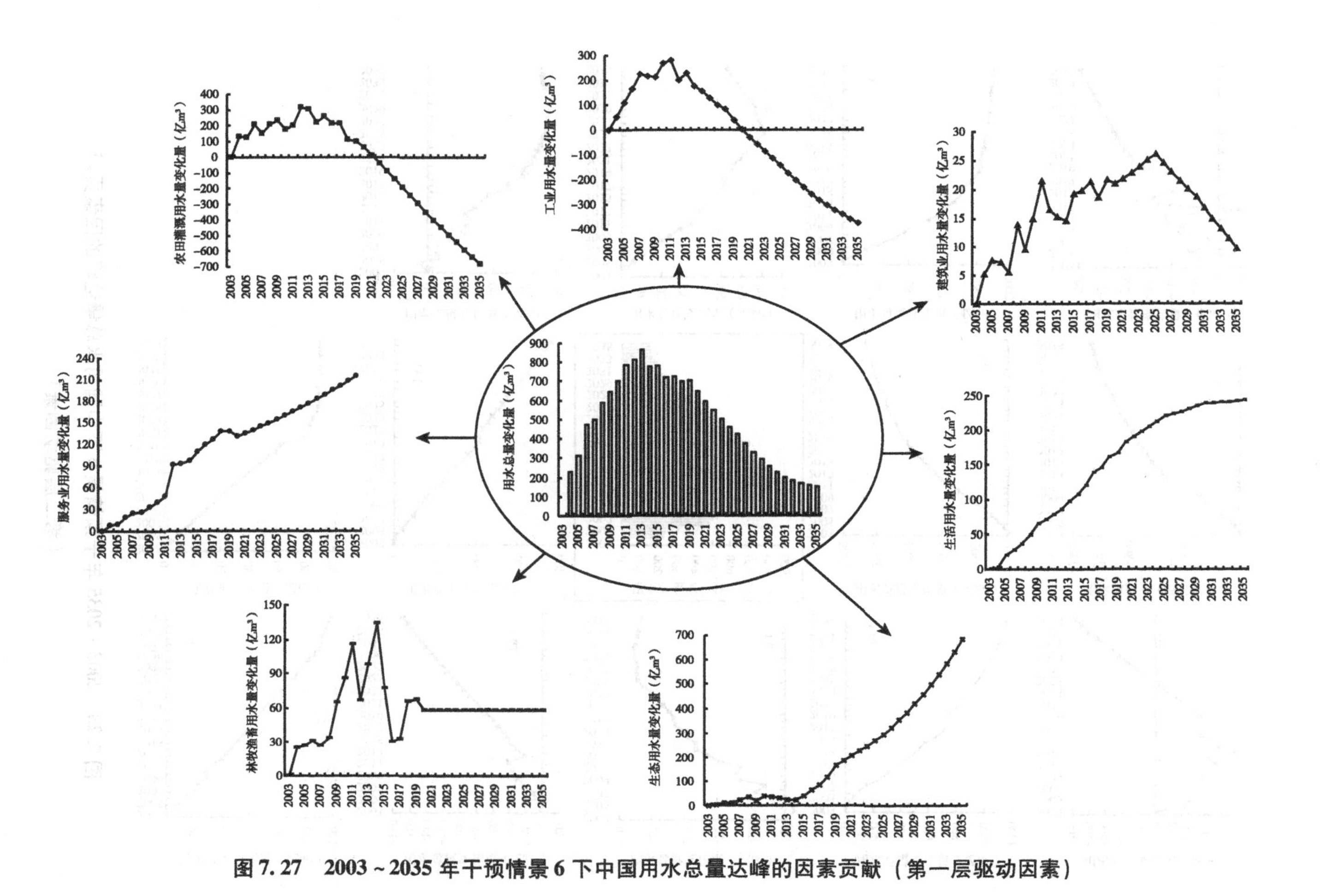

图7.27　2003～2035年干预情景6下中国用水总量达峰的因素贡献（第一层驱动因素）

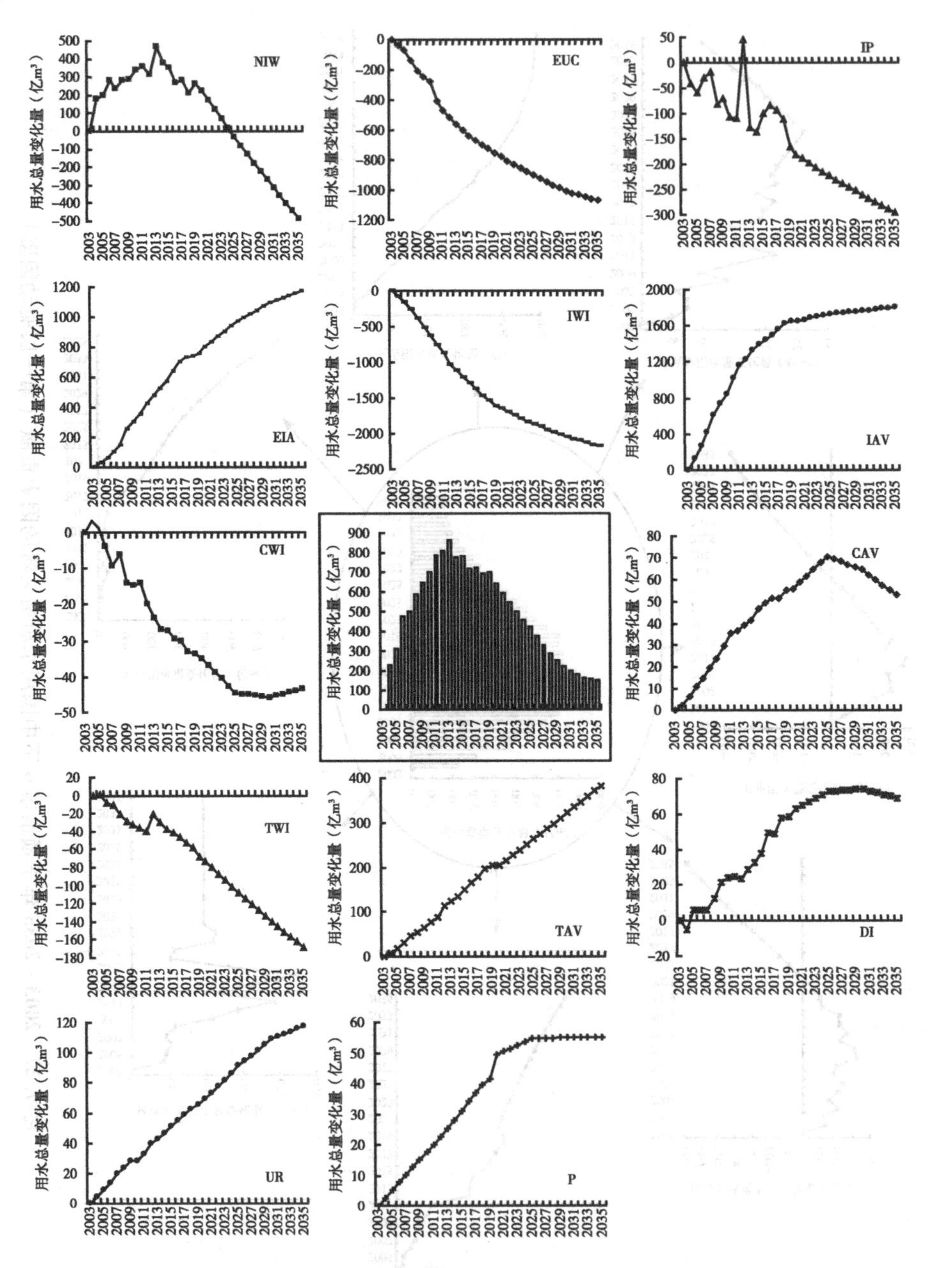

图 7.28　2003～2035 年干预情景 6 下中国用水总量达峰的因素贡献

（第二层驱动因素）

年的 1177.20 亿 m^3 相比较，增加了 284.60 亿 m^3，达到 1461.80 亿 m^3，工业用水量峰值出现的时间比用水总量峰值出现的时间稍微提前一点，工业是用水类别中第二大用水部门，对用水总量控制也起到了重要的作用。建筑业用水量也近似呈倒“U”形演变趋势，峰值出现在 2025 年，与 2003 年的 25.21 亿 m^3 相比较，增加了 26.19 亿 m^3，达到 51.4 亿 m^3，其峰值出现的时间比用水总量峰值出现的时间要推迟 10 年左右，虽然建筑业用水量在 2013 年附近呈下降趋势，但是随后便开始上升，因此，并不利于用水总量控制，主要由于城镇化进程加快等因素推动房地产市场发展。服务业用水量和生活用水量 2003～2035 年呈持续上升趋势，这与国家产业结构优化升级、生活水平提高等密切相关，致使服务行业用水量需求增加，生活需水层次多样化，生活需水增加。林牧渔畜用水量 2003～2035 年波动变化后趋于平稳。随着生态文明建设战略的推进以及“绿水青山就是金山银山”理念、“山水林田湖草沙共同体”理念等贯彻，对生态需水量增加。综上所述，用水总量达峰的主要贡献因素在于农田灌溉用水量和工业用水量提前实现达峰，由于农田灌溉用水量和工业用水量是第一、第二大用水户，即使建筑业、服务业、生活、林牧渔畜和生态用水量呈较快增长，仍然没有改变用水总量达峰的演变趋势。

从第二层驱动因素来看，工业用水强度下降是用水总量达峰的最主要因素，与 2003 年相比，2013 年工业用水强度对用水总量的促减效应达到 1106.01 亿 m^3，并且呈持续加强态势，到 2035 年，该效应值达到 –2183.01 亿 m^3，从而为有效抑制用水总量增加提供持续动力，自 2002 年建设节水型社会贯彻以来，工业节水技术改造，节水技术、设备和器具推广与应用，工业废污水减排处理和回用等，都有助于工业用水效率提高，从而减少工业用水需求。建筑业用水强度和服务业用水强度下降都是促进用水总量达峰的因素，与 2003 年相比，2013 年对用水总量的促减效应分别达到 23.66 亿 m^3 和 30.30 亿 m^3，远远小于工业部门。农田灌溉水有效利用系数对用水总量始终起到抑制作用，对用水总量达峰的促进作用仅次于工业用水强度，与 2003 年相比，2013 年对用水总量的促减效应达到 561.06 亿 m^3，并且呈持续加强态势，到 2035 年，该效应值达 –1070.05 亿 m^3，从而为有效抑制用水总量增加提供持续动力，主要归功于国家对“三农”问题的重视，对农田灌溉基础设施建设力度加大，渠系利用系数得到显著提高，但是与发达国家0.7～0.8相比，仍然存在较大差距，也意味着仍然具有较大的节水潜力，为用水总量控制提供潜在来源。亩均净灌溉用水量对用水总量演变的贡献呈倒“U”形形状，拐点出现在2013年，效应值为469.16亿m^3，比2014年多88.55亿m^3，与用水总量达峰出现的时间相同，可见，亩均净灌溉用水量由增变减成为用水总量达峰的重要因素，得益于喷灌、滴灌、微灌等先进灌溉方式的采用。实际灌溉比例的下降也是助推用水总量下降的因素，原因在于实际灌溉面积增长速度慢于有效灌溉面积。工业增加值是促进用水总量增加的首要因素，2013年与2003年相比，对用水总量的促增效应达到1335.21亿m^3，不过其对用水总量的促增效应逐渐减弱，在于我国经济增长方式的转变，由粗放式增长转变为集约式增长，由中高速增长转变为高质量发展，同时，叠加了新冠肺炎疫情的冲击，经济增长速度受到影响，从而对水资源的需求受到抑制。建筑业增加值和服务业增加值对用水总量的促增效应弱于工业部门，但是随着产业结构的优化升级，服务业对用水量需求将持续增加。有效灌溉面积是促进用水总量增加的次要因素，仅次于工业增加值，2013年与2003年相比，对用水总量的促增效应达到523.94亿m^3，并且呈持续增加态势，不利于用水总量控制。生活用水强度对用水总量演变起到促增作用，将于2030年附近开始减弱，城镇化和人口规模扩大都是促进用水总量增加的因素，但是人口的促增效应于2025年左右开始平稳，主要因为人口规模趋于稳定。综上所述，用水总量达峰主要贡献因素在于工业、建筑业和服务业用水强度下降，尤其是工业部门，农田灌溉水有效利用系数的作用仅次于工业用水强度，实际灌溉比例和亩均净灌溉用水量的下降也是用水总量达峰的推动因素，而有效灌溉面积、工业增加值、建筑业增加值、服务业增加值、生活用水强度、城镇化和人口对都促进用水总量上升，抑制了用水总量达峰的实现。

7.5.2 用水总量达峰的空间情景分解

基于空间情景分解模型，可以得到干预情景1、干预情景2，……，干预情景6之间用水总量差异的因素贡献，限于篇幅，本书仅详细分析干预情景6与干预情景1之间用水总量达峰的空间情景分解结果，如表7.15所示。干预情景6与干预情景2、干预情景3，……，干预情景5之间用水总量达峰的空间情景分解结果如附录中附表49、附表50、附表51和附表52所示。从表7.15中可以看出，干预情景6下用水总量始终小于干预情景1，并且两者之间的差距逐渐扩大，由2020年的28.01亿m^3增加到2035年的421.65亿m^3，可见，干预情景6的政策强度要大于干预情景1。

从第一层驱动因素来看，由于在各干预情景下，林牧渔畜用水量和生态用水量的变化趋势相同，因此，仅仅分析农田灌溉、工业、建筑业、服务业和生活用水量的空间差异对用水总量空间差异的贡献。从表7.15中可以看出，农田灌溉、工业、建筑业、服务业和生活用水量都是负值，意味着该五类用水量对干预情景6下用水总量小于干预情景1具有促进作用，贡献程度大小为工业 > 农田灌溉 > 服务业 > 生活 > 建筑业，其中，工业和农田灌溉用水量的贡献远远大于其他三类用水量，可见，如果要控制用水总量以实现用水总量达峰，重点工作在于控制工业用水量和农田灌溉用水量。

从第二层驱动因素来看，由于灌溉比例在各干预情景下是相同的，因此，不再分析其对用水总量空间差异的影响。仅有效灌溉面积和城市化两个因素为正值，意味着对干预情景6下用水总量小于干预情景1起到抑制作用，而亩均净灌溉用水量、农田灌溉水有效利用系数、工业用水强度、工业增加值、建筑业用水强度、建筑业增加值、服务业用水强度、服务业增加值、生活用水强度和人口等因素都是负值，对干预情景6下用水总量小于干预情景1起到促进作用。其中，工业增加值、建筑业增加值和服务业增加值三个因素为负值，原因在于干预情景6下国内生产总值年均增加率小于干预情景1，发展是我国当前第一要务，不能牺牲经济增长换取用水总量下降，可以通过提高经济增长质量来减少水资源消耗。虽然不能忽略建筑业用水强度、生活用水强度和人口三个因素对用水总量空间差异的影响，但是，若控制用水总量，重点工作在于降低亩均净灌溉用水量、工业与服务业用水强度，以及提高农田灌溉水有效利用系数。

表 7.15　干预情景 6 与干预情景 1 下用水总量达峰的空间情景分解结果　单位：亿 m^3

年份	ΔAW	ΔAW_{NIW}	ΔAW_{EUC}	ΔAW_{IP}	ΔAW_{EIA}	ΔIW	ΔIW_{IWI}	ΔIW_{IAV}	ΔCW	ΔCW_{CWI}	ΔCW_{CAV}	ΔTW	ΔTW_{TWI}	ΔTW_{TAV}	ΔDW	ΔDW_{DI}	ΔDW_{UR}	ΔDW_{P}	ΔTOW
2020	-12.16	-15.97	-11.81	0.00	15.63	-12.47	-12.47	0.00	-0.48	-0.48	0.00	-2.21	-2.21	0.00	-0.69	-1.32	0.64	0.00	-28.01
2021	-24.01	-31.56	-23.28	0.00	30.83	-30.04	-24.53	-5.51	-1.22	-0.99	-0.23	-5.55	-4.53	-1.02	-1.61	-2.65	1.49	-0.44	-62.43
2022	-35.51	-46.69	-34.41	0.00	45.58	-46.97	-36.15	-10.82	-2.00	-1.53	-0.47	-9.08	-6.98	-2.09	-2.31	-3.97	2.55	-0.89	-95.87
2023	-46.68	-61.36	-45.20	0.00	59.89	-63.27	-47.34	-15.93	-2.83	-2.10	-0.73	-12.80	-9.57	-3.23	-2.81	-5.29	3.83	-1.35	-128.39
2024	-57.50	-75.60	-55.68	0.00	73.78	-78.96	-58.11	-20.85	-3.70	-2.70	-1.00	-16.74	-12.31	-4.43	-3.10	-6.61	5.34	-1.83	-160.01
2025	-68.00	-89.41	-65.83	0.00	87.24	-94.07	-68.47	-25.59	-4.62	-3.34	-1.28	-20.90	-15.19	-5.70	-3.18	-7.93	7.06	-2.31	-190.76
2026	-78.00	-102.59	-75.53	0.00	100.13	-108.25	-78.18	-30.07	-5.30	-3.80	-1.51	-25.32	-18.25	-7.07	-4.49	-9.17	7.00	-2.33	-221.37
2027	-87.64	-115.31	-84.89	0.00	112.56	-121.78	-87.44	-34.34	-5.95	-4.23	-1.72	-30.01	-21.49	-8.52	-5.78	-10.39	6.95	-2.34	-251.17
2028	-96.95	-127.59	-93.92	0.00	124.56	-134.69	-96.27	-38.42	-6.56	-4.65	-1.92	-34.97	-24.92	-10.05	-7.04	-11.59	6.91	-2.36	-280.20
2029	-105.92	-139.42	-102.62	0.00	136.12	-146.99	-104.68	-42.30	-7.14	-5.04	-2.11	-40.21	-28.54	-11.67	-8.27	-12.77	6.88	-2.37	-308.53
2030	-114.57	-150.82	-111.01	0.00	147.27	-158.70	-112.69	-46.01	-7.69	-5.41	-2.28	-45.75	-32.36	-13.38	-9.48	-13.94	6.85	-2.39	-336.19
2031	-111.96	-161.54	-108.18	0.00	157.77	-171.04	-121.11	-49.92	-8.10	-5.67	-2.42	-51.56	-36.36	-15.20	-10.70	-15.12	6.81	-2.39	-353.34
2032	-109.40	-171.81	-105.42	0.00	167.83	-183.00	-129.28	-53.72	-8.46	-5.91	-2.54	-57.69	-40.57	-17.12	-11.89	-16.27	6.78	-2.40	-370.44
2033	-106.90	-181.66	-102.72	0.00	177.48	-194.59	-137.20	-57.40	-8.78	-6.12	-2.65	-64.16	-45.01	-19.14	-13.08	-17.42	6.75	-2.40	-387.50
2034	-104.46	-191.08	-100.09	0.00	186.72	-205.83	-144.87	-60.96	-9.06	-6.31	-2.75	-70.97	-49.69	-21.28	-14.24	-18.55	6.72	-2.41	-404.56
2035	-102.06	-200.11	-97.52	0.00	195.56	-216.73	-152.31	-64.42	-9.32	-6.48	-2.84	-78.15	-54.62	-23.53	-15.39	-19.67	6.70	-2.41	-421.65

7.6 本章小结

第一，本章收集实证研究所需要的数据，主要来源是《中国统计年鉴》与《中国水资源公报》。

第二，基于用水总量历史演变驱动因素识别模型，分析用水总量历史演变的驱动因素，发现农田灌溉、工业用水量呈倒“U”形，对用水总量变化量的贡献逐渐下降，建筑业用水量是促进用水总量增加贡献最小的因素，服务业、生活和生态用水量对用水总量的促增效应逐渐增强，林牧渔畜用水量对用水总量的促增效应存在波动性；亩均净灌溉用水量对用水总量的促增效应呈先增加后减少的倒“U”形，农田灌溉水有效利用系数对用水总量的促减效应逐渐增强，工业用水强度、建筑业用水强度和服务业用水强度对用水总量都起到促减效应，并逐渐增强，生活用水强度对用水总量主要起到促增效应，实际灌溉比例对用水总量的促增效应和促减效应均有出现，城市化对用水总量的促增效应逐渐增强，有效灌溉面积、工业增加值、建筑业增加值、服务业增加值和人口对用水总量的促增效应逐渐增强。

第三，将情景分析法和蒙特卡洛方法相结合，构建基准情景、干预情景1、干预情景2，……，干预情景7，共8种情景，模拟得到2035年最大概率出现的用水总量分别为6012.64亿m^3、5890.72亿m^3、5790.13亿m^3、5712.14亿m^3、5632.08亿m^3、5538.03亿m^3、5476.26亿m^3和5385.53亿m^3，都能实现2035年7000亿m^3控制目标。

第四，基于用水总量控制目标和增长阻力系数两个判别原则，判断出干预情景1、干预情景2，……，干预情景6都是合适的用水总量达峰路径。

第五，基于时间情景分解模型，发现用水总量达峰的主要贡献因素在于农田灌溉用水量和工业用水量提前实现达峰，由于农田灌溉用水量和工业用水量是第一、第二大用水户，即使建筑业、服务业、生活、林牧渔畜和生态用水量呈较快增长，仍然没有改变用水总量达峰的演变趋势，在于工业、建筑业和服务业用水强度下降，尤其是工业部门，农田灌溉水有效利用系数的作用仅次于工业用水强度，实际灌溉比例和亩均净灌溉用水量的下降也是用水总量达峰的推动因素，而有效灌溉面积、工业增加值、建筑业增加值、服务业增加值、生活用水强度、城镇化和人口对都促进用水总量上升，抑制了用水总量达峰的实现；基于空间情景分解模型，实现用水总量达峰，重点工作在于控制工业用水量和农田灌溉用水量，虽然不能忽略建筑业用水强度、生活用水强度和人口三个因素对用水总量空间差异的影响，但是，若控制用水总量，重点工作在于降低亩均净灌溉用水量、工业与服务业用水强度，以及提高农田灌溉水有效利用系数。

| 第 8 章 |

结论与展望

8.1 主要成果与结论

本书的主要研究成果与结论可以归纳如下：

(1) 分析用水量演变、达峰以及对经济增长影响的相关理论。

本书从水资源需求、用水量达峰、指数分解法和生产函数理论四个方面对相关理论与模型方法进行阐述。其中，水资源需求包括水资源微观需求与宏观需求，用水量达峰包括原因和有关的政策文件，指数分解法包括发展历程和模型构成，生产函数理论包括基本理论和相关模型。通过相关理论与方法的介绍，为本书研究提供理论与方法基础。

(2) 构建了用水总量历史演变的驱动因素识别模型。

基于用水总量构成，本书提出用水总量历史演变驱动因素识别的思路与影响机理；运用 LMDI 模型，构建用水总量历史演变的多层次驱动因素识别模型，将用水总量历史演变分解为农田灌溉用水量、工业用水量、建筑业用水量、服务业用水量、生活用水量、生态用水量和林牧渔畜业用水量等 7 个一级驱动因素；考虑到生态用水量和林牧渔畜用水量影响机制复杂性，将前五种用水量进一步分解为亩均净灌溉用水量、农田灌溉水有效利用系数、实际灌溉比例、有效灌溉面积、工业用水强度、工业增加值、建筑业用水强度、建筑业增加值、服务业用水强度、服务业增加值、居民生活用水强度、城市化和人口等 13 个二级驱动因素。

（3）分析多情景下用水总量潜在演变趋势。

第一，本书提出用水总量潜在演变的动态情景分析思路；第二，在农田灌溉用水量、工业用水量、建筑业用水量、服务业用水量和生活用水量历史演变驱动因素识别基础上，构建用水量潜在演变趋势的预测模型；第三，基于各类别用水量历史演变驱动因素趋势推衍，设置基准情景，基于相关政策干预，先设置干预情景 1、干预情景 2，……，干预情景 7，设置 8 种情景下各驱动因素潜在演变的取值区间（最小值、中间值和最大值）；第四，采用蒙特卡洛模拟技术，预测 8 种情景下各类别用水量潜在演变趋势及其概率；第五，测算得到用水总量潜在演变趋势。

（4）优化用水总量达峰的路径。

第一，本书提出用水总量达峰路径优化研究思路；第二，提出用水总量达峰路径优化的两个判别原则：用水总量控制目标原则与增长阻力原则；第三，通过生产函数模型对比分析，基于改进的二级 CES 生产函数模型，构建增长阻力模型，基于资本、劳动和水资源三种投入要素，构建（K/W）/L 型、（K/L）/W 型和（W/L）/K 型三种改进的二级 CES 生产函数模型，并确定模型的参数估计方法；第四，基于用水总量对经济增长的阻力模型，测算各情景下用水总量对经济增长的阻力系数；第五，结合用水总量控制目标与增长阻力原则，分析用水总量合适的达峰路径。

（5）研究用水总量达峰实现的因素贡献。

本书采用文献研究方法分析情景分解法的内涵，并从研究对象、研究行业部门、分解方法选择、分解模型形式、应用领域等角度分析情景分解相关文献的特点，构建空间情景分析模型（模型Ⅳ）和时间情景分析模型（模型Ⅵ）；基于各类别用水量历史演变驱动因素识别结果，构建农田灌溉用水量、工业用水量、建筑业用水量、服务业用水量和生活用水量时间情景分解模型，探讨用水总量达峰过程中的因素贡献，为用水总量达峰提供可行的实现路径；构建农田灌溉用水量、工业用水量、建筑业用水量、服务业用水量和生活用水量空间情景分解模型，研究不同情景间用水总量演变差异的驱动因素，从而为用水总量达峰提供另一条可行的路径。

（6）结合中国实际进行实证分析。

本书以中国实际为对象开展实证研究，时间范围包括两个阶段，即历史演变 2003～2019 年和潜在演变 2020～2035 年。将前面的理论与模型运用到中国实际，首先，基于用水总量历史演变驱动因素识别模型，分析用水总量历史演变的驱动因素，发现农田灌溉、工业用水量呈倒“U”形，对用水总量变化量的贡献逐渐下降，建筑业用水量是促进用水总量增加贡献最小的因素，服务业、生活和生态用水量对用水总量的促增效应逐渐增强，林牧渔畜用水量对用水总量的促增效应存在波动性；亩均净灌溉用水量对用水总量的促增效应呈先增加后减少的倒“U”形，农田灌溉水有效利用系数对用水总量的促减效应逐渐增强，工业、建筑业和服务业用水强度对用水总量都起到促减效应，并逐渐增强，生活用水强度对用水总量主要起到促增效应，实际灌溉比例对用水总量的促增效应和促减效应均有出现，城市化对用水总量的促增效应逐渐增强，有效灌溉面积、工业增加值、建筑业增加值、服务业增加值和人口对用水总量的促增效应逐渐增强。其次，将情景分析法和蒙特卡洛方法相结合，构建基准情景、干预情景 1、干预情景 2，……，干预情景 7，共 8 种情景，模拟得到 2035 年最大概率出现的用水总量分别为 6012.64 亿 m^3、5890.72 亿 m^3、5790.13 亿 m^3、5712.14 亿 m^3、5632.08 亿 m^3、5538.03 亿 m^3、5476.26 亿 m^3 和 5385.53 亿 m^3，都能实现 7000 亿 m^3 控制目标。再次，基于用水总量控制目标和增长阻力两个判别原则，判断出干预情景 1、干预情景 2，……，干预情景 6 都是合适的用水总量达峰路径。再次，基于时间情景分解模型，发现用水总量达峰的主要贡献因素在于农田灌溉用水量和工业用水量提前实现达峰，在于工业、建筑业和服务业用水强度下降，尤其是工业部门，农田灌溉水有效利用系数的作用仅次于工业用水强度，实际灌溉比例和亩均净灌溉用水量的下降也是用水总量达峰的推动因素，而有效灌溉面积、工业增加值、建筑业增加值、服务业增加值、生活用水强度、城镇化和人口都促进用水总量上升，抑制了用水总量达峰的实现；基于空间情景分解模型，实现用水总量达峰，重点工作在于控制工业用水量和农田灌溉用水量，虽然不能忽略建筑业用水强度、生活用水强度和人口三个因素对用水总量空间差异的影响，但是，若控制用水总量，重点工作在于降低亩均净灌溉用水量、工业与服务业用水强度，以及提高农田灌溉水有效利用系数。

8.2 政策建议

基于研究结论，提出如下政策建议：

（1）深入贯彻落实《国务院关于实行最严格水资源管理制度的意见》、《国家节水行动方案》《“十四五”节水型社会建设规划》等制度安排，以用水总量控制为指导优化用水路径。

面对水资源短缺、水污染严重、水生态环境恶化等问题日益突出，已成为制约经济社会可持续发展的主要“瓶颈”，国务院提出最严格水资源管理制度，需要积极加强水资源开发利用控制红线管理，严格实行用水总量管理；加强用水效率控制红线管理，全面推进节水型社会建设；加强水功能区限制纳污红线管理，严格控制入河湖排污总量。为贯彻落实党的十九大精神，大力推动全社会节水，全面提升水资源利用效率，形成节水型生产生活方式，保障国家水安全，促进高质量发展，制定《国家节水行动方案》。该方案对我国2020年、2022年和2035年节水行动提出了明确的目标，其中，要求2035年全国用水总量控制在7000亿m^3以内，为了实现该目标，进一步提出了总量强度双控、农业节水增效、工业节水减排、城镇节水降损、重点地区节水开源、科技创新引领等六大重点行动。《“十四五”节水型社会建设规划》提出，落实“节水优先、空间均衡、系统治理、两手发力”新时期治水思路，到2025年，用水总量控制在6400亿m^3以内。在政策干预下，用水总量控制效果要优于基准情景，因此，需要积极发挥最严格水资源管理制度、《国家节水行动方案》等对水资源管理的指导作用，为用水总量达峰的顺利实现提供政策支持。

（2）重点控制生产用水量，实现生产—生活—生态用水三者之间的协调。

农田灌溉用水量和工业用水量的提前达峰是用水总量达峰的主要来源，而建筑业和服务业用水量呈上升趋势，2003~2019年，分别增加了21.64亿m^3和136.95亿m^3，对用水总量达峰起到抑制作用，尤其是服务业，因此，需要继续控制生产用水量的增加。生活水平提高以及生活用水需水多样化导致生活用水量呈上升趋势，占比由2003年的8.3%提高到2019年的10.10%，提高了1.8个百分点，为166.55亿m^3。随着“绿水青山就是金山银山”“保护生态就是发展生产力”等论断与战略提出，生态用水量也呈上升趋势，占比由2003年的1.5%提高到2019年的4.1%，为167.07亿m^3。在用水总量控制工作中，生活用水量控制将影响到人民群众的生活质量，有违“以人民为中心”，而生态用水量影响机制过于复杂，因此，需要重点控制生产用水量，协调好生产、生活和生态用水三者之间的关系，积极实现三者之间的耦合协调，保障生态文明建设有水资源支持、满足人们对美好生活的需求、提供生产环节所需水资源，从而有利于促进用水总量控制。

(3) 推进结构、技术类驱动因素发展，减少生产规模扩大对水资源的需求。

生产规模扩大，表现为农田有效灌溉面积增加和工业、建筑业、服务业增加值的提高，2003～2019年，分别促进用水总量增加755.76亿m^3、1650.22亿m^3、55.17亿m^3和204.78亿m^3，四者合计达到2665.93亿m^3，但是不能因为需要控制用水总量而牺牲经济增长，因此，需要从结构类与技术类驱动因素着手，控制用水总量增加。我国仍然是世界上最大的发展中国家，发展是第一要务，只有通过发展，才能为用水总量控制工作的开展提供资金、技术和管理等各方面支持。如何实现经济增长与用水量控制的双赢，即不牺牲经济增长速度的前提下又能减少用水量将值得思考。因此，需要转变经济增长方式，由粗放式增长转变为集约节约式增长，实现高质量发展，尤其是绿色发展，优化升级产业结构，由耗水强度大的产业行业向耗水强度小的产业行业转移，提高农业、工业、建筑业和服务业水资源利用效率，进而减少用水量，顺利实现用水总量达峰的目标。

(4) 推动农业、工业、建筑业和服务业用水效率提高，控制用水量增加。

农业、工业、建筑业和服务业用水效率提高都有效抑制了用水总量增加，例如，农田灌溉水有效利用系数从2003年的0.440提高到2019年的0.559，提高了27.05%；耕地实际灌溉亩均用水量从2003年的430m^3/亩减少到2019年的368m^3/亩，下降了14.42%。但是与发达国家相比，仍然具有较大的节水空间。因此，需要加强渠系配套建设和现代化改造，结合高标准农田建设，加大田间节水设施建设力度，推广喷灌、微灌、滴灌、低压管道输水灌溉、集雨补灌、水肥一体化、覆盖保墒等技术，提高农田灌溉水有效利用系数和降低亩均灌溉用水量。同时，调整农作物种植结构，也能起到提高用水效率的作用，根据水资源条件，推进适水种植、量水生产，在干旱缺水地区，适度压减高耗水作物，扩大低耗水和耐旱作物种植比例，选育推广耐旱农作物新品种。

针对工业用水效率提高，可以从工业节水改造和控制高耗水产业行业方面考虑，主要有完善供用水计量体系和在线监测系统，强化生产用水管理，大力推广高效冷却、洗涤、循环用水、废污水再生利用、高耗水生产工艺替代等节水工艺和技术，支持企业开展节水技术改造及再生水回用改造；对采用列入淘汰目录工艺、技术和装备的项目，不予批准取水许可，严格管控火力发电、钢铁、纺织、造纸、石化和化工、食品和发酵等高耗水行业的发展。针对建筑业用水效率提高，可以通过推广绿色建筑、新建公共建筑必须安装节水器具等。针对服务业用水效率提高，应该严格控制洗浴、洗车、高尔夫球场、人工滑雪场、洗涤、宾馆等服务业行业用水定额等，洗车、高尔夫球场、人工滑雪场等特种行业积极推广循环用水技术、设备与工艺，优先利用再生水、雨水等非常规水源等。

(5) 推进新型城镇化发展以统筹节水管理，提高用水效率。

由于城镇居民人均生活用水量大于农村居民，城镇化进程将促进生活用水量增加，2003 ~2019 年，引致用水总量增加了 66.10 亿 m^3。2019 年，我国城镇化率达到 60.60%，意味着 8.5 亿多人口居住在城镇，将对用水总量控制工作提出了巨大的挑战。因此，简单的城镇化发展已经无法适宜新时代下的节水工作开展，需要走新型城镇化发展道路，即以城乡统筹、城乡一体、产业互动、节约集约、生态宜居、和谐发展为基本特征的城镇化，是大中小城市、小城镇、新型农村社区协调发展、互促共进的城镇化。通过新型城镇化建设、统筹节水设施建设、统筹节水工作管理等，推动生活用水定额管理、完善用水计量管理、有效推进生活节水工作开展，从而有效控制用水总量。

(6) 提高群众节水意识与推广节水器具，降低生活用水强度。

随着收入增加和生活水平的提高，广大人民群众对水资源的需求层面逐渐呈现多样化和高级化特征，城镇居民和农村居民生活用水定额呈上升趋势，由于生活用水强度上升，引致用水总量增加了58.89亿m^3。2003~2019年，生活用水量占用水总量比重增加了1.8个百分点，增加了166.55亿m^3，可见，生活用水量控制对用水总量控制工作具有重要的推动作用。因此，可以通过宣传、教育等各种手段，提高人民群众的节水意识，使节水观念深入人心，形成良好的节水型生活方式，同时，积极推广使用节水型水箱、节水龙头、节水马桶等节水器具，提高居民生活用水效率，进而降低居民生活用水定额，控制生活用水量过快增长。

8.3　展望

（1）用水总量历史演变驱动因素识别有待进一步完善。

本书通过文献研究与专家咨询，将用水总量划分为7个一级驱动因素、13个二级驱动因素，比较全面概括了各类别用水量历史演变的影响因素，但是用水量演变的影响机制复杂，影响因素众多，并不限于上述13个驱动因素，同时，基于数据可得性考虑，采用LMDI模型识别各类别用水量演变的驱动因素，存在一定的主观性。本人在今后的研究中，要更加深入考察各类别用水量演变的影响机制，更加全面识别驱动因素，采用相对客观的模型量化各因素对用水量的影响方向和程度，如GDIM模型、随机森林模型。

（2）用水总量达峰路径的优化研究问题。

本书将情景分析与蒙特卡洛方法相结合，模拟得到各类别用水量潜在演变趋势，进一步得到用水总量达峰的实现路径，本书仅以用水总量达峰内涵以及是否产生阻力为判断依据，但是，用水总量控制涉及成本问题，因为减少用水总量，需要投入人财物力以提高技术、管理等水平。同时，用水总量越小并不意味着越好，因为其对经济增长的阻力系数也将变大，从而抑制了经济增长，因此，需要寻找用水总量与成本，或用水总量与增长阻力之间的均衡点，可以采用多目标规划方法，求解用水总量达峰的实现路径，开展优化研究。

参考文献

[1] 中华人民共和国水利部．中国水资源公报［M］．北京：中国水利水电出版社，2019.

[2] 贾绍凤，张士锋．中国的用水何时达到顶峰［J］．水科学进展，2000，11（4）：470－477.

[3] 牟海省．我国水资源持续开发的零增长模式初探［J］．地理研究，1995，14（1）：80－84.

[4] 刘昌明，何希吾．中国21世纪水问题方略［M］．北京：科学出版社，2001.

[5] Romer D. Advanced Macroeconomics（Second Edition）［M］．Shanghai：Shanghai University of Finance & Economics Press，2001.

[6] 章恒全，张陈俊，张万力．水资源约束与中国经济增长——基于水资源"阻力"的计量检验［J］．产业经济研究，2016（4）：87－99.

[7] 刘耀彬，王桂新．城市化进程中的水土资源"增长阻力"分析——以江西省为例［J］．生态经济，2010（10）：160－163.

[8] 刘耀彬，杨新梅，周瑞辉，等．中部地区经济增长中的水土资源"增长尾效"对比研究［J］．资源科学，2011，33（9）：1781－1787.

[9] 万永坤，董锁成，王隽妮，等．北京市水土资源对经济增长的阻尼效应研究［J］．资源科学，2012，34（3）：475－480.

[10] 彭立，邓伟，谭静，等．横断山区水土资源利用与经济增长的匹配关系［J］．地理学报，2020，75（9）：1996－2008.

[11] 李明辉，周林，周玉玺．水资源对粮食生产的阻尼效应研究——基于山东2001~2016年数据的计量检验［J］．干旱区资源与环境，2019，33（7）：16－23.

[12] 王月菊，陈文江，李勇进，等．人口、户数和家庭规模变动对资源消耗的影响分析——基于 IPAT 等式和结构分解分析模型 [J]．生态经济，2015，31 (6)：23-27.

[13] 张豫芳，杨德刚，唐宏，等．干旱区大城市水资源利用变化过程及驱动效应分析——以乌鲁木齐为例 [J]．中国科学院大学学报，2015，32 (4)：528-535.

[14] 葛通达，卞志斌，方红远，等．基于因素分解法的区域水资源利用驱动因素分析 [J]．中国农村水利水电，2015 (8)：98-101.

[15] 葛通达，方红远，梁振东．基于因素分解与总量控制的区域社会经济用水分析 [J]．南水北调与水利科技，2016，14 (1)：172-177.

[16] 张陈俊，章恒全．中国水资源消耗的分解分析 [J]．统计与决策，2015 (3)：58-61.

[17] 张陈俊，章恒全，张丽娜．基于多层次 LMDI 方法的中国水资源消耗变化分析 [J]．统计与决策，2016 (3)：98-103.

[18] 张陈俊，章恒全，陈其勇，等．中国用水量变化的影响因素分析——基于 LMDI 方法 [J]．资源科学，2016，38 (7)：1308-1322.

[19] 秦腾，章恒全，佟金萍，等．城镇化进程中居民消费对水资源消耗的影响效应研究 [J]．软科学，2016，30 (12)：29-33.

[20] 张乐勤，方宇媛．基于完全分解模型的安徽省用水变化驱动效应测度与分析 [J]．灌溉排水学报，2017，36 (3)：102-107.

[21] 张乐勤，方宇媛．基于 LMDI-ESDA 模型的安徽省用水变化驱动效应空间格局 [J]．地理与地理信息科学，2017，33 (1)：67-72.

[22] 刘晨跃，徐盈之．中国经济增长中水资源消耗的时空变化分解研究 [J]．大连理工大学学报 (社会科学版)，2018，39 (2)：40-46.

[23] 张陈俊，吴雨思，庞庆华，等．长江经济带用水量时空差异的驱动效应研究——基于生产和生活视角 [J]．长江流域资源与环境，2019，28 (12)：2806-2816.

[24] 童国平，陈岩．基于脱钩理论和 LMDI 模型安徽省用水量和经济发展关系的定量研究 [J]．中国林业经济，2019 (1)：16-20.

[25] 张陈俊，赵存学，林琳，等．长江三角洲地区用水量时空差异的驱

动效应研究 [J]. 资源科学, 2018, 40 (1): 89 -103.

[26] 张陈俊, 许静茹, 张丽娜, 等. 长江经济带水资源消耗时空差异驱动效应研究 [J]. 资源科学, 2018, 40 (11): 2247 -2259.

[27] 章恒全, 陈纯, 张陈俊. 长江三角洲地区用水量演变与脱钩的驱动效应研究——基于 LMDI - Tapio 两阶段方法 [J]. 资源开发与市场, 2019, 35 (5): 611 -617.

[28] 武翠芳, 罗艳, 县雅宁, 等. 西部地区产业用水变化的驱动效应及其时空差异分析 [J]. 兰州财经大学学报, 2020, 36 (2): 62 -72.

[29] 曹俊文, 方晓娟. 京津冀水资源消耗时空差异的驱动效应研究 [J]. 统计与决策, 2020, 36 (6): 54 -58.

[30] 张丽娜, 曹逸文, 庞庆华, 等. 产业结构高级化对区域用水总量时空差异的驱动效应研究 [J]. 软科学, 2020.

[31] 朱世垚, 宋松柏, 王小军, 等. 基于 LMDI 和 STIRPAT 模型的区域用水影响因素定量分析研究 [J]. 水利水电技术, 2021, 52 (2): 30 -39.

[32] Li H, Lin J, Zhao Y H, et al. Identifying the driving factors of energy - water nexus in Beijing from both economy - and sector - wide perspectives [J]. Journal of Cleaner Production, 2019, 235: 1450 -1464.

[33] Long H Y, Lin B Q, Ou Y T, et al. Spatio - temporal analysis of driving factors of water resources consumption in China [J]. Science of The Total Environment, 2019, 690: 1321 -1330.

[34] Wang Q, Wang X W. Moving to economic growth without water demand growth—a decomposition analysis of decoupling from economic growth and water use in 31 provinces of China [J]. Science of The Total Environment, 2020, 726.

[35] Zhang C J, Zhao Y, Shi C F, et al. Can China achieve its water use peaking in 2030? A scenario analysis based on LMDI and Monte Carlo method [J]. Journal of Cleaner Production, 2021, 278.

[36] Zhang C J, Xu J, Chiu Y. Driving factors of water use change besed on production and domestic dimensions in Jiangsu, China [J]. Environmental Science and Pollution research, 2020 (27): 33351 -33361.

[37] 秦昌波，葛察忠，贾仰文，等．陕西省生产用水变动的驱动机制分析 [J]．中国人口·资源与环境，2015，25 (5)：131－136.

[38] 庄立，王红瑞，张文新．采用因素分解模型研究京津冀地区用水变化的驱动效应 [J]．环境科学研究，2016，29 (2)：290－298.

[39] 刘晨跃，徐盈之，孙文远．中国三次产业生产用水消耗的时空演绎分解——基于 LMDI－I 模型的经验分析 [J]．当代经济科学，2017，39 (2)：95－108.

[40] 常建军，陈威，艾婵．基于LMDI的武汉城市圈产业用水驱动因素分析 [J]．长江科学院院报，2017，34 (12)：17－21.

[41] 易晶晶，陈志和．基于LMDI模型的广东省产业用水驱动力和驱动效应分析 [J]．人民珠江，2019，40 (8)：39－43.

[42] 白夏，戚晓明，潘争伟，等．区域产业用水需求变化驱动效应测度及空间分异分析 [J]．华北水利水电大学学报 (自然科学版)，2018，39 (4)：89－96.

[43] 轩党委，沈静文，胡庆芳，等．基于 KAYA 恒等式和 LMDI 分解法的淮安市生产用水驱动因素分析 [J]．水利水电技术，2019，50 (7)：40－47.

[44] 陈美琳，陈磊，夏琳琳，等．广东省生产用水结构时空变化及影响因素 [J]．南水北调与水利科技，2021，19 (1)：92－102.

[45] Chen L, Xu L Y, Xu Q, et al. Optimization of urban industrial structure under the low－carbon goal and the water constraints: a case in Dalian, China [J]. Journal of Cleaner Production, 2016, 114: 323－333.

[46] Liu Y Z, Bian J C, Li X M, et al. The optimization of regional industrial structure under the water－energy constraint: A case study on Hebei Province in China [J]. Energy Policy, 2020, 143.

[47] Li A, Zhou D, Chen G, et al. Multi－region comparisons of energy－related CO_2 emissions and production water use during energy development in northwestern China [J]. Renewable Energy, 2020, 153: 940－961.

[48] 谢娟，粟晓玲．基于LMDI的灌溉需水量变化影响因素分解 [J]．农业工程学报，2017，33 (7)：123－131.

[49] 谢文宝，陈彤，刘国勇．新疆农业水资源利用与经济增长脱钩关系

及效应分解［J］. 节水灌溉，2018（4）：69－72，77.

［50］朱赟，顾世祥，苏沛兰，等. 基于LMDI的滇中受水区农业用水量变化影响因素分析［J］. 节水灌溉，2020（12）：68－73.

［51］Zou M Z, Kang S Z, Niu J, et al. A new technique to estimate regional irrigation water demand and driving factor effects using an improved SWAT model with LMDI factor decomposition in an arid basin［J］. Journal of Cleaner Production, 2018, 185: 814－828.

［52］Zhang S L, Su X L, Singh V P, et al. Logarithmic Mean Divisia Index (LMDI) decomposition analysis of changes in agricultural water use: a case study of the middle reaches of the Heihe River basin, China［J］. Agricultural Water Management, 2018, 208: 422－430.

［53］吴欣颖，任建兰，程钰. 山东省工业经济增长的水资源效应及时空演变分析［J］. 湖南师范大学自然科学学报，2015，38（4）：7－12.

［54］李俊，许家伟. 河南省工业用水效率的动态演变与分解效应——基于LMDI模型视角［J］. 经济地理，2018，38（11）：183－190.

［55］程亮，胡霞，王宗志，等. 工业用水N型环境库兹涅茨曲线及其形成机制——以山东省为例［J］. 水科学进展，2019，30（5）：673－681.

［56］张礼兵，徐勇俊，金菊良，等. 安徽省工业用水量变化影响因素分析［J］. 水利学报，2014，45（7）：837－843.

［57］Shang Y Z, Lu S B, Shang L, et al. Decomposition of industrial water use from 2003 to 2012 in Tianjin, China［J］. Technological Forecasting and Social Change, 2017, 116: 53－61.

［58］Shang Y Z, Lu S B, Shang L, et al. Decomposition methods for analyzing changes of industrial water use［J］. Journal of Hydrology, 2016, 543: 808－817.

［59］Zhang C, Zhong L J, Wang J. Decoupling between water use and thermoelectric power generation growth in China［J］. Nature Energy, 2018, 3 (9): 792－799.

［60］Zhao M H, Jiang G Q, Ming G H, et al. Analysis of the driving forces for changes in a regional energy sector's water consumption［J］. Water－Energy Nexus, 2020, 3: 103－109.

[61] 聂志萍，吴梦芝，马海良. 基于LMDI和脱钩理论的我国生活用水影响因素研究 [J]. 水利经济，2019，37 (5)：11-15，26.

[62] 项潇智，贾绍凤. 中国能源产业的现状需水估算与趋势分析 [J]. 自然资源学报，2016，31 (1)：114-123.

[63] 李析男，赵先进，王宁，等. 新设国家经济开发区需水预测——以贵安新区为例 [J]. 武汉大学学报 (工学版)，2017，50 (3)：321-326.

[64] 向龙，范云柱，刘蔚，等. 基于节水优先的水资源配置模式 [J]. 水资源保护，2016，32 (2)：9-14.

[65] 庞志平，董洁，刁艳芳，等. 山东省南四湖流域2020年需水预测研究 [J]. 人民黄河，2016，38 (3)：48-50.

[66] 刁维杰，冯忠伦，刘希琛，等. 基于Visual MODFLOW的潍坊市北部地区水资源优化配置 [J]. 水电能源科学，2017，35 (4)：25-28.

[67] 何伟，宋国君. 河北省城市水资源利用绩效评估与需水量估算研究 [J]. 环境科学学报，2018 (7)：2909-2918.

[68] 陈立华，黄舒萍，关昊鹏，等. 用水效率红线下钦州市水资源三次供需平衡分析 [J]. 中国农村水利水电，2019 (1)：97-101，107.

[69] 刘鑫，温天福，曾新民，等. 袁河流域水资源供需平衡与空间差异 [J]. 南水北调与水利科技，2020，18 (5)：94-101.

[70] 杨连海. 基于可持续发展的甘州区水资源合理配置研究 [J]. 中国农村水利水电，2020 (2)：6-10.

[71] 邹庆荣，刘秀丽. 我国工业需水量预测模型研究及应用 [J]. 数学的实践与认识，2015，45 (13)：96-103.

[72] 王洁，章恒全. 改进的偏最小二乘法在青海省农业用水预测中的应用 [J]. 水资源保护，2016，32 (4)：55-59.

[73] 郭磊，黄本胜，邱静，等. 基于趋势及回归分析的珠三角城市群需水预测 [J]. 水利水电技术，2017，48 (1)：23-28.

[74] 孙彩云，常梦颖. 对北京市年需水量预测模型的研究 [J]. 数理统计与管理，2017 (6)：1049-1058.

[75] 彭岳津，卞荣伟，邢玉玲，等. 我国用水总量确定的方法与结果 [J]. 水利经济，2018，36 (2)：36-43.

[76] 田涛，薛惠锋，张峰．基于 ARIMA 与 GM（1，1）的区域用水总量预测模型及应用——以广州市为例［J］．节水灌溉，2018（2）：61－65.

[77] Perera K C, Western A W, George B, et al. Multivariate time series modeling of short－term system scale irrigation demand［J］. Journal of Hydrology, 2015, 531: 1003－1019.

[78] Ashoori N, Dzombak D A, Small M J. Identifying water price and population criteria for meeting future urban water demand targets［J］. Journal of Hydrology, 2017, 555: 547－556.

[79] Sardinha－Lourenço A, Andrade－Campos A, Antunes A, et al. Increased performance in the short－term water demand forecasting through the use of a parallel adaptive weighting strategy［J］. Journal of Hydrology, 2018, 558: 392－404.

[80] Ebrahim Banihabib M, Mousavi－Mirkalaei P. Extended linear and non－linear auto－regressive models for forecasting the urban water consumption of a fast－growing city in an arid region［J］. Sustainable Cities and Society, 2019, 48.

[81] 杨皓翔，梁川，崔宁博．基于加权灰色－马尔可夫链模型的城市需水预测［J］．长江科学院院报，2015，32（7）：15－21.

[82] 陈继光．基于 GM（1，1）幂模型的振荡统计数据预测［J］．统计与决策，2015（8）：74－75.

[83] 石永琦．粒子群优化 GM（1，1）模型在农业用水量预测中的应用［J］．水利科技与经济，2015，21（3）：57－59.

[84] 孙丽芹，常安定，位龙虎．基于 AM 残差修正的 GM（1，1）模型的用水量预测［J］．统计与决策，2016（17）：79－82.

[85] 杜懿，麻荣永．不同改进灰色模型在广西年用水量预测中的应用研究［J］．水资源与水工程学报，2017，28（3）：87－90.

[86] 李俊，宋松柏，郭田丽，等．基于分数阶灰色模型的农业用水量预测［J］．农业工程学报，2020，36（4）：82－89.

[87] 刘献，袁丹，张小丽，等．基于残差灰色－马尔可夫链的生活用水量预测研究［J］．人民珠江，2020，41（8）：1－6.

[88] Yuan Y, Zhao H, Yuan X, et al. Application of fractional order－based grey power model in water consumption prediction［J］. Environmental

Earth Sciences, 2019, 78 (8): 266.

[89] 潘雪倩, 赵璐, 孙菊英, 等. 城镇化进程中成都市水资源利用的分析及预测 [J]. 水文, 2017, 37 (4): 45 -51.

[90] 王兆吉. 基于RBP神经网络模型的城市需水量方法研究 [J]. 水科学与工程技术, 2017 (4): 35 -38.

[91] 占敏, 薛惠锋, 王海宁, 等. 贝叶斯神经网络在城市短期用水预测中的应用 [J]. 南水北调与水利科技, 2017, 15 (3): 73 -79.

[92] 桑慧茹, 王丽学, 陈韶明, 等. 基于主成分分析的RBF神经网络在需水预测中的应用 [J]. 水电能源科学, 2017, 35 (7): 58 -61.

[93] 高学平, 陈玲玲, 刘殷竹, 等. 基于PCA -RBF神经网络模型的城市用水量预测 [J]. 水利水电技术, 2017, 48 (7): 1 -6.

[94] 孔祥仟, 陈园, 刘博懿, 等. 基于主成分分析的神经网络在需水预测中的应用 [J]. 水电能源科学, 2018, 36 (4): 26 -28.

[95] 李晓英, 苏志伟, 田佳乐, 等. 基于GRA -MEA -BP耦合模型的城市需水预测研究 [J]. 水资源与水工程学报, 2018, 29 (1): 50 -54.

[96] 李晓英, 苏志伟, 周华, 等. 基于主成分分析的GA -BP模型在城市需水预测中的应用 [J]. 南水北调与水利科技, 2017, 15 (6): 39 -44.

[97] 崔惠敏, 薛惠锋, 王磊, 等. 基于PCCs -DEMATEL指标筛选的BP神经网络用水量预测 [J]. 节水灌溉, 2019 (5): 87 -91.

[98] 郭强, 李文竹, 刘心. 基于贝叶斯BP神经网络的区间需水预测方法 [J]. 人民黄河, 2018, 40 (12): 76 -80.

[99] 乔俊飞, 张力, 李文静. 基于尖峰自组织模糊神经网络的需水量预测 [J]. 控制与决策, 2018, 33 (12): 2197 -2202.

[100] 杨利纳, 李文竹, 刘心. 基于灰色遗传BP神经网络的校园区间需水预测研究 [J]. 水资源与水工程学报, 2019, 30 (3): 133 -138.

[101] 陆维佳, 朱建文, 叶圣炯, 等. 基于多因素长短时神经网络的日用水量预测方法研究 [J]. 给水排水, 2020, 46 (1): 125 -129.

[102] Dos Santos C C, Pereira Filho A J. Water demand forecasting model for the Metropolitan area of São Paulo, Brazil [J]. Water Resources Management, 2014, 28 (13): 4401 -4414.

[103] Ajbar A, Ali E M. Prediction of municipal water production in touristic Mecca City in Saudi Arabia using neural networks [J]. Journal of King Saud University - Engineering Sciences, 2015, 27 (1): 83 - 91.

[104] González Perea R, Camacho Poyato E, Montesinos P, et al. Optimisation of water demand forecasting by artificial intelligence with short data sets [J]. Biosystems Engineering, 2019, 177: 59 - 66.

[105] 潘应骥. 上海市未来综合生活用水需求量预测及节水对策 [J]. 水资源保护, 2015 (3): 103 - 107.

[106] 陈燕飞, 邹志科, 王娜, 等. 基于系统动力学的汉江中下游水资源供需状态预测方法 [J]. 中国农村水利水电, 2016 (6): 139 - 142, 145.

[107] 杨海燕, 孙晓博, 周广宇, 等. 基于系统动力学模型的泰安市水资源与水环境系统模拟分析 [J]. 科学技术与工程, 2019, 19 (35): 348 - 355.

[108] 秦欢欢, 孙占学, 高柏. 农业节水和南水北调对华北平原可持续水管理的影响 [J]. 长江流域资源与环境, 2019, 28 (7): 1716 - 1724.

[109] 易彬, 陈璐, 路岚青, 等. 珠江上中游社会 - 水文多因素的系统动力学生活需水预测 [J]. 中国农村水利水电, 2020 (11): 35 - 41.

[110] 李传刚, 纪昌明, 张验科, 等. 基于支持向量机的水资源短缺量预测模型及其应用 [J]. 水电能源科学, 2015, 33 (5): 22 - 25.

[111] 常浩娟, 刘卫国, 吴琼. 玛纳斯河流域用水分析、需水预测和影响因素 [J]. 节水灌溉, 2017 (7): 88 - 93.

[112] 陈磊. 基于贝叶斯理论的日用水量概率预测 [J]. 系统工程理论与实践, 2017, 37 (3): 761 - 767.

[113] Brentan B M, Luvizotto Jr. E, Herrera M, et al. Hybrid regression model for near real - time urban water demand forecasting [J]. Journal of Computational and Applied Mathematics, 2017, 309: 532 - 541.

[114] Candelieri A, Giordani I, Archetti F, et al. Tuning hyperparameters of a SVM - based water demand forecasting system through parallel global optimization [J]. Computers & Operations Research, 2019, 106: 202 - 209.

[115] 王有娟, 冯卫兵, 李奥典. 基于灰色组合模型的浙江省需水量预测 [J]. 水电能源科学, 2015 (3): 22 - 26.

[116] 展金岩，赵梓淇，张舒．组合预测模型在区域需水量预测中的应用［J］．水利科技与经济，2017（4）：20－23．

[117] 郭泽宇，陈玲俐．城市用水量组合预测模型及其应用［J］．水电能源科学，2018，36（1）：40－43．

[118] Corbari C, Salerno R, Ceppi A, et al. Smart irrigation forecast using satellite LANDSAT data and meteo－hydrological modeling [J]. Agricultural Water Management, 2019, 212: 283－294.

[119] 宋帆，杨晓华，武翡翡，等．灰色关联—集对聚类预测模型在吉林省用水量预测中的应用［J］．水资源与工程学报，2018，29（3）：28－33．

[120] 周戎星，潘争伟，金菊良，等．集对分析相似预测在用水量预测中的应用［J］．华北水利水电大学学报（自然科学版），2016，37（6）：67－71．

[121] Smolak K, Kasieczka B, Fialkiewicz W, et al. Applying human mobility and water consumption data for short－term water demand forecasting using classical and machine learning models [J]. Urban water journal, 2020, 17 (1): 32－42.

[122] 谢书玲，王铮，薛俊波．中国经济发展中水土资源的“增长尾效”分析［J］．管理世界，2005（7）：22－26．

[123] 杨杨，吴次芳，罗罡辉，等．中国水土资源对经济的“增长阻尼”研究［J］．经济地理，2007，27（4）：529－537．

[124] 王学渊，韩洪云．水资源对中国农业的“增长阻力”分析［J］．水利经济，2008，26（3）：1－5．

[125] 聂华林，杨福霞，杨冕．中国农业经济增长的水土资源“尾效”研究［J］．统计与决策，2011（15）：110－113．

[126] 阿依吐尔逊沙木西，金晓斌，曹雪，等．自然资源对干旱区经济发展和城市化的增长阻尼——以新疆库尔勒市为例［J］．南京大学学报（自然科学），2011，47（6）：751－756．

[127] 唐晓城．山东省经济增长的资源约束计量分析［J］．中国石油大学学报（自然科学版），2016，40（2）：181－186．

[128] 薛俊波，赵梦真，朱艳鑫．增长“尾效”、要素贡献率及资源冗余——基于农业的分析［J］．技术经济，2017（11）：62－71．

[129] 华坚，张瑶瑶，王丹，等．西北五省水资源消耗对经济增长的影

响 [J]. 水利经济, 2018 (4): 1-6.

[130] Zhang Y, Liu W, Zhao M. The drag effect of water resources on China's regional economic growth: analysis based on the temporal and spatial dimensions [J]. Water, 2020, 12 (1): 266.

[131] 孙雪莲, 邓峰. 干旱区水资源对经济增长的约束作用实证分析——以新疆为例 [J]. 新疆社会科学, 2013, 2: 43-47.

[132] Ben D, Subhash C, Sharma. Predictivemodels of water use: an analytical bibliography. [J]. 2002.

[133] 石玉林, 卢良恕. 中国农业需水与节水高效农业建设 [M]. 北京: 中国水利水电出版社, 2001.

[134] 倪红珍, 赵晶, 陈根发, 等. 我国高耗水工业用水效率区域差异与布局调整建议 [J]. 中国水利, 2017 (15): 1-5.

[135] 贾绍凤, 张士锋, 杨红, 等. 工业用水与经济发展的关系——用水库兹涅茨曲线 [J]. 自然资源学报, 2004, 19 (3): 279-284.

[136] 刘昌明, 陈志恺. 中国水资源现状评价和供需发展趋势分析 [M]. 北京: 中国水利水电出版社, 2001.

[137] 贾绍凤, 张士锋, 夏军, 等. 经济结构调整的节水效应 [J]. 水利学报, 2004 (3): 111-116.

[138] Kuznets S. Economic growth and income inequality [J]. The American Economic Review, 1955, 45 (1).

[139] Grossman G M, Krueger A B. Environmental impacts of a North American Free Trade Agreement [J]. NBER Working Papers No. 3914, 1991.

[140] Rock M T. Freshwater Use, Freshwater Scarcity, and Socioeconomic Develoment [J]. The Journal of Environment & Development, 1998, 7 (3): 278-301.

[141] Katz D. Water use and economic growth: reconsidering the Environmental Kuznets Curve relationship [J]. Journal of Cleaner Production, 2015, 88: 205-213.

[142] 贾绍凤. 工业用水零增长的条件分析——发达国家的经验 [J]. 地理科学进展, 2001, 20 (1): 51-59.

[143] Bossanyi E. UK primary energy consumption and the changing structure of final demand [J]. Energy Policy, 1979 (9): 253 -258.

[144] Reitler W, Rudolph M. Analysis of the factors influencing energy consumption in industry: A revised method [J]. Energy Economics, 1987, 9 (3): 145 -148.

[145] Boyd G, Mcdonald J F, Ross M, et al. Separating the changing composition of US manufacturing production from energy efficiency improvements: A Divisia index approach [J]. The Energy Journal, 1987, 8 (2): 77 -96.

[146] Boyd G A, Hanson D A, Sterner T. Decomposition of changes inenergy intensity a comparison of the Divisia index and other methods [J]. Energy Economics, 1988 (10): 309-312.

[147] Liu X Q, Ang B W, Ong H L. The application of the Divisia index to the decomposition of changes in industrial energy consumption [J]. The Energy Journal, 1992, 13 (4): 161 -178.

[148] Ang B W, Choi K H. Decomposition of aggregate energy and gas emission intensities for industry a refined Divisia index method [J]. The Energy Journal, 1997, 18 (3): 59 -73.

[149] Ang B W, Zhang F Q, Choi K H. Factorizing changes in energy and environmental indicators through decomposition [J]. Energy, 1998, 23 (6): 489 -495.

[150] Ang B W, Liu F L. A new energy decomposition method: perfect in decomposition and consistent in aggregation [J]. Energy, 2001, 26 (6): 537 -548.

[151] Sun J W. Changes in energy consumption and energy intensity: A complete decomposition model [J]. Energy Economics, 1998, 20 (1): 85 -100.

[152] Albrecht J, Fran Ois D, Schoors K. A Shapley decomposition of carbon emissions without residuals [J]. Energy Policy, 2002, 30 (9): 727 -736.

[153] Ang B W, Liu F L, Chew E P. Perfect decomposition techniques in energy and environmental analysis [J]. Energy Policy, 2003, 31 (14): 1561 -1566.

[154] Liu F L, Ang B W. Eight methods for decomposing the aggregate ener-

gy – intensity of industry [J]. Applied Energy, 2003, 76 (1 – 3): 15 – 23.

[155] Ang B W, Liu F L, Chung H. A generalized Fisher index approach to energy decomposition analysis [J]. Energy Economics, 2004, 26 (5): 757 – 763.

[156] Ang B W. Decomposition analysis for policymaking in energy: which is the preferred method? [J]. Energy Policy, 2004, 32 (9): 1131 – 1139.

[157] Ang B W, Huang H C, Mu A R. Properties and linkages of some index decomposition analysis methods [J]. Energy Policy, 2009, 37 (11): 4624 – 4632.

[158] Vaninsky A. Factorial decomposition of CO_2 emissions: A generalized Divisia index approach [J]. Energy Economics, 2014 (45): 389 – 400.

[159] Ang B W, Su B, Wang H. A spatial – temporal decomposition approach to performance assessment in energy and emissions [J]. Energy Economics, 2016, 60: 112 – 121.

[160] Ang B W. The LMDI approach to decomposition analysis: a practical guide [J]. Energy Policy, 2005, 33 (7): 867 – 871.

[161] Albrecht J, Francois D, Schoors K. A Shapley decomposition of carbon emissions without residuals [J]. Energy Policy, 2002 (30): 727 – 736.

[162] 侯保灯，高而坤，吴永祥，等．水资源需求层次理论和初步实践[J]．水科学进展，2014，25 (6)：897 – 906.

[163] Ang B W, Zhang F Q. A survey of index decomposition analysis in energy and environmental studies [J]. Energy, 2000 (25): 1149 – 1176.

[164] 胡鞍钢，周绍杰，鄢一龙，等．“十四五”大战略与2035年远景[M]．北京：东方出版社，2020.

[165] 中国社会科学院宏观经济研究中心课题组．未来15年中国经济增长潜力与“十四五”时期经济社会发展主要目标及指标研究 [J]．中国工业经济，2020 (4)：5 – 22.

[166] 林伯强，刘希颖．中国城市化阶段的碳排放：影响因素和减排策略 [J]．经济研究，2010，45 (8)：66 – 78.

[167] 董锋，杨庆亮，龙如银，等．中国碳排放分解与动态模拟 [J]．中国人口·资源与环境，2015 (4)：1 – 8.

[168] Ramírez A, de Keizer C, Van der Sluijs J P, et al. Monte Carlo analy-

sis of uncertainties in the Netherlands greenhouse gas emission inventory for 1990 - 2004 [J]. Atmospheric Environment, 2008, 42 (35): 8263 - 8272.

[169] Ang B W. LMDI decomposition approach: A guide for implementation [J]. Energy Policy, 2015, 86: 233 - 238.

[170] Ang B W, Goh T. Index decomposition analysis for comparing emission scenarios: Applications and challenges [J]. Energy Economics, 2019, 83: 74 - 87.

[171] 中国尽早实现二氧化碳排放峰值的实施路径研究课题组. 中国碳排放尽早达峰 [M]. 北京: 中国经济出版社, 2017.

[172] Smit T A B, Hu J, Harmsen R. Unravelling projected energy savings in 2020 of EU Member States using decomposition analyses [J]. Energy Policy, 2014, 74: 271 - 285.

[173] 邵帅, 张曦, 赵兴荣. 中国制造业碳排放的经验分解与达峰路径——广义迪氏指数分解和动态情景分析 [J]. 中国工业经济, 2017 (3): 44 - 63.

[174] Kanitkar T, Banerjee R, Jayaraman T. Impact of economic structure on mitigation targets for developing countries [J]. Energy for Sustainable Development, 2015, 26: 56 - 61.

[175] Sands R D, Schumacher K. Economic comparison of greenhouse gas mitigation options in Germany [J]. Energy Efficiency, 2009, 2 (1): 17 - 36.

[176] Förster H, Schumacher K, DE Cian E, et al. European energy efficiency and decarbonization strategies beyond 2030—a sectoral multi - model decomposition [J]. Climate Change Economics, 2013, 04 (supp01).

[177] Marcucci A, Fragkos P. Drivers of regional decarbonization through 2100: A multi - model decomposition analysis [J]. Energy Economics, 2015, 51: 111 - 124.

[178] Muratori M, Smith S J, Kyle P, et al. Role of the freight sector in future climate change mitigation scenarios [J]. Environmental Science & Technology, 2017, 51 (6): 3526 - 3533.

[179] Koomey J, Schmidt Z, Hummel H, et al. Inside the black box: understanding key drivers of global emission scenarios [J]. Environmental Modelling &

Software, 2019, 111: 268 - 281.

[180] Kawase R, Matsuoka Y, Fujino J. Decomposition analysis of CO_2 emission in long - term climate stabilization scenarios [J]. Energy Policy, 2006, 34 (15): 2113 - 2122.

[181] Steenhof P A. Decomposition for emission baseline setting in China's electricity sector [J]. Energy Policy, 2007, 35 (1): 280 - 294.

[182] Luderer G, Bosetti V, Jakob M, et al. Towards a better understanding of disparities in scenarios of decarbonization: sectorally explicit from the RECIPE project [J]. Fondazione Eni Enrico Mattei working paper 381, 2009.

[183] Agnolucci P, Ekins P, Iacopini G, et al. Different scenarios for achieving radical reduction in carbon emissions: A decomposition analysis [J]. Ecological Economics, 2009, 68 (6): 1652 - 1666.

[184] Hatzigeorgiou E, Polatidis H, Haralambopoulos D. Energy CO_2 emissions for 1990 - 2020: a decomposition analysis for EU - 25 and Greece [J]. Energy Sources, Part A: Recovery, Utilization, and Environmental Effects, 2010 (32): 1908 - 2917.

[185] Steckel J C, Jakob M, Marschinski R, et al. From carbonization to decarbonization? —Past trends and future scenarios for China's CO_2 emissions [J]. Energy Policy, 2011, 39 (6): 3443 - 3455.

[186] Kesicki F, Anandarajah G. The role of energy - service demand reduction in global climate change mitigation: Combining energy modelling and decomposition analysis [J]. Energy Policy, 2011, 39 (11): 7224 - 7233.

[187] Kesicki F. Costs and potentials of reducing CO_2 emissions in the UK domestic stock from a systems perspective [J]. Energy and Buildings, 2012, 51: 203 - 211.

[188] Hübler M, Steckel J C. Economic growth, decarbonization and international transfers [J]. Climate and Development, 2012, 4 (2): 88 - 103.

[189] Forster H, Healy S, Loreck C, et al. Metastudy Analysis on 2050 Energy Scenarios [J]. Smart Energy for Europe Platform, 2012.

[190] Forster H, Healy S, Loreck C, et al. Decarbonisation scenarios leading

to the EU energy roadmap 2050 [J]. Smart Energy for Europe Platform, 2012.

[191] Fisher - Vanden K, Schu K, Sue Wing I, et al. Decomposing the impact of alternative technology sets on future carbon emissions growth [J]. Energy Economics, 2012, 34: S359 - S365.

[192] Bellevrat E. which decarbonisation pathway for China? insights from recent energy - emissions scenarios [J]. Working paper N18/12. IDDRI, 2012.

[193] Saygin D, Wetzels W, Worrell E, et al. Linking historic developments and future scenarios of industrial energy use in the Netherlands between 1993 and 2040 [J]. Energy Efficiency, 2013, 6 (2): 341 - 368.

[194] Park N, Yun S, Jeon E. An analysis of long - term scenarios for the transition to renewable energy in the Korean electricity sector [J]. Energy Policy, 2013, 52: 288 - 296.

[195] O'Mahony T, Zhou P, Sweeney J. Integrated scenarios of energy - related CO_2 emissions in Ireland: A multi - sectoral analysis to 2020 [J]. Ecological Economics, 2013, 93: 385 - 397.

[196] Kesicki F. Marginal Abatement Cost Curves: Combining Energy System Modelling and Decomposition Analysis [J]. Environmental Modeling & Assessment, 2013, 18 (1): 27 - 37.

[197] Jiao J, Qi Y, Cao Q, et al. China's targets for reducing the intensity of CO_2 emissions by 2020 [J]. Energy Strategy Reviews, 2013, 2 (2): 176 - 181.

[198] Gambhir A, Schulz N, Napp T, et al. A hybrid modelling approach to develop scenarios for China's carbon dioxide emissions to 2050 [J]. Energy Policy, 2013, 59: 614 - 632.

[199] Lescaroux F. Industrial energy demand, a forecasting model based on an index decomposition of structural and efficiency effects [J]. OPEC Energy Review, 2013, 37 (4): 477 - 502.

[200] Hasanbeigi A, Price L, Fino - Chen C, et al. Retrospective and prospective decomposition analysis of Chinese manufacturing energy use and policy implications [J]. Energy Policy, 2013, 63: 562 - 574.

[201] Xu J, Fleiter T, Fan Y, et al. CO_2 emissions reduction potential in

China's cement industry compared to IEA's Cement Technology Roadmap up to 2050 [J]. Applied Energy, 2014, 130: 592 - 602.

[202] Mahony T O. Integrated scenarios for energy: A methodology for the short term [J]. Futures, 2014, 55: 41 - 57.

[203] Mishra G S, Zakerinia S, Yeh S, et al. Mitigating climate change: Decomposing the relative roles of energy conservation, technological change, and structural shift [J]. Energy Economics, 2014, 44: 448 - 455.

[204] Lin B Q, Ouyang X. Analysis of energy - related CO_2 (carbon dioxide) emissions and reduction potential in the Chinese non - metallic mineral products industry [J]. Energy, 2014, 68: 688 - 697.

[205] Hasanbeigi A, Jiang Z, Price L. Retrospective and prospective analysis of the trends of energy use in Chinese iron and steel industry [J]. Journal of Cleaner Production, 2014, 74: 105 - 118.

[206] Fujimori S, Kainuma M, Masui T, et al. The effectiveness of energy service demand reduction: A scenario analysis of global climate change mitigation [J]. Energy Policy, 2014, 75: 379 - 391.

[207] Belakhdar N, Kharbach M, Afilal M E. The renewable energy plan in Morocco, a Divisia index approach [J]. Energy Strategy Reviews, 2014, 4: 11 - 15.

[208] Yan X, Fang Y. CO_2 emissions and mitigation potential of the Chinese manufacturing industry [J]. Journal of Cleaner Production, 2015, 103: 759 - 773.

[209] IEA. World Energy Outlook Special Report: Energy and Climate Change [J]. Internaional Energy Agency, 2015.

[210] Gu B, Tan X, Zeng Y, et al. CO_2 emission reduction potential in China's electricity sector: scenario analysis based on LMDI decomposition [J]. Energy Procedia, 2015, 75: 2436 - 2447.

[211] Gambhir A, Tse L K C, Tong D, et al. Reducing China's road transport sector CO_2 emissions to 2050: Technologies, costs and decomposition analysis [J]. Applied Energy, 2015, 157: 905 - 917.

[212] Brockway P E, Steinberger J K, Barrett J R, et al. Understanding China's past and future energy demand: An exergy efficiency and decomposition

analysis [J]. Applied Energy, 2015, 155: 892 -903.

[213] Robalino - López A, Mena - Nieto Á, García - Ramos J, et al. Studying the relationship between economic growth, CO_2 emissions, and the environmental Kuznets curve in Venezuela (1980 -2025) [J]. Renewable and Sustainable Energy Reviews, 2015, 41: 602 -614.

[214] Kiuila O, Wójtowicz K, żylicz T, et al. Economic and environmental effects of unilateral climate actions [J]. Mitigation and Adaptation Strategies for Global Change, 2016, 21 (2): 263 -278.

[215] Tang D, Ma T, Li Z, et al. Trend prediction and decomposed driving factors of carbon emissions in Jiangsu Province during 2015 -2020 [J]. Sustainability, 2016, 8 (10): 1018.

[216] Yi B, Xu J, Fan Y. Determining factors and diverse scenarios of CO_2 emissions intensity reduction to achieve the 40% -45% target by 2020 in China - a historical and prospective analysis for the period 2005 -2020 [J]. Journal of Cleaner Production, 2016, 122: 87 -101.

[217] Zhao Y, Li H, Zhang Z, et al. Decomposition and scenario analysis of CO_2 emissions in China's power industry: based on LMDI method [J]. Natural Hazards, 2017, 86 (2): 645 -668.

[218] Zhang X, Zhao X, Jiang Z, et al. How to achieve the 2030 CO_2 emission - reduction targets for China's industrial sector: Retrospective decomposition and prospective trajectories [J]. Global Environmental Change, 2017, 44: 83 -97.

[219] Yeh S, Mishra G S, Fulton L, et al. Detailed assessment of global transport - energy models' structures and projections [J]. Transportation Research Part D: Transport and Environment, 2017, 55: 294 -309.

[220] Xia C, Li Y, Ye Y, et al. Decomposed driving factors of carbon emissions and scenario analyses of low - carbon transformation in 2020 and 2030 for Zhejiang Province [J]. Energies, 2017, 10 (11): 1747.

[221] Shahiduzzaman M, Layton A. Decomposition analysis for assessing the United States 2025 emissions target: How big is the challenge? [J]. Renewable

and Sustainable Energy Reviews, 2017, 67: 372 – 383.

[222] Mittal S, Dai H, Fujimori S, et al. Key factors influencing the global passenger transport dynamics using the AIM/transport model [J]. Transportation Research Part D: Transport and Environment, 2017, 55: 373 – 388.

[223] Fragkos P, Tasios N, Paroussos L, et al. Energy system impacts and policy implications of the European Intended Nationally Determined Contribution and low – carbon pathway to 2050 [J]. Energy Policy, 2017, 100: 216 – 226.

[224] Edelenbosch O Y, Mccollum D L, van Vuuren D P, et al. Decomposing passenger transport futures: Comparing results of global integrated assessment models [J]. Transportation Research Part D: Transport and Environment, 2017, 55: 281 – 293.

[225] Yu S, Zheng S, Li X. The achievement of the carbon emissions peak in China: The role of energy consumption structure optimization [J]. Energy Economics, 2018, 74: 693 – 707.

[226] Yu S, Zheng S, Li X, et al. China can peak its energy – related carbon emissions before 2025: Evidence from industry restructuring [J]. Energy Economics, 2018, 73: 91 – 107.

[227] Mathy S, Menanteau P, Criqui P. After the Paris Agreement: Measuring the Global Decarbonization Wedges From National Energy Scenarios [J]. Ecological Economics, 2018, 150: 273 – 289.

[228] Palmer K, Paul A, Keyes A. Changing baselines, shifting margins: How predicted impacts of pricing carbon in the electricity sector have evolved over time [J]. Energy Economics, 2018, 73: 371 – 379.

[229] Wang B, Wang Q, Wei Y, et al. Role of renewable energy in China's energy security and climate change mitigation: An index decomposition analysis [J]. Renewable and Sustainable Energy Reviews, 2018, 90: 187 – 194.

[230] Dong K, Jiang H, Sun R, et al. Driving forces and mitigation potential of global CO_2 emissions from 1980 through 2030: Evidence from countries with different income levels [J]. Science of The Total Environment, 2019, 649: 335 – 343.

[231] Köne A Ç, Büke T. Factor analysis of projected carbon dioxide emis-

sions according to the IPCC based sustainable emission scenario in Turkey [J]. Renewable Energy, 2019, 133: 914 -918.

[232] Wachsmuth J, Duscha V. Achievability of the Paris targets in the EU—the role of demand - side - driven mitigation in different types of scenarios [J]. Energy Efficiency, 2019, 12 (2): 403 -421.

[233] 中华人民共和国国家统计局. 中国统计年鉴2020 [M]. 北京: 中国统计出版社, 2020.

[234] 国家统计局农村社会经济调查司. 中国农村统计年鉴 [M]. 北京: 中国统计出版社, 2020.

[235] 中华人民共和国水利部. 全国水利发展统计公报2020 [M]. 北京: 中国水利水电出版社, 2020.

[236] 张军, 吴桂英, 张吉鹏. 中国省际物质资本存量估算: 1952—2000 [J]. 经济研究, 2004 (10): 35 -44.

附录

附表 1 用水总量分类 单位：亿 m^3

年份	生产用水	第一产业			第二产业			服务业（第三产业）	生活用水			生态用水	用水总量
			农田灌溉	林牧渔畜		工业	建筑业			城镇居民	农村居民		
2003	4799.00	3516.78	3096.39	420.39	1202.41	1177.20	25.21	79.81	441.59	270.04	171.55	79.81	5320.40
2004	5020.75	3672.64	3227.13	445.51	1259.35	1228.90	30.45	88.76	443.82	273.19	170.63	83.23	5547.80
2005	5080.97	3672.72	3225.58	447.14	1318.12	1285.20	32.92	90.13	461.91	289.22	172.69	90.12	5633.00
2006	5232.88	3757.21	3305.33	451.88	1376.25	1343.80	32.45	99.42	469.40	297.60	171.80	92.72	5795.00
2007	5236.83	3697.20	3250.36	446.84	1434.89	1404.10	30.79	104.74	477.13	306.04	171.09	104.74	5818.70
2008	5301.19	3758.70	3304.44	454.26	1436.11	1397.10	39.01	106.38	490.52	316.83	173.69	118.19	5909.90
2009	5356.75	3817.73	3332.18	485.55	1425.68	1390.90	34.78	113.34	507.04	332.88	174.16	101.41	5965.20
2010	5389.69	3781.82	3275.96	505.86	1487.43	1447.30	40.13	120.44	511.87	309.62	202.25	120.44	6022.00
2011	5472.05	3835.32	3298.49	536.83	1508.48	1461.80	46.68	128.25	519.11	323.24	195.87	116.04	6107.20
2012	5493.55	3899.44	3411.96	487.48	1422.44	1380.70	41.74	171.67	527.28	344.07	183.21	110.37	6131.20
2013	5540.34	3920.28	3401.90	518.38	1446.92	1406.40	40.52	173.14	537.96	353.47	184.49	105.1	6183.40
2014	5442.85	3870.33	3315.32	555.01	1395.76	1356.00	39.76	176.76	548.55	364.99	183.56	103.6	6095.00
2015	5419.64	3851.12	3353.63	497.49	1379.32	1334.80	44.52	189.20	561.49	380.59	180.90	122.07	6103.20
2016	5315.37	3763.04	3312.43	450.61	1353.00	1308.00	45.00	199.33	579.86	394.39	185.47	144.97	6040.20
2017	5294.02	3765.04	3311.51	453.53	1323.50	1277.00	46.50	205.48	586.21	404.25	181.96	163.17	6043.40
2018	5215.44	3693.52	3207.23	486.29	1305.36	1261.6	43.76	216.56	601.55	419.38	182.17	198.51	6015.50
2019	5166.18	3684.97	3197.14	487.83	1264.45	1217.6	46.85	216.76	608.14	429.39	178.75	246.88	6021.20

附表 2

农田灌溉用水量演变驱动因素分解所需数据

年份	农田灌溉用水量（亿 m^3）	耕地实际灌溉亩均用水量（m^3/亩）	农田灌溉水有效利用系数	亩均净灌溉用水量（m^3/亩）	实际灌溉面积（千公顷）	有效灌溉面积（千公顷）	灌溉比例
2003	3096.39	430.00	0.440	189.20	48001.18	54014.20	0.889
2004	3227.13	450.00	0.445	200.25	47804.55	54478.40	0.877
2005	3225.58	448.00	0.450	201.60	47994.90	55029.30	0.872
2006	3305.33	449.00	0.460	206.54	49072.06	55750.50	0.880
2007	3250.36	434.00	0.470	203.98	49923.69	56518.30	0.883
2008	3304.44	435.00	0.475	206.63	50637.71	58471.70	0.866
2009	3332.18	431.00	0.480	206.88	51536.74	59261.40	0.870
2010	3275.96	421.00	0.500	210.50	51870.61	60347.70	0.860
2011	3298.49	415.00	0.510	211.65	52982.43	61681.60	0.859
2012	3411.96	404.00	0.516	208.46	56297.27	62490.50	0.901
2013	3401.90	418.00	0.523	218.61	54251.37	63473.30	0.855
2014	3315.32	402.00	0.530	213.06	54974.90	64539.50	0.852
2015	3353.63	394.00	0.536	211.18	56739.40	65872.60	0.861
2016	3312.43	380.00	0.542	205.96	58107.00	67140.60	0.865
2017	3311.51	377.00	0.548	206.60	58553.20	67815.60	0.863
2018	3207.23	365.00	0.554	202.21	58573.60	68271.60	0.858
2019	3197.14	368.00	0.559	205.71	57913.50	68678.60	0.843

附表3 工业、建筑业和服务业用水量演变驱动因素分解所需数据

年份	增加值（亿元，2003年=100）			用水量（亿 m^3）			用水强度（m^3/万元）		
	工业	建筑业	服务业	工业	建筑业	服务业	工业	建筑业	服务业
2003	55362.20	7510.80	57756.00	1177.20	25.21	79.81	212.64	33.56	13.82
2004	61784.22	8126.69	63589.36	1228.90	30.45	88.76	198.90	37.47	13.96
2005	68951.18	9426.96	71474.44	1285.20	32.92	90.13	186.39	34.92	12.61
2006	77845.89	11048.39	81552.33	1343.80	32.45	99.42	172.62	29.37	12.19
2007	89444.92	12838.23	94682.26	1404.10	30.79	104.74	156.98	23.98	11.06
2008	98389.42	14057.86	104623.89	1397.10	39.01	106.38	142.00	27.75	10.17
2009	107342.85	16714.80	114667.79	1390.90	34.78	113.34	129.58	20.81	9.88
2010	120868.05	19021.44	125790.56	1447.30	40.13	120.44	119.74	21.10	9.57
2011	134042.67	20866.52	137740.67	1461.80	46.68	128.25	109.05	22.37	9.31
2012	144900.13	22911.44	148759.92	1380.70	41.74	171.67	95.29	18.22	11.54
2013	156057.44	25133.85	161106.99	1406.40	40.52	173.14	90.12	16.12	10.75
2014	166513.29	27546.70	174478.87	1356.00	39.76	176.76	81.43	14.43	10.13
2015	176004.54	29557.61	189833.01	1334.80	44.52	189.20	75.84	15.06	9.97
2016	186036.80	31833.54	205209.49	1308.00	45.00	199.33	70.31	14.14	9.71
2017	197571.08	33075.05	222241.88	1277.00	46.50	205.48	64.63	14.06	9.25
2018	209622.92	34662.66	240021.23	1261.6	43.76	216.56	60.18	12.62	9.02
2019	219684.82	36465.11	257302.76	1217.6	46.85	216.76	55.42	12.85	8.42

附表 4　　生活用水量演变驱动因素分解所需数据

年份	生活用水（亿 m^3）			总人口（万人）			人均城镇居民生活用水量（L/人·d）	人均农村居民生活用水量（L/人·d）
		城镇居民	农村居民		城镇人口	农村人口		
2003	441.59	270.04	171.55	129227	52376	76851	141.26	61.16
2004	443.82	273.19	170.63	129988	54283	75705	137.88	61.75
2005	461.91	289.22	172.69	130756	56212	74544	140.96	63.47
2006	469.40	297.60	171.80	131448	58288	73160	139.88	64.34
2007	477.13	306.04	171.09	132129	60633	71496	138.29	65.56
2008	490.52	316.83	173.69	132802	62403	70399	139.10	67.59
2009	507.04	332.88	174.16	133450	64512	68938	141.37	69.22
2010	511.87	309.62	202.25	134091	66978	67113	126.65	82.56
2011	519.11	323.24	195.87	134735	69079	65656	128.20	81.73
2012	527.28	344.07	183.21	135404	71182	64222	132.43	78.16
2013	537.96	353.47	184.49	136072	73111	62961	132.46	80.28
2014	548.55	364.99	183.56	136782	74916	61866	133.48	81.29
2015	561.49	380.59	180.90	137462	77116	60346	135.21	82.13
2016	579.86	394.39	185.47	138271	79298	58973	136.26	86.16
2017	586.21	404.25	181.96	139008	81347	57661	136.15	86.46
2018	601.55	419.38	182.17	139538	83137	56401	138.20	88.49
2019	608.14	429.39	178.75	140005	84843	55162	138.66	88.78

附表 5　　　　用水总量对经济增长的阻力测算所需数据

	国内生产总值（2003 年 = 100）（亿元）						
	IS1	IS2	IS3	IS4	IS5	IS6	IS7
2003	137422.00	137422.00	137422.00	137422.00	137422.00	137422.00	137422.00
2004	151301.62	151301.62	151301.62	151301.62	151301.62	151301.62	151301.62
2005	168550.01	168550.01	168550.01	168550.01	168550.01	168550.01	168550.01
2006	189955.86	189955.86	189955.86	189955.86	189955.86	189955.86	189955.86
2007	216929.59	216929.59	216929.59	216929.59	216929.59	216929.59	216929.59
2008	237971.76	237971.76	237971.76	237971.76	237971.76	237971.76	237971.76
2009	260341.11	260341.11	260341.11	260341.11	260341.11	260341.11	260341.11
2010	287937.26	287937.26	287937.26	287937.26	287937.26	287937.26	287937.26
2011	315579.24	315579.24	315579.24	315579.24	315579.24	315579.24	315579.24
2012	340510.00	340510.00	340510.00	340510.00	340510.00	340510.00	340510.00
2013	367069.78	367069.78	367069.78	367069.78	367069.78	367069.78	367069.78
2014	394232.94	394232.94	394232.94	394232.94	394232.94	394232.94	394232.94
2015	421829.25	421829.25	421829.25	421829.25	421829.25	421829.25	421829.25
2016	450513.64	450513.64	450513.64	450513.64	450513.64	450513.64	450513.64
2017	481599.08	481599.08	481599.08	481599.08	481599.08	481599.08	481599.08
2018	513866.22	513866.22	513866.22	513866.22	513866.22	513866.22	513866.22
2019	544698.19	544698.19	544698.19	544698.19	544698.19	544698.19	544698.19
2020	557770.95	557770.95	557770.95	557770.95	557770.95	557770.95	557770.95
2021	589563.89	589006.12	588448.35	587890.58	587332.81	586775.04	586217.27
2022	623169.03	621990.46	620813.01	619636.67	618461.45	617287.34	616114.35
2023	658689.67	656821.93	654957.72	653097.05	651239.90	649386.28	647536.18
2024	696234.98	693603.96	690980.40	688364.29	685755.62	683154.37	680560.52
2025	735920.37	732445.78	728984.32	725535.96	722100.67	718678.39	715269.11
2026	771244.55	766870.73	762517.60	758185.08	753873.09	749581.56	745310.41
2027	808264.29	802913.65	797593.41	792303.41	787043.51	781813.57	776613.45
2028	847060.97	840650.60	834282.71	827957.06	821673.43	815431.56	809231.21
2029	887719.90	880161.17	872659.71	865215.13	857827.06	850495.11	843218.92
2030	930330.46	921528.75	912802.06	904149.81	895571.45	887066.40	878634.12
2031	967543.67	957468.37	947488.53	937603.35	927812.02	918113.73	908507.68
2032	1006245.42	994809.64	983493.10	972294.68	961213.25	950247.71	939396.94
2033	1046495.24	1033607.21	1020865.84	1008269.58	995816.93	983506.38	971336.44
2034	1088355.05	1073917.89	1059658.74	1045575.56	1031666.34	1017929.10	1004361.88
2035	1131889.25	1115800.69	1099925.77	1084261.85	1068806.33	1053556.62	1038510.18

续表

	用水总量（亿 m^3）							资本存量（亿元）	就业人口（万人）
	IS1	IS2	IS3	IS4	IS5	IS6	IS7		
2003	5320.40	5320.40	5320.40	5320.40	5320.40	5320.40	5320.40	525745.0	73736
2004	5547.80	5547.80	5547.80	5547.80	5547.80	5547.80	5547.80	535855.8	74264
2005	5633.00	5633.00	5633.00	5633.00	5633.00	5633.00	5633.00	553247.9	74647
2006	5795.00	5795.00	5795.00	5795.00	5795.00	5795.00	5795.00	578170.4	74978
2007	5818.70	5818.70	5818.70	5818.70	5818.70	5818.70	5818.70	613119.7	75321
2008	5909.90	5909.90	5909.90	5909.90	5909.90	5909.90	5909.90	655465.1	75564
2009	5965.20	5965.20	5965.20	5965.20	5965.20	5965.20	5965.20	719509.2	75828
2010	6022.00	6022.00	6022.00	6022.00	6022.00	6022.00	6022.00	795748.0	76105
2011	6107.20	6107.20	6107.20	6107.20	6107.20	6107.20	6107.20	880500.4	76420
2012	6131.20	6131.20	6131.20	6131.20	6131.20	6131.20	6131.20	973463.6	76704
2013	6183.40	6183.40	6183.40	6183.40	6183.40	6183.40	6183.40	1076024.1	76977
2014	6095.00	6095.00	6095.00	6095.00	6095.00	6095.00	6095.00	1181256.0	77253
2015	6103.20	6103.20	6103.20	6103.20	6103.20	6103.20	6103.20	1286022.8	77451
2016	6040.20	6040.20	6040.20	6040.20	6040.20	6040.20	6040.20	1397319.5	77603
2017	6043.40	6043.40	6043.40	6043.40	6043.40	6043.40	6043.40	1512359.6	77640
2018	6015.50	6015.50	6015.50	6015.50	6015.50	6015.50	6015.50	1634505.9	77586
2019	6021.20	6021.20	6021.20	6021.20	6021.20	6021.20	6021.20	1757074.9	77471
2020	5990.94	5985.61	5980.82	5975.37	5969.51	5963.89	5956.74	1883413.4	77371
2021	5973.01	5960.70	5947.85	5938.25	5925.78	5912.29	5898.79	2012651.1	77270
2022	5960.89	5936.12	5922.08	5901.88	5883.79	5862.73	5847.51	2144509.7	77170
2023	5946.66	5921.77	5898.36	5872.57	5848.30	5819.15	5795.32	2278737.6	77070
2024	5933.08	5902.26	5874.48	5844.72	5810.56	5779.36	5747.27	2415107.3	76971
2025	5940.56	5890.98	5852.64	5815.32	5779.35	5736.79	5711.73	2553413.2	76871
2026	5910.65	5859.72	5825.32	5782.55	5732.17	5699.54	5651.32	2693469.4	76730
2027	5899.59	5840.51	5793.76	5746.73	5692.15	5647.49	5601.03	2835108.0	76590
2028	5883.24	5829.34	5773.33	5720.88	5663.51	5611.61	5550.95	2978176.9	76450
2029	5883.96	5814.91	5749.17	5692.70	5626.17	5569.45	5508.87	3122538.9	76310
2030	5875.33	5807.98	5735.35	5668.30	5604.91	5537.04	5477.49	3268069.9	76171
2031	5864.32	5800.29	5725.20	5658.75	5586.64	5514.75	5457.23	3414657.6	75951
2032	5862.90	5788.75	5706.64	5641.53	5576.16	5497.33	5436.11	3562200.5	75731
2033	5868.30	5792.95	5703.62	5634.61	5556.00	5485.74	5413.57	3710607.1	75512
2034	5883.82	5789.43	5712.90	5633.48	5550.66	5472.87	5399.49	3859794.3	75293
2035	5890.72	5790.13	5712.14	5632.08	5538.03	5476.26	5385.53	4009687.3	75075

附表 6　干预情景 2 下农田灌溉用水量各因素的潜在年均变化率　单位:%

	2020			2021~2025			2026~2030			2031~2035		
	最小值	中间值	最大值	最小值	中间值	最大值	最小值	中间值	最大值	最小值	中间值	最大值
NIW	-1.25	-0.75	-0.25	-1.75	-1.25	-0.75	-1.75	-1.25	-0.75	-1.75	-1.25	-0.75
EUC	-0.92	-0.72	-0.52	-0.92	-0.72	-0.52	-0.92	-0.72	-0.52	-1.01	-0.81	-0.61
IP	-0.73	-0.53	-0.33	-0.53	-0.33	-0.13	-0.53	-0.33	-0.13	-0.53	-0.33	-0.13
EIA	0.95	1.15	1.35	0.75	0.95	1.15	0.55	0.75	0.95	0.35	0.55	0.75

附表 7　干预情景 3 下农田灌溉用水量各因素的潜在年均变化率　单位:%

	2020			2021~2025			2026~2030			2031~2035		
	最小值	中间值	最大值	最小值	中间值	最大值	最小值	中间值	最大值	最小值	中间值	最大值
NIW	-1.35	-0.85	-0.35	-1.85	-1.35	-0.85	-1.85	-1.35	-0.85	-1.85	-1.35	-0.85
EUC	-0.99	-0.79	-0.59	-0.99	-0.79	-0.59	-0.99	-0.79	-0.59	-1.00	-0.80	-0.60
IP	-0.73	-0.53	-0.33	-0.53	-0.33	-0.13	-0.53	-0.33	-0.13	-0.53	-0.33	-0.13
EIA	1.05	1.25	1.45	0.85	1.05	1.25	0.65	0.85	1.05	0.45	0.65	0.85

附表 8　干预情景 4 下农田灌溉用水量各因素的潜在年均变化率　单位:%

	2020			2021~2025			2026~2030			2031~2035		
	最小值	中间值	最大值	最小值	中间值	最大值	最小值	中间值	最大值	最小值	中间值	最大值
NIW	-1.45	-0.95	-0.45	-1.95	-1.45	-0.95	-1.95	-1.45	-0.95	-1.95	-1.45	-0.95
EUC	-1.06	-0.86	-0.66	-1.06	-0.86	-0.66	-1.06	-0.86	-0.66	-0.99	-0.79	-0.59
IP	-0.73	-0.53	-0.33	-0.53	-0.33	-0.13	-0.53	-0.33	-0.13	-0.53	-0.33	-0.13
EIA	1.15	1.35	1.55	0.95	1.15	1.35	0.75	0.95	1.15	0.55	0.75	0.95

附表 9　干预情景 5 下农田灌溉用水量各因素的潜在年均变化率　单位:%

	2020			2021~2025			2026~2030			2031~2035		
	最小值	中间值	最大值	最小值	中间值	最大值	最小值	中间值	最大值	最小值	中间值	最大值
NIW	-1.55	-1.05	-0.55	-2.05	-1.55	-1.05	-2.05	-1.55	-1.05	-2.05	-1.55	-1.05
EUC	-1.14	-0.94	-0.74	-1.14	-0.94	-0.74	-1.14	-0.94	-0.74	-0.99	-0.79	-0.59
IP	-0.73	-0.53	-0.33	-0.53	-0.33	-0.13	-0.53	-0.33	-0.13	-0.53	-0.33	-0.13
EIA	1.25	1.45	1.65	1.05	1.25	1.45	0.85	1.05	1.25	0.65	0.85	1.05

附表 10　干预情景 6 下农田灌溉用水量各因素的潜在年均变化率　单位:%

	2020			2021~2025			2026~2030			2031~2035		
	最小值	中间值	最大值	最小值	中间值	最大值	最小值	中间值	最大值	最小值	中间值	最大值
NIW	-1.65	-1.15	-0.65	-2.15	-1.65	-1.15	-2.15	-1.65	-1.15	-2.15	-1.65	-1.15
EUC	-1.21	-1.01	-0.81	-1.21	-1.01	-0.81	-1.21	-1.01	-0.81	-0.98	-0.78	-0.58
IP	-0.73	-0.53	-0.33	-0.53	-0.33	-0.13	-0.53	-0.33	-0.13	-0.53	-0.33	-0.13
EIA	1.35	1.55	1.75	1.15	1.35	1.55	0.95	1.15	1.35	0.75	0.95	1.15

附表 11　干预情景 7 下农田灌溉用水量各因素的潜在年均变化率　单位:%

	2020			2021~2025			2026~2030			2031~2035		
	最小值	中间值	最大值	最小值	中间值	最大值	最小值	中间值	最大值	最小值	中间值	最大值
NIW	-1.75	-1.25	-0.75	-2.25	-1.75	-1.25	-2.25	-1.75	-1.25	-2.25	-1.75	-1.25
EUC	-1.28	-1.08	-0.88	-1.28	-1.08	-0.88	-1.28	-1.08	-0.88	-0.98	-0.78	-0.58
IP	-0.73	-0.53	-0.33	-0.53	-0.33	-0.13	-0.53	-0.33	-0.13	-0.53	-0.33	-0.13
EIA	1.45	1.65	1.85	1.25	1.45	1.65	1.05	1.25	1.45	0.85	1.05	1.25

附表 12　干预情景 2 下工业用水量各因素的潜在年均变化率　单位:%

	2020			2021~2025			2026~2030			2031~2035		
	最小值	中间值	最大值	最小值	中间值	最大值	最小值	中间值	最大值	最小值	中间值	最大值
IWI	-5.56	-4.56	-3.56	-5.94	-4.94	-3.94	-5.94	-4.94	-3.94	-4.95	-3.95	-2.95
IAV	1.4	2.4	3.4	2.75	3.75	4.75	2.41	3.41	4.41	2.10	3.10	4.10

附表 13　干预情景 3 下工业用水量各因素的潜在年均变化率　单位:%

	2020			2021~2025			2026~2030			2031~2035		
	最小值	中间值	最大值	最小值	中间值	最大值	最小值	中间值	最大值	最小值	中间值	最大值
IWI	-5.76	-4.76	-3.76	-6.14	-5.14	-4.14	-6.14	-5.14	-4.14	-5.15	-4.15	-3.15
IAV	1.4	2.4	3.4	2.66	3.66	4.66	2.31	3.31	4.31	2.00	3.00	4.00

附表 14　干预情景 4 下工业用水量各因素的潜在年均变化率　单位:%

	2020			2021~2025			2026~2030			2031~2035		
	最小值	中间值	最大值	最小值	中间值	最大值	最小值	中间值	最大值	最小值	中间值	最大值
IWI	-5.96	-4.96	-3.96	-6.34	-5.34	-4.34	-6.34	-5.34	-4.34	-5.35	-4.35	-3.35
IAV	1.4	2.4	3.4	2.56	3.56	4.56	2.21	3.21	4.21	1.91	2.91	3.91

附表 15　干预情景 5 下工业用水量各因素的潜在年均变化率　单位:%

	2020			2021~2025			2026~2030			2031~2035		
	最小值	中间值	最大值	最小值	中间值	最大值	最小值	中间值	最大值	最小值	中间值	最大值
IWI	-6.16	-5.16	-4.16	-6.54	-5.54	-4.54	-6.54	-5.54	-4.54	-5.55	-4.55	-3.55
IAV	1.4	2.4	3.4	2.46	3.46	4.46	2.11	3.11	4.11	1.81	2.81	3.81

附表 16　干预情景 6 下工业用水量各因素的潜在年均变化率　单位:%

	2020			2021~2025			2026~2030			2031~2035		
	最小值	中间值	最大值	最小值	中间值	最大值	最小值	中间值	最大值	最小值	中间值	最大值
IWI	-6.36	-5.36	-4.36	-6.74	-5.74	-4.74	-6.74	-5.74	-4.74	-5.75	-4.75	-3.75
IAV	1.4	2.4	3.4	2.36	3.36	4.36	2.01	3.01	4.01	1.71	2.71	3.71

附表 17　干预情景 7 下工业用水量各因素的潜在年均变化率　单位:%

	2020			2021~2025			2026~2030			2031~2035		
	最小值	中间值	最大值	最小值	中间值	最大值	最小值	中间值	最大值	最小值	中间值	最大值
IWI	-6.56	-5.56	-4.56	-6.94	-5.94	-4.94	-6.94	-5.94	-4.94	-5.95	-4.95	-3.95
IAV	1.4	2.4	3.4	2.26	3.26	4.26	1.91	2.91	3.91	1.61	2.61	3.61

附表 18　干预情景 2 下建筑业用水量各因素的潜在年均变化率　单位:%

	2020			2021~2025			2026~2030			2031~2035		
	最小值	中间值	最大值	最小值	中间值	最大值	最小值	中间值	最大值	最小值	中间值	最大值
CWI	-5.10	-4.10	-3.10	-4.10	-3.10	-2.10	-3.10	-2.10	-1.10	-2.10	-1.10	-0.10
CAV	2.5	3.5	4.5	5.75	6.75	7.75	-0.80	0.20	1.20	-3.23	-2.23	-1.23

附表 19　干预情景 3 下建筑业用水量各因素的潜在年均变化率　单位:%

	2020			2021~2025			2026~2030			2031~2035		
	最小值	中间值	最大值	最小值	中间值	最大值	最小值	中间值	最大值	最小值	中间值	最大值
CWI	-5.30	-4.30	-3.30	-4.30	-3.30	-2.30	-3.30	-2.30	-1.30	-2.30	-1.30	-0.30
CAV	2.5	3.5	4.5	5.65	6.65	7.65	-0.90	0.10	1.10	-3.33	-2.33	-1.33

附表 20　干预情景 4 下建筑业用水量各因素的潜在年均变化率　单位:%

	2020			2021~2025			2026~2030			2031~2035		
	最小值	中间值	最大值	最小值	中间值	最大值	最小值	中间值	最大值	最小值	中间值	最大值
CWI	-5.50	-4.50	-3.50	-4.50	-3.50	-2.50	-3.50	-2.50	-1.50	-2.50	-1.50	-0.50
CAV	2.5	3.5	4.5	5.55	6.55	7.55	-1.00	0.00	1.00	-3.42	-2.42	-1.42

附表 21　干预情景 5 下建筑业用水量各因素的潜在年均变化率　单位:%

	2020			2021~2025			2026~2030			2031~2035		
	最小值	中间值	最大值	最小值	中间值	最大值	最小值	中间值	最大值	最小值	中间值	最大值
CWI	-5.70	-4.70	-3.70	-4.70	-3.70	-2.70	-3.70	-2.70	-1.70	-2.70	-1.70	-0.70
CAV	2.5	3.5	4.5	5.44	6.44	7.44	-1.09	-0.09	0.91	-3.52	-2.52	-1.52

附表 22　干预情景 6 下建筑业用水量各因素的潜在年均变化率　单位:%

	2020			2021~2025			2026~2030			2031~2035		
	最小值	中间值	最大值	最小值	中间值	最大值	最小值	中间值	最大值	最小值	中间值	最大值
CWI	-5.90	-4.90	-3.90	-4.90	-3.90	-2.90	-3.90	-2.90	-1.90	-2.90	-1.90	-0.90
CAV	2.5	3.5	4.5	5.34	6.34	7.34	-1.19	-0.19	0.81	-3.61	-2.61	-1.61

附表 23　干预情景 7 下建筑业用水量各因素的潜在年均变化率　单位:%

	2020			2021~2025			2026~2030			2031~2035		
	最小值	中间值	最大值	最小值	中间值	最大值	最小值	中间值	最大值	最小值	中间值	最大值
CWI	-6.10	-5.10	-4.10	-5.10	-4.10	-3.10	-4.10	-3.10	-2.10	-3.10	-2.10	-1.10
CAV	2.5	3.5	4.5	5.24	6.24	7.24	-1.28	-0.28	0.72	-3.70	-2.70	-1.70

附表 24　干预情景 2 下服务业用水量各因素的潜在年均变化率　单位:%

	2020			2021~2025			2026~2030			2031~2035		
	最小值	中间值	最大值	最小值	中间值	最大值	最小值	中间值	最大值	最小值	中间值	最大值
TWI	-5.32	-4.32	-3.32	-4.32	-3.32	-2.32	-3.32	-2.32	-1.32	-2.32	-1.32	-0.32
TAV	1.1	2.1	3.1	5.92	6.92	7.92	5.07	6.07	7.07	3.95	4.95	5.95

附表 25　干预情景 3 下服务业用水量各因素的潜在年均变化率　单位:%

	2020			2021~2025			2026~2030			2031~2035		
	最小值	中间值	最大值	最小值	中间值	最大值	最小值	中间值	最大值	最小值	中间值	最大值
TWI	-5.52	-4.52	-3.52	-4.52	-3.52	-2.52	-3.52	-2.52	-1.52	-2.52	-1.52	-0.52
TAV	1.1	2.1	3.1	5.82	6.82	7.82	4.97	5.97	6.97	3.85	4.85	5.85

附表 26　干预情景 4 下服务业用水量各因素的潜在年均变化率　单位:%

	2020			2021~2025			2026~2030			2031~2035		
	最小值	中间值	最大值	最小值	中间值	最大值	最小值	中间值	最大值	最小值	中间值	最大值
TWI	-5.72	-4.72	-3.72	-4.72	-3.72	-2.72	-3.72	-2.72	-1.72	-2.72	-1.72	-0.72
TAV	1.1	2.1	3.1	5.72	6.72	7.72	4.87	5.87	6.87	3.75	4.75	5.75

附表 27　干预情景 5 下服务业用水量各因素的潜在年均变化率　单位:%

	2020			2021~2025			2026~2030			2031~2035		
	最小值	中间值	最大值	最小值	中间值	最大值	最小值	中间值	最大值	最小值	中间值	最大值
TWI	-5.92	-4.92	-3.92	-4.92	-3.92	-2.92	-3.92	-2.92	-1.92	-2.92	-1.92	-0.92
TAV	1.1	2.1	3.1	5.62	6.62	7.62	4.77	5.77	6.77	3.65	4.65	5.65

附表 28　干预情景 6 下服务业用水量各因素的潜在年均变化率　单位:%

	2020			2021~2025			2026~2030			2031~2035		
	最小值	中间值	最大值	最小值	中间值	最大值	最小值	中间值	最大值	最小值	中间值	最大值
TWI	-6.12	-5.12	-4.12	-5.12	-4.12	-3.12	-4.12	-3.12	-2.12	-3.12	-2.12	-1.12
TAV	1.1	2.1	3.1	5.52	6.52	7.52	4.67	5.67	6.67	3.55	4.55	5.55

附表 29　干预情景 7 下服务业用水量各因素的潜在年均变化率　单位:%

	2020			2021~2025			2026~2030			2031~2035		
	最小值	中间值	最大值	最小值	中间值	最大值	最小值	中间值	最大值	最小值	中间值	最大值
TWI	-6.32	-5.32	-4.32	-5.32	-4.32	-3.32	-4.32	-3.32	-2.32	-3.32	-2.32	-1.32
TAV	1.1	2.1	3.1	5.42	6.42	7.42	4.57	5.57	6.57	3.45	4.45	5.45

附表 30　干预情景 2 下生活用水量各因素的潜在年均变化率　单位：%

		2020			2021~2025			2026~2030			2031~2035		
		最小值	中间值	最大值	最小值	中间值	最大值	最小值	中间值	最大值	最小值	中间值	最大值
DI	城镇	0.41	0.61	0.81	0.21	0.41	0.61	0.01	0.21	0.41	-0.19	0.01	0.21
	农村	1.37	1.87	2.37	0.87	1.37	1.87	0.37	0.87	1.37	-0.13	0.37	0.87
UR	城镇	0.93	1.33	1.73	0.93	1.33	1.73	1.08	1.48	1.88	0.33	0.73	1.13
	农村	-2.64	-2.24	-1.84	-2.64	-2.24	-1.84	-3.49	-3.09	-2.69	-2.23	-1.83	-1.43
P		1.22	1.42	1.62	0.00	0.20	0.40	-0.20	0	0.20	-0.20	0	0.20

附表 31　干预情景 3 下生活用水量各因素的潜在年均变化率　单位：%

		2020			2021~2025			2026~2030			2031~2035		
		最小值	中间值	最大值	最小值	中间值	最大值	最小值	中间值	最大值	最小值	中间值	最大值
DI	城镇	0.39	0.59	0.79	0.19	0.39	0.59	-0.01	0.19	0.39	-0.21	-0.01	0.19
	农村	1.27	1.77	2.27	0.77	1.27	1.77	0.27	0.77	1.27	-0.23	0.27	0.77
UR	城镇	1.08	1.48	1.88	1.08	1.48	1.88	1.07	1.47	1.87	0.32	0.72	1.12
	农村	-2.92	-2.52	-2.12	-2.92	-2.52	-2.12	-3.55	-3.15	-2.75	-2.27	-1.87	-1.47
P		1.22	1.42	1.62	-0.02	0.18	0.38	-0.20	0	0.20	-0.20	0	0.20

附表 32　干预情景 4 下生活用水量各因素的潜在年均变化率　单位：%

		2020			2021~2025			2026~2030			2031~2035		
		最小值	中间值	最大值	最小值	中间值	最大值	最小值	中间值	最大值	最小值	中间值	最大值
DI	城镇	0.37	0.57	0.77	0.17	0.37	0.57	-0.03	0.17	0.37	-0.23	-0.03	0.17
	农村	1.17	1.67	2.17	0.67	1.17	1.67	0.17	0.67	1.17	-0.33	0.17	0.67
UR	城镇	1.24	1.64	2.04	1.24	1.64	2.04	1.05	1.45	1.85	0.31	0.71	1.11
	农村	-3.21	-2.81	-2.41	-3.21	-2.81	-2.41	-3.61	-3.21	-2.81	-2.32	-1.92	-1.52
P		1.22	1.42	1.62	-0.03	0.17	0.37	-0.20	0	0.20	-0.20	0	0.20

附表 33　　干预情景 5 下生活用水量各因素的潜在年均变化率　　单位：%

		2020			2021 ~ 2025			2026 ~ 2030			2031 ~ 2035		
		最小值	中间值	最大值	最小值	中间值	最大值	最小值	中间值	最大值	最小值	中间值	最大值
DI	城镇	0.35	0.55	0.75	0.15	0.35	0.55	-0.05	0.15	0.35	-0.25	-0.05	0.15
	农村	1.07	1.57	2.07	0.57	1.07	1.57	0.07	0.57	1.07	-0.43	0.07	0.57
UR	城镇	1.39	1.79	2.19	1.39	1.79	2.19	1.04	1.44	1.84	0.31	0.71	1.11
	农村	-3.51	-3.11	-2.71	-3.51	-3.11	-2.71	-3.68	-3.28	-2.88	-2.36	-1.96	-1.56
P		1.22	1.42	1.62	-0.05	0.15	0.35	-0.20	0	0.20	-0.20	0	0.20

附表 34　　干预情景 6 下生活用水量各因素的潜在年均变化率　　单位：%

		2020			2021 ~ 2025			2026 ~ 2030			2031 ~ 2035		
		最小值	中间值	最大值	最小值	中间值	最大值	最小值	中间值	最大值	最小值	中间值	最大值
DI	城镇	0.33	0.53	0.73	0.13	0.33	0.53	-0.07	0.13	0.33	-0.27	-0.07	0.13
	农村	0.97	1.47	1.97	0.47	0.97	1.47	-0.03	0.47	0.97	-0.53	-0.03	0.47
UR	城镇	1.54	1.94	2.34	1.54	1.94	2.34	1.03	1.43	1.83	0.30	0.70	1.10
	农村	-3.81	-3.41	-3.01	-3.81	-3.41	-3.01	-3.74	-3.34	-2.94	-2.40	-2.00	-1.60
P		1.22	1.42	1.62	-0.06	0.14	0.34	-0.20	0	0.20	-0.20	0	0.20

附表 35　　干预情景 7 下生活用水量各因素的潜在年均变化率　　单位：%

		2020			2021 ~ 2025			2026 ~ 2030			2031 ~ 2035		
		最小值	中间值	最大值	最小值	中间值	最大值	最小值	中间值	最大值	最小值	中间值	最大值
DI	城镇	0.31	0.51	0.71	0.11	0.31	0.51	-0.09	0.11	0.31	-0.29	-0.09	0.11
	农村	0.87	1.37	1.87	0.37	0.87	1.37	-0.13	0.37	0.87	-0.63	-0.13	0.37
UR	城镇	1.69	2.09	2.49	1.69	2.09	2.49	1.02	1.42	1.82	0.30	0.70	1.10
	农村	-4.11	-3.71	-3.31	-4.11	-3.71	-3.31	-3.81	-3.41	-3.01	-2.45	-2.05	-1.65
P		1.22	1.42	1.62	-0.07	0.13	0.33	-0.20	0	0.20	-0.20	0	0.20

附表 36　　2020~2035 年中国用水总量多情景模拟结果

年份	情景设置	农田灌溉	工业	建筑业	服务业	生活			林牧渔畜	生态	合计
							城镇	农村			
2020	基准情景	3159.76	1189.44	47.47	224.24	620.70	442.46	178.24	478.29	264.93	5984.83
	干预情景 1	3171.32	1193.00	46.58	212.19	624.63	443.41	181.22	478.29	264.93	5990.94
	干预情景 2	3169.96	1189.67	46.49	211.78	624.47	443.93	180.55	478.29	264.93	5985.61
	干预情景 3	3167.97	1187.46	46.41	211.33	624.42	444.61	179.81	478.29	264.93	5980.82
	干预情景 4	3165.67	1184.92	46.31	210.91	624.34	445.17	179.18	478.29	264.93	5975.37
	干预情景 5	3162.96	1182.56	46.19	210.46	624.12	445.70	178.42	478.29	264.93	5969.51
	干预情景 6	3160.72	1180.05	46.11	209.97	623.82	446.22	177.60	478.29	264.93	5963.89
	干预情景 7	3157.29	1176.80	46.01	209.71	623.70	446.77	176.93	478.29	264.93	5956.74
2021	基准情景	3121.93	1162.38	48.08	232.06	633.62	455.94	177.68	478.29	284.31	5960.66
	干预情景 1	3130.85	1178.66	48.38	220.19	632.34	451.62	180.72	478.29	284.31	5973.01
	干预情景 2	3125.58	1173.62	48.09	218.95	631.87	452.58	179.29	478.29	284.31	5960.70
	干预情景 3	3120.89	1167.31	47.87	217.67	631.51	453.71	177.80	478.29	284.31	5947.85
	干预情景 4	3118.23	1161.86	47.60	216.55	631.40	454.95	176.45	478.29	284.31	5938.25
	干预情景 5	3113.90	1155.34	47.37	215.71	630.87	455.85	175.03	478.29	284.31	5925.78
	干预情景 6	3108.47	1149.00	47.11	214.51	630.61	457.05	173.56	478.29	284.31	5912.29
	干预情景 7	3102.07	1143.78	46.87	213.28	630.18	458.07	172.11	478.29	284.31	5898.79
2022	基准情景	3087.11	1135.04	48.73	239.96	646.93	469.86	177.07	478.29	305.10	5941.16
	干预情景 1	3091.59	1168.10	50.10	227.56	640.16	459.94	180.22	478.29	305.10	5960.89
	干预情景 2	3082.58	1154.95	49.81	226.20	639.20	461.19	178.00	478.29	305.10	5936.12

续表

年份	情景设置	农田灌溉	工业	建筑业	服务业	生活			林牧渔畜	生态	合计
							城镇	农村			
2022	干预情景 3	3076. 39	1149. 78	49. 34	224. 35	638. 84	462. 97	175. 87	478. 29	305. 10	5922. 08
	干预情景 4	3069. 66	1138. 70	48. 93	222. 64	638. 57	464. 71	173. 86	478. 29	305. 10	5901. 88
	干预情景 5	3062. 68	1130. 21	48. 58	220. 77	638. 17	466. 45	171. 71	478. 29	305. 10	5883. 79
	干预情景 6	3055. 25	1119. 40	48. 22	219. 01	637. 46	467. 94	169. 52	478. 29	305. 10	5862. 73
	干预情景 7	3050. 23	1111. 35	47. 74	217. 42	637. 40	470. 02	167. 38	478. 29	305. 10	5847. 51
2023	基准情景	3049. 54	1109. 62	49. 33	248. 41	660. 78	484. 23	176. 55	478. 29	327. 41	5923. 38
	干预情景 1	3052. 72	1152. 06	51. 93	236. 59	647. 67	468. 11	179. 56	478. 29	327. 41	5946. 66
	干预情景 2	3042. 87	1141. 23	51. 57	233. 55	646. 85	470. 10	176. 75	478. 29	327. 41	5921. 77
	干预情景 3	3033. 22	1130. 56	50. 83	231. 28	646. 77	472. 91	173. 86	478. 29	327. 41	5898. 36
	干预情景 4	3024. 37	1117. 23	50. 25	228. 77	646. 23	475. 29	170. 94	478. 29	327. 41	5872. 57
	干预情景 5	3015. 99	1104. 85	49. 80	226. 42	645. 53	477. 16	168. 37	478. 29	327. 41	5848. 30
	干预情景 6	3005. 46	1090. 40	49. 28	223. 86	644. 46	478. 98	165. 48	478. 29	327. 41	5819. 15
	干预情景 7	2996. 57	1078. 03	48. 67	221. 62	644. 73	481. 98	162. 75	478. 29	327. 41	5795. 32
2024	基准情景	3011. 57	1083. 07	50. 02	256. 77	675. 28	499. 06	176. 22	478. 29	351. 35	5906. 35
	干预情景 1	3010. 82	1138. 29	53. 96	244. 66	655. 72	476. 74	178. 99	478. 29	351. 35	5933. 08
	干预情景 2	2998. 43	1123. 78	53. 21	241. 86	655. 33	479. 81	175. 52	478. 29	351. 35	5902. 26
	干预情景 3	2990. 88	1109. 40	52. 51	237. 69	654. 36	482. 47	171. 88	478. 29	351. 35	5874. 48
	干预情景 4	2979. 98	1094. 28	51. 63	235. 26	653. 94	485. 48	168. 46	478. 29	351. 35	5844. 72
	干预情景 5	2966. 04	1079. 11	51. 04	231. 49	653. 24	488. 12	165. 12	478. 29	351. 35	5810. 56

续表

年份	情景设置	农田灌溉	工业	建筑业	服务业	生活			林牧渔畜	生态	合计
							城镇	农村			
2024	干预情景 6	2954.26	1064.50	50.25	228.46	652.24	490.58	161.66	478.29	351.35	5779.36
	干预情景 7	2942.27	1048.12	49.49	225.59	652.16	493.96	158.20	478.29	351.35	5747.27
2025	基准情景	2976.54	1059.20	50.62	265.90	689.50	513.94	175.56	478.29	377.05	5897.10
	干预情景 1	2979.56	1131.29	55.78	254.44	664.15	485.55	178.60	478.29	377.05	5940.56
	干预情景 2	2959.66	1108.51	55.10	249.69	662.68	488.55	174.13	478.29	377.05	5890.98
	干预情景 3	2943.48	1091.92	54.20	245.08	662.63	492.53	170.10	478.29	377.05	5852.64
	干预情景 4	2930.61	1073.20	53.23	241.43	661.52	495.78	165.75	478.29	377.05	5815.32
	干预情景 5	2921.68	1051.29	52.28	237.34	661.42	499.54	161.88	478.29	377.05	5779.35
	干预情景 6	2903.14	1032.21	51.40	233.42	661.27	503.26	158.01	478.29	377.05	5736.79
	干预情景 7	2896.66	1019.22	50.33	229.53	660.66	506.59	154.07	478.29	377.05	5711.73
2026	基准情景	2942.18	1033.42	51.34	274.72	704.52	529.66	174.85	478.29	404.62	5889.09
	干预情景 1	2930.33	1111.00	55.12	262.99	668.30	493.55	174.74	478.29	404.62	5910.65
	干预情景 2	2910.27	1087.55	53.96	257.82	667.22	496.79	170.43	478.29	404.62	5859.72
	干预情景 3	2903.19	1067.40	52.94	252.77	666.10	500.15	165.96	478.29	404.62	5825.32
	干预情景 4	2888.39	1045.07	51.78	248.64	665.75	504.17	161.58	478.29	404.62	5782.55
	干预情景 5	2863.07	1027.23	50.59	243.54	664.81	507.30	157.52	478.29	404.62	5732.17
	干预情景 6	2856.85	1007.55	49.70	238.18	664.36	510.87	153.49	478.29	404.62	5699.54
	干预情景 7	2836.75	985.00	48.71	234.25	663.70	514.47	149.24	478.29	404.62	5651.32

续表

年份	情景设置	农田灌溉	工业	建筑业	服务业	生活			林牧渔畜	生态	合计
							城镇	农村			
2027	基准情景	2908.46	1011.02	51.77	284.59	720.26	545.89	174.37	478.29	434.21	5888.61
	干预情景1	2889.31	1097.86	54.04	273.21	672.67	501.68	170.99	478.29	434.21	5899.59
	干预情景2	2866.86	1069.20	52.85	267.81	671.30	505.10	166.19	478.29	434.21	5840.51
	干预情景3	2848.70	1048.24	51.69	262.10	670.53	508.47	162.06	478.29	434.21	5793.76
	干预情景4	2832.11	1025.19	50.56	256.42	669.96	512.41	157.55	478.29	434.21	5746.73
	干预情景5	2816.99	996.05	49.28	248.56	668.76	515.62	153.14	478.29	434.21	5692.15
	干预情景6	2796.77	978.36	48.26	244.17	667.43	518.61	148.82	478.29	434.21	5647.49
	干预情景7	2786.91	949.33	47.10	238.96	666.23	521.74	144.49	478.29	434.21	5601.03
2028	基准情景	2870.57	985.99	52.69	291.89	736.87	562.65	174.22	478.29	465.96	5882.27
	干预情景1	2843.85	1079.63	53.28	283.83	678.41	510.65	167.76	478.29	465.96	5883.24
	干预情景2	2824.56	1052.97	51.94	278.56	677.06	514.40	162.66	478.29	465.96	5829.34
	干预情景3	2806.99	1026.59	50.61	269.87	675.01	516.91	158.10	478.29	465.96	5773.33
	干预情景4	2788.61	1000.03	49.26	264.26	674.46	520.83	153.63	478.29	465.96	5720.88
	干预情景5	2768.98	972.56	47.98	256.48	673.25	524.08	149.17	478.29	465.96	5663.51
	干预情景6	2749.52	949.61	46.74	250.20	671.28	526.75	144.53	478.29	465.96	5611.61
	干预情景7	2728.80	918.58	45.68	243.51	670.14	529.92	140.22	478.29	465.96	5550.95

续表

年份	情景设置	农田灌溉	工业	建筑业	服务业	生活			林牧渔畜	生态	合计
							城镇	农村			
2029	基准情景	2837.64	964.97	53.07	304.57	753.41	579.94	173.46	478.29	500.04	5891.99
	干预情景 1	2802.45	1071.94	52.40	294.92	683.93	519.65	164.28	478.29	500.04	5883.96
	干预情景 2	2778.27	1037.19	50.98	288.25	681.89	522.92	158.97	478.29	500.04	5814.91
	干预情景 3	2757.67	1005.66	49.42	278.58	679.51	525.25	154.26	478.29	500.04	5749.17
	干预情景 4	2737.62	978.26	48.13	271.92	678.45	528.87	149.58	478.29	500.04	5692.70
	干预情景 5	2715.69	946.37	46.58	262.61	676.58	531.63	144.95	478.29	500.04	5626.17
	干预情景 6	2695.02	918.95	45.29	256.44	675.42	535.12	140.30	478.29	500.04	5569.45
	干预情景 7	2674.67	889.94	43.91	248.79	673.23	537.61	135.62	478.29	500.04	5508.87
2030	基准情景	2805.33	940.67	53.62	314.40	770.46	597.80	172.66	478.29	536.61	5899.38
	干预情景 1	2761.76	1051.17	51.38	306.62	689.51	528.66	160.85	478.29	536.61	5875.33
	干预情景 2	2739.45	1019.16	49.81	298.26	686.39	530.96	155.43	478.29	536.61	5807.98
	干预情景 3	2712.78	985.42	48.43	288.72	685.11	534.37	150.74	478.29	536.61	5735.35
	干预情景 4	2691.09	953.83	47.00	278.46	683.03	537.34	145.69	478.29	536.61	5668.30
	干预情景 5	2673.63	921.11	45.36	269.86	680.04	539.25	140.80	478.29	536.61	5604.91
	干预情景 6	2645.08	891.38	43.88	262.00	679.81	543.63	136.17	478.29	536.61	5537.04
	干预情景 7	2625.10	863.63	42.61	252.94	678.33	546.59	131.74	478.29	536.61	5477.49

续表

年份	情景设置	农田灌溉	工业	建筑业	服务业	生活			林牧渔畜	生态	合计
							城镇	农村			
2031	基准情景	2773.62	920.95	54.40	325.91	787.41	615.20	172.22	478.29	575.85	5916.44
	干预情景1	2709.05	1042.34	50.19	317.68	690.92	532.91	158.00	478.29	575.85	5864.32
	干预情景2	2690.01	1010.45	48.23	309.00	688.47	535.32	153.15	478.29	575.85	5800.29
	干预情景3	2670.43	970.10	46.68	297.79	686.07	538.03	148.04	478.29	575.85	5725.20
	干预情景4	2649.30	937.41	44.95	288.29	684.67	541.65	143.02	478.29	575.85	5658.75
	干预情景5	2623.81	903.50	43.41	278.96	682.82	544.30	138.52	478.29	575.85	5586.64
	干预情景6	2596.12	873.86	41.81	267.70	681.12	547.45	133.67	478.29	575.85	5514.75
	干预情景7	2584.53	839.47	40.57	258.80	679.72	550.55	129.18	478.29	575.85	5457.23
2032	基准情景	2742.51	897.36	54.94	336.29	806.35	634.12	172.24	478.29	617.96	5933.70
	干预情景1	2658.71	1034.96	48.25	332.22	692.52	536.25	156.27	478.29	617.96	5862.90
	干预情景2	2634.56	1001.47	46.59	319.21	690.67	539.66	151.01	478.29	617.96	5788.75
	干预情景3	2612.87	957.61	44.89	307.69	687.34	541.88	145.46	478.29	617.96	5706.64
	干预情景4	2596.42	923.36	43.23	296.02	686.25	545.67	140.58	478.29	617.96	5641.53
	干预情景5	2578.66	891.39	41.70	285.01	683.15	547.33	135.82	478.29	617.96	5576.16
	干预情景6	2552.32	853.92	39.92	274.15	680.79	549.86	130.93	478.29	617.96	5497.33
	干预情景7	2534.90	821.88	38.52	265.17	679.40	553.51	125.89	478.29	617.96	5436.11

续表

年份	情景设置	农田灌溉	工业	建筑业	服务业	生活			林牧渔畜	生态	合计
							城镇	农村			
2033	基准情景	2704.94	878.86	55.14	348.71	825.03	653.65	171.39	478.29	663.15	5954.12
	干预情景 1	2608.60	1032.73	47.04	343.75	694.74	540.52	154.22	478.29	663.15	5868.30
	干预情景 2	2590.73	990.27	45.18	332.58	692.75	544.15	148.60	478.29	663.15	5792.95
	干预情景 3	2572.09	939.63	43.20	317.79	689.47	546.19	143.29	478.29	663.15	5703.62
	干预情景 4	2552.15	909.87	41.48	303.43	686.24	548.26	137.97	478.29	663.15	5634.61
	干预情景 5	2525.12	873.09	39.79	293.31	683.26	550.57	132.69	478.29	663.15	5556.00
	干预情景 6	2508.95	834.14	38.21	280.84	682.17	554.04	128.13	478.29	663.15	5485.74
	干预情景 7	2484.37	800.47	36.58	271.01	679.70	556.50	123.21	478.29	663.15	5413.57
2034	基准情景	2674.56	855.95	55.95	357.57	844.30	673.81	170.49	478.29	711.64	5978.26
	干预情景 1	2566.28	1026.20	45.64	358.39	697.37	545.65	151.72	478.29	711.64	5883.82
	干预情景 2	2537.61	981.62	43.92	342.42	693.94	547.11	146.82	478.29	711.64	5789.43
	干预情景 3	2529.10	933.25	41.73	326.71	692.17	550.69	141.48	478.29	711.64	5712.90
	干预情景 4	2509.71	894.53	39.88	312.07	687.36	551.42	135.94	478.29	711.64	5633.48
	干预情景 5	2482.02	854.64	38.26	300.61	685.19	554.69	130.50	478.29	711.64	5550.66
	干预情景 6	2462.94	814.62	36.43	287.03	681.92	556.52	125.40	478.29	711.64	5472.87
	干预情景 7	2434.51	786.07	35.00	273.87	680.11	559.36	120.75	478.29	711.64	5399.49

续表

年份	情景设置	农田灌溉	工业	建筑业	服务业	生活			林牧渔畜	生态	合计
							城镇	农村			
2035	基准情景	2644.76	838.60	56.42	366.17	864.72	694.64	170.08	478.29	763.69	6012.64
	干预情景1	2518.04	1016.26	43.90	372.03	698.52	548.69	149.83	478.29	763.69	5890.72
	干预情景2	2492.03	964.50	42.16	353.79	695.67	550.89	144.78	478.29	763.69	5790.13
	干预情景3	2478.06	921.42	40.14	338.08	692.47	553.61	138.85	478.29	763.69	5712.14
	干预情景4	2463.95	878.43	38.14	320.84	688.75	555.35	133.40	478.29	763.69	5632.08
	干预情景5	2427.49	838.18	36.74	307.71	685.94	558.07	127.88	478.29	763.69	5538.03
	干预情景6	2422.50	799.55	34.81	293.03	684.40	561.55	122.85	478.29	763.69	5476.26
	干预情景7	2389.77	758.53	33.18	280.70	681.38	563.24	118.14	478.29	763.69	5385.53

附表 37　　干预情景 2 下三种模型的岭回归估计结果

	(K/W)/L 型		(K/L)/W 型		(W/L)/K 型	
	标准化系数	t 值	标准化系数	t 值	标准化系数	t 值
$\ln A_0$	0.0000	-8.6151	0.0000	-8.6151	0.0000	-6.7640
t	0.2569	63.4979	0.2569	63.4979	0.3303	81.0820
lnK	0.2306	94.7719	0.2306	94.7719	0.3093	105.0213
lnW	0.1115	10.8123	0.1115	10.8123	0.0566	17.3983
lnL	0.0517	4.9169	0.0517	4.9169	0.0623	7.0342
$\left(\ln\frac{K}{W}\right)^2$	0.2294	105.6245	0.2294	105.6245		
$\left(\ln\frac{K}{L}\right)^2$	0.2350	106.1316	0.2350	106.1316		
$\left(\ln\frac{W}{L}\right)^2$					-0.0433	-5.8266
$\left(\ln\frac{W}{K}\right)^2$					0.3108	109.0252
$Adj-R^2$	0.9978		0.9978		0.9978	
F	2472.6126		2472.6126		2465.7226	

附表 38　　干预情景 3 下三种模型的岭回归估计结果

	(K/W)/L 型		(K/L)/W 型		(W/L)/K 型	
	标准化系数	t 值	标准化系数	t 值	标准化系数	t 值
$\ln A_0$	0.0000	-8.0733	0.0000	-8.0733	0.0000	-6.4424
t	0.2647	53.1621	0.2647	53.1621	0.3402	66.8379
lnK	0.2328	87.8055	0.2328	87.8055	0.3116	93.4360
lnW	0.1060	9.1752	0.1060	9.1752	0.0557	14.8213
lnL	0.0596	5.0904	0.0596	5.0904	0.0687	6.6533
$\left(\ln\frac{K}{W}\right)^2$	0.2303	99.5626	0.2303	99.5626		
$\left(\ln\frac{K}{L}\right)^2$	0.2371	94.4152	0.2371	94.4152		

续表

	(K/W)/L 型		(K/L)/W 型		(W/L)/K 型	
	标准化系数	t 值	标准化系数	t 值	标准化系数	t 值
$\left(\ln\frac{W}{L}\right)^2$					-0.0389	-4.5226
$\left(\ln\frac{W}{K}\right)^2$					0.3114	95.9764
Adj - R^2	0.9974		0.9974		0.9974	
F	2043.7881		2043.7881		2053.5824	

附表 39　　干预情景 4 下三种模型的岭回归估计结果

	(K/W)/L 型		(K/L)/W 型		(W/L)/K 型	
	标准化系数	t 值	标准化系数	t 值	标准化系数	t 值
$\ln A_0$	0.0000	-7.9465	0.0000	-7.9465	0.0000	-6.4568
t	0.2704	45.6236	0.2704	45.6236	0.3469	55.1275
lnK	0.2342	81.0922	0.2342	81.0922	0.3121	81.7095
lnW	0.1003	7.8764	0.1003	7.8764	0.0550	12.1737
lnL	0.0698	5.5093	0.0698	5.5093	0.0783	6.6114
$\left(\ln\frac{K}{W}\right)^2$	0.2302	92.8616	0.2302	92.8616		
$\left(\ln\frac{K}{L}\right)^2$	0.2378	84.3371	0.2378	84.3371		
$\left(\ln\frac{W}{L}\right)^2$					-0.0334	-3.4060
$\left(\ln\frac{W}{K}\right)^2$					0.3099	83.0526
Adj - R^2	0.9969		0.9969		0.9969	
F	1731.9232		1731.9232		1707.4574	

附表 40　　干预情景 5 下三种模型的岭回归估计结果

	(K/W)/L 型		(K/L)/W 型		(W/L)/K 型	
	标准化系数	t 值	标准化系数	t 值	标准化系数	t 值
$\ln A_0$	0.0000	-7.9970	0.0000	-7.9970	0.0000	-6.6254
t	0.2753	39.0577	0.2753	39.0577	0.3518	44.9239
lnK	0.2349	73.6206	0.2349	73.6206	0.3109	70.1412
lnW	0.0930	6.6354	0.0930	6.6354	0.0531	9.4419
lnL	0.0825	6.0773	0.0825	6.0773	0.0913	6.7535
$\left(\ln\frac{K}{W}\right)^2$	0.2291	85.1682	0.2291	85.1682		
$\left(\ln\frac{K}{L}\right)^2$	0.2374	74.9638	0.2374	74.9638		
$\left(\ln\frac{W}{L}\right)^2$					-0.0259	-2.3334
$\left(\ln\frac{W}{K}\right)^2$					0.3065	70.8721
$Adj-R^2$	0.9963		0.9963		0.9962	
F	1456.0509		1456.0509		1393.2175	

附表 41　　干预情景 6 下三种模型的岭回归估计结果

	(K/W)/L 型		(K/L)/W 型		(W/L)/K 型	
	标准化系数	t 值	标准化系数	t 值	标准化系数	t 值
$\ln A_0$	0.0000	-8.3046	0.0000	-8.3046	0.0000	-7.0336
t	0.2781	34.6819	0.2781	34.6819	0.3535	38.3354
lnK	0.2347	67.2834	0.2347	67.2834	0.3085	61.4507
lnW	0.0849	5.6499	0.0849	5.6499	0.0501	7.4568
lnL	0.0962	6.7791	0.0962	6.7791	0.1061	7.1663
$\left(\ln\frac{K}{W}\right)^2$	0.2273	78.9495	0.2273	78.9495		

续表

	(K/W)/L 型		(K/L)/W 型		(W/L)/K 型	
	标准化系数	t 值	标准化系数	t 值	标准化系数	t 值
$\left(\ln\frac{K}{L}\right)^2$	0. 2360	67. 9281	0. 2360	67. 9281		
$\left(\ln\frac{W}{L}\right)^2$					-0. 0175	-1. 4537
$\left(\ln\frac{W}{K}\right)^2$					0. 3019	62. 3829
$Adj-R^2$	0. 9958		0. 9958		0. 9955	
F	1270. 4037		1270. 4037		1182. 7612	

附表 42　　干预情景 7 下三种模型的岭回归估计结果

	(K/W)/L 型		(K/L)/W 型		(W/L)/K 型	
	标准化系数	t 值	标准化系数	t 值	标准化系数	t 值
$\ln A_0$	0. 0000	-8. 7464	0. 0000	-8. 74644	0. 0000	-7. 5501
t	0. 2798	31. 3290	0. 2798	31. 3290	0. 3533	33. 4577
lnK	0. 2341	62. 3001	0. 2341	62. 3001	0. 3052	55. 3147
lnW	0. 0762	4. 8413	0. 0762	4. 8413	0. 0456	5. 8767
lnL	0. 1101	7. 5688	0. 1101	7. 5688	0. 1219	7. 7101
$\left(\ln\frac{K}{W}\right)^2$	0. 2250	74. 0112	0. 2250	74. 0112		
$\left(\ln\frac{K}{L}\right)^2$	0. 2340	63. 1806	0. 2340	63. 1806		
$\left(\ln\frac{W}{L}\right)^2$					-0. 0086	-0. 6771
$\left(\ln\frac{W}{K}\right)^2$					0. 2965	56. 4558
$Adj-R^2$	0. 9953		0. 9953		0. 9948	
F	1133. 0194		1133. 0194		1031. 2641	

附表 43　　干预情景 1 下用水总量达峰的时间情景分解结果

	ΔAW					ΔIW			ΔCW		
		$ΔAW_{NIW}$	$ΔAW_{EUC}$	$ΔAW_{IP}$	$ΔAW_{EIA}$		$ΔIW_{IWI}$	$ΔIW_{IAV}$		$ΔCW_{CWI}$	$ΔCW_{CAV}$
2003	0.00	0.00	0.00	0.00	0.00	0.00	0.00	0.00	0.00	0.00	0.00
2004	130.74	179.44	-35.72	-40.03	27.05	51.70	-80.32	132.02	5.24	3.05	2.19
2005	129.19	200.63	-71.03	-59.26	58.85	108.00	-162.08	270.08	7.71	1.14	6.57
2006	208.95	280.58	-142.23	-30.64	101.24	166.60	-262.40	429.00	7.24	-3.83	11.07
2007	153.97	238.65	-209.27	-19.19	143.78	226.90	-390.66	617.56	5.58	-9.38	14.96
2008	208.06	281.86	-244.87	-82.62	253.69	219.90	-518.45	738.35	13.80	-6.01	19.81
2009	235.80	287.02	-279.55	-69.53	297.87	213.70	-634.54	848.24	9.57	-14.22	23.79
2010	179.57	339.81	-407.19	-106.23	353.18	270.10	-750.88	1020.98	14.92	-14.90	29.82
2011	202.10	358.41	-471.90	-108.69	424.28	284.60	-877.65	1162.25	21.47	-14.14	35.61
2012	315.57	315.28	-518.09	44.39	473.98	203.50	-1024.44	1227.94	16.53	-20.03	36.56
2013	305.52	469.16	-561.06	-126.52	523.94	229.20	-1106.01	1335.21	15.31	-23.66	38.97
2014	218.93	380.61	-596.38	-135.81	570.52	178.80	-1213.63	1392.43	14.55	-26.95	41.50
2015	257.25	354.32	-636.15	-100.67	639.75	157.60	-1293.20	1450.80	19.31	-27.21	46.52
2016	216.04	271.88	-667.84	-84.82	696.83	130.80	-1373.90	1504.70	19.79	-29.54	49.33
2017	215.13	281.72	-703.00	-92.35	728.77	99.80	-1460.46	1560.26	21.29	-30.26	51.55
2018	110.84	209.58	-726.07	-110.90	738.22	84.40	-1538.48	1622.88	18.55	-32.89	51.44
2019	100.76	263.28	-753.19	-165.08	755.76	40.40	-1609.82	1650.22	21.64	-33.53	55.17
2020	75.88	241.81	-770.37	-181.09	785.54	15.26	-1645.86	1661.13	21.39	-34.82	56.21
2021	35.45	204.24	-785.42	-190.22	806.86	2.47	-1694.23	1696.70	23.14	-36.58	59.72
2022	-4.47	167.14	-800.26	-199.23	827.88	-10.18	-1742.04	1731.86	24.95	-38.40	63.35
2023	-43.88	130.51	-814.89	-208.12	848.62	-22.70	-1789.31	1766.61	26.83	-40.29	67.12
2024	-82.79	94.35	-829.31	-216.90	869.07	-35.08	-1836.04	1800.96	28.78	-42.24	71.03
2025	-121.21	58.64	-843.53	-225.55	889.23	-47.33	-1882.23	1834.90	30.81	-44.27	75.08
2026	-164.95	23.36	-856.70	-233.86	902.25	-63.21	-1924.68	1861.46	29.90	-44.60	74.50
2027	-208.06	-11.41	-869.64	-242.04	915.04	-78.87	-1966.47	1887.59	29.01	-44.91	73.93
2028	-250.53	-45.67	-882.37	-250.09	927.61	-94.32	-2007.61	1913.30	28.14	-45.22	73.36
2029	-292.38	-79.44	-894.89	-258.02	939.97	-109.54	-2048.13	1938.59	27.28	-45.53	72.80
2030	-333.61	-112.71	-907.19	-265.82	952.11	-124.55	-2088.01	1963.46	26.43	-45.82	72.25
2031	-384.29	-145.24	-922.59	-273.01	956.54	-131.60	-2123.57	1991.97	24.87	-45.37	70.24
2032	-434.04	-177.17	-937.66	-280.05	960.83	-138.61	-2158.88	2020.27	23.36	-44.93	68.28
2033	-482.88	-208.53	-952.41	-286.95	965.00	-145.57	-2193.94	2048.37	21.89	-44.49	66.38
2034	-530.83	-239.31	-966.85	-293.71	969.05	-152.48	-2228.76	2076.28	20.47	-44.05	64.52
2035	-577.89	-269.53	-980.99	-300.34	972.97	-159.34	-2263.33	2103.99	19.09	-43.63	62.71

续表

	ΔTW			ΔDW				ΔLW	ΔEW	ΔTOW
		$ΔTW_{TWI}$	$ΔTW_{TAV}$		$ΔDW_{DI}$	$ΔDW_{UR}$	$ΔDW_{P}$			
2003	0.00	0.00	0.00	0.00	0.00	0.00	0.00	0.00	0.00	0.00
2004	8.95	0.85	8.10	2.23	-4.91	4.54	2.60	25.12	3.42	227.40
2005	10.32	-7.77	18.09	20.32	5.81	9.20	5.31	26.75	10.31	312.60
2006	19.61	-11.18	30.79	27.81	5.93	14.12	7.76	31.48	12.91	474.60
2007	24.93	-20.40	45.33	35.54	5.80	19.55	10.19	26.45	24.93	498.30
2008	26.57	-28.36	54.93	48.93	12.78	23.45	12.70	33.86	38.38	589.50
2009	33.53	-32.03	65.56	65.45	21.64	28.60	15.22	65.15	21.60	644.80
2010	40.63	-36.22	76.85	70.28	24.38	28.32	17.58	85.47	40.63	701.60
2011	48.44	-40.32	88.76	77.52	24.51	33.01	20.01	116.44	36.23	786.80
2012	91.86	-21.61	113.47	85.69	23.78	39.37	22.55	67.09	30.56	810.80
2013	93.33	-30.30	123.63	96.37	28.48	42.71	25.18	97.98	25.29	863.00
2014	96.95	-37.85	134.80	106.96	32.66	46.31	27.99	134.62	23.79	774.60
2015	109.39	-41.41	150.80	119.90	37.86	51.25	30.79	77.09	42.26	782.80
2016	119.52	-46.03	165.55	138.27	49.35	54.65	34.28	30.22	65.16	719.80
2017	125.67	-53.40	179.07	144.62	48.93	58.53	37.16	33.13	83.36	723.00
2018	136.75	-58.40	195.15	159.96	57.91	62.43	39.62	65.90	118.70	695.10
2019	136.95	-67.83	204.78	166.55	58.89	66.10	41.55	67.43	167.07	700.80
2020	132.38	-72.69	205.08	183.07	64.88	68.64	49.55	57.90	185.12	671.00
2021	140.19	-78.62	218.82	190.63	68.81	70.86	50.96	57.90	204.48	654.26
2022	148.29	-84.78	233.07	198.35	72.77	73.19	52.39	57.90	225.26	640.10
2023	156.69	-91.17	247.86	206.21	76.76	75.63	53.83	57.90	247.57	628.62
2024	165.39	-97.80	263.20	214.23	80.76	78.18	55.29	57.90	271.50	619.94
2025	174.42	-104.70	279.12	222.41	84.79	80.85	56.78	57.90	297.18	614.19
2026	184.38	-110.42	294.81	227.03	86.48	83.61	56.95	57.90	324.74	595.79
2027	194.74	-116.37	311.11	231.87	88.16	86.59	57.12	57.90	354.31	580.90
2028	205.50	-122.55	328.05	236.94	89.84	89.79	57.30	57.90	386.04	569.67
2029	216.68	-128.97	345.65	242.22	91.52	93.21	57.49	57.90	420.10	562.26
2030	228.30	-135.64	363.95	247.74	93.19	96.86	57.69	57.90	456.64	558.84
2031	240.24	-140.78	381.01	249.61	93.55	98.32	57.74	57.90	495.85	552.57
2032	252.63	-146.09	398.73	251.54	93.90	99.84	57.80	57.90	537.93	550.70
2033	265.51	-151.60	417.11	253.53	94.25	101.42	57.86	57.90	583.09	553.46
2034	278.88	-157.30	436.18	255.58	94.59	103.06	57.92	57.90	631.55	561.06
2035	292.78	-163.20	455.98	257.68	94.93	104.76	57.98	57.90	683.55	573.75

附表 44　　干预情景 2 下用水总量达峰的时间情景分解结果

	ΔAW	ΔAW_{NIW}	ΔAW_{EUC}	ΔAW_{IP}	ΔAW_{EIA}	ΔIW	ΔIW_{IWI}	ΔIW_{IAV}	ΔCW	ΔCW_{CWI}	ΔCW_{CAV}
2003	0.00	0.00	0.00	0.00	0.00	0.00	0.00	0.00	0.00	0.00	0.00
2004	130.74	179.44	-35.72	-40.03	27.05	51.70	-80.32	132.02	5.24	3.05	2.19
2005	129.19	200.63	-71.03	-59.26	58.85	108.00	-162.08	270.08	7.71	1.14	6.57
2006	208.95	280.58	-142.23	-30.64	101.24	166.60	-262.40	429.00	7.24	-3.83	11.07
2007	153.97	238.65	-209.27	-19.19	143.78	226.90	-390.66	617.56	5.58	-9.38	14.96
2008	208.06	281.86	-244.87	-82.62	253.69	219.90	-518.45	738.35	13.80	-6.01	19.81
2009	235.80	287.02	-279.55	-69.53	297.87	213.70	-634.54	848.24	9.57	-14.22	23.79
2010	179.57	339.81	-407.19	-106.23	353.18	270.10	-750.88	1020.98	14.92	-14.90	29.82
2011	202.10	358.41	-471.90	-108.69	424.28	284.60	-877.65	1162.25	21.47	-14.14	35.61
2012	315.57	315.28	-518.09	44.39	473.98	203.50	-1024.44	1227.94	16.53	-20.03	36.56
2013	305.52	469.16	-561.06	-126.52	523.94	229.20	-1106.01	1335.21	15.31	-23.66	38.97
2014	218.93	380.61	-596.38	-135.81	570.52	178.80	-1213.63	1392.43	14.55	-26.95	41.50
2015	257.25	354.32	-636.15	-100.67	639.75	157.60	-1293.20	1450.80	19.31	-27.21	46.52
2016	216.04	271.88	-667.84	-84.82	696.83	130.80	-1373.90	1504.70	19.79	-29.54	49.33
2017	215.13	281.72	-703.00	-92.35	728.77	99.80	-1460.46	1560.26	21.29	-30.26	51.55
2018	110.84	209.58	-726.07	-110.90	738.22	84.40	-1538.48	1622.88	18.55	-32.89	51.44
2019	100.76	263.28	-753.19	-165.08	755.76	40.40	-1609.82	1650.22	21.64	-33.53	55.17
2020	73.27	238.55	-772.57	-181.02	788.31	12.77	-1646.62	1659.38	21.29	-34.85	56.14
2021	30.29	197.78	-789.78	-190.07	812.35	-3.60	-1694.80	1691.20	22.89	-36.62	59.52
2022	-12.12	157.57	-806.74	-198.99	836.04	-19.74	-1742.26	1722.52	24.55	-38.46	63.00
2023	-53.95	117.89	-823.44	-207.78	859.38	-35.66	-1789.02	1753.36	26.26	-40.35	66.60
2024	-95.21	78.74	-839.89	-216.45	882.38	-51.35	-1835.08	1783.72	28.03	-42.30	70.33
2025	-135.91	40.12	-856.09	-225.00	905.05	-66.84	-1880.45	1813.62	29.86	-44.32	74.18
2026	-181.85	2.02	-871.19	-233.19	920.51	-85.70	-1922.04	1836.34	28.81	-44.64	73.45
2027	-227.07	-35.50	-886.02	-241.25	935.70	-104.24	-1962.83	1858.59	27.78	-44.95	72.74
2028	-271.60	-72.44	-900.60	-249.18	950.62	-122.46	-2002.85	1880.39	26.78	-45.26	72.03
2029	-315.43	-108.82	-914.91	-256.97	965.27	-140.37	-2042.11	1901.74	25.79	-45.55	71.34
2030	-358.58	-144.63	-928.98	-264.64	979.67	-157.98	-2080.63	1922.65	24.81	-45.83	70.65
2031	-408.85	-179.64	-944.08	-271.79	986.67	-167.90	-2114.71	1946.82	23.16	-45.38	68.54
2032	-458.20	-214.02	-958.86	-278.81	993.49	-177.71	-2148.44	1970.73	21.56	-44.93	66.49
2033	-506.64	-247.77	-973.32	-285.68	1000.13	-187.43	-2181.82	1994.39	20.02	-44.49	64.50
2034	-554.19	-280.90	-987.48	-292.42	1006.61	-197.05	-2214.85	2017.80	18.52	-44.05	62.57
2035	-600.87	-313.43	-1001.34	-299.02	1012.92	-206.59	-2247.54	2040.95	17.08	-43.61	60.69

续表

	ΔTW			ΔDW				ΔLW	ΔEW	ΔTOW
		ΔTW_{TWI}	ΔTW_{TAV}		ΔDW_{DI}	ΔDW_{UR}	ΔDW_{P}			
2003	0.00	0.00	0.00	0.00	0.00	0.00	0.00	0.00	0.00	0.00
2004	8.95	0.85	8.10	2.23	-4.91	4.54	2.60	25.12	3.42	227.40
2005	10.32	-7.77	18.09	20.32	5.81	9.20	5.31	26.75	10.31	312.60
2006	19.61	-11.18	30.79	27.81	5.93	14.12	7.76	31.48	12.91	474.60
2007	24.93	-20.40	45.33	35.54	5.80	19.55	10.19	26.45	24.93	498.30
2008	26.57	-28.36	54.93	48.93	12.78	23.45	12.70	33.86	38.38	589.50
2009	33.53	-32.03	65.56	65.45	21.64	28.60	15.22	65.15	21.60	644.80
2010	40.63	-36.22	76.85	70.28	24.38	28.32	17.58	85.47	40.63	701.60
2011	48.44	-40.32	88.76	77.52	24.51	33.01	20.01	116.44	36.23	786.80
2012	91.86	-21.61	113.47	85.69	23.78	39.37	22.55	67.09	30.56	810.80
2013	93.33	-30.30	123.63	96.37	28.48	42.71	25.18	97.98	25.29	863.00
2014	96.95	-37.85	134.80	106.96	32.66	46.31	27.99	134.62	23.79	774.60
2015	109.39	-41.41	150.80	119.90	37.86	51.25	30.79	77.09	42.26	782.80
2016	119.52	-46.03	165.55	138.27	49.35	54.65	34.28	30.22	65.16	719.80
2017	125.67	-53.40	179.07	144.62	48.93	58.53	37.16	33.13	83.36	723.00
2018	136.75	-58.40	195.15	159.96	57.91	62.43	39.62	65.90	118.70	695.10
2019	136.95	-67.83	204.78	166.55	58.89	66.10	41.55	67.43	167.07	700.80
2020	131.94	-72.89	204.83	182.92	64.49	68.89	49.54	57.90	185.12	665.21
2021	139.08	-78.96	218.04	190.31	68.04	71.39	50.88	57.90	204.48	641.34
2022	146.45	-85.25	231.71	197.87	71.59	74.03	52.24	57.90	225.26	620.17
2023	154.08	-91.76	245.84	205.61	75.17	76.82	53.62	57.90	247.57	601.81
2024	161.96	-98.51	260.47	213.54	78.75	79.76	55.02	57.90	271.50	586.36
2025	170.11	-105.49	275.60	221.65	82.36	82.86	56.44	57.90	297.18	573.95
2026	179.13	-111.31	290.44	226.02	83.75	85.68	56.59	57.90	324.74	549.04
2027	188.48	-117.34	305.82	230.61	85.13	88.72	56.75	57.90	354.31	527.76
2028	198.16	-123.59	321.75	235.42	86.51	91.99	56.92	57.90	386.04	510.24
2029	208.19	-130.07	338.26	240.47	87.89	95.49	57.09	57.90	420.10	496.64
2030	218.59	-136.78	355.37	245.75	89.27	99.21	57.27	57.90	456.64	487.12
2031	229.22	-141.98	371.20	247.40	89.34	100.75	57.32	57.90	495.85	476.79
2032	240.24	-147.35	387.59	249.12	89.41	102.35	57.36	57.90	537.93	470.85
2033	251.65	-152.89	404.54	250.90	89.48	104.01	57.41	57.90	583.09	469.48
2034	263.46	-158.63	422.09	252.74	89.55	105.74	57.46	57.90	631.55	472.92
2035	275.70	-164.56	440.26	254.64	89.61	107.53	57.51	57.90	683.55	481.41

附表 45　　干预情景 3 下用水总量达峰的时间情景分解结果

	ΔAW					ΔIW			ΔCW		
		$ΔAW_{NIW}$	$ΔAW_{EUC}$	$ΔAW_{IP}$	$ΔAW_{EIA}$		$ΔIW_{IWI}$	$ΔIW_{IAV}$		$ΔCW_{CWI}$	$ΔCW_{CAV}$
2003	0.00	0.00	0.00	0.00	0.00	0.00	0.00	0.00	0.00	0.00	0.00
2004	130.74	179.44	-35.72	-40.03	27.05	51.70	-80.32	132.02	5.24	3.05	2.19
2005	129.19	200.63	-71.03	-59.26	58.85	108.00	-162.08	270.08	7.71	1.14	6.57
2006	208.95	280.58	-142.23	-30.64	101.24	166.60	-262.40	429.00	7.24	-3.83	11.07
2007	153.97	238.65	-209.27	-19.19	143.78	226.90	-390.66	617.56	5.58	-9.38	14.96
2008	208.06	281.86	-244.87	-82.62	253.69	219.90	-518.45	738.35	13.80	-6.01	19.81
2009	235.80	287.02	-279.55	-69.53	297.87	213.70	-634.54	848.24	9.57	-14.22	23.79
2010	179.57	339.81	-407.19	-106.23	353.18	270.10	-750.88	1020.98	14.92	-14.90	29.82
2011	202.10	358.41	-471.90	-108.69	424.28	284.60	-877.65	1162.25	21.47	-14.14	35.61
2012	315.57	315.28	-518.09	44.39	473.98	203.50	-1024.44	1227.94	16.53	-20.03	36.56
2013	305.52	469.16	-561.06	-126.52	523.94	229.20	-1106.01	1335.21	15.31	-23.66	38.97
2014	218.93	380.61	-596.38	-135.81	570.52	178.80	-1213.63	1392.43	14.55	-26.95	41.50
2015	257.25	354.32	-636.15	-100.67	639.75	157.60	-1293.20	1450.80	19.31	-27.21	46.52
2016	216.04	271.88	-667.84	-84.82	696.83	130.80	-1373.90	1504.70	19.79	-29.54	49.33
2017	215.13	281.72	-703.00	-92.35	728.77	99.80	-1460.46	1560.26	21.29	-30.26	51.55
2018	110.84	209.58	-726.07	-110.90	738.22	84.40	-1538.48	1622.88	18.55	-32.89	51.44
2019	100.76	263.28	-753.19	-165.08	755.76	40.40	-1609.82	1650.22	21.64	-33.53	55.17
2020	70.98	235.31	-774.50	-180.95	791.12	10.27	-1647.37	1657.64	21.19	-34.88	56.08
2021	25.74	191.36	-793.59	-189.93	817.91	-9.53	-1695.44	1685.90	22.65	-36.67	59.32
2022	-18.84	148.03	-812.39	-198.77	844.29	-29.01	-1742.62	1713.61	24.15	-38.51	62.65
2023	-62.79	105.31	-830.89	-207.48	870.27	-48.17	-1788.95	1740.78	25.69	-40.40	66.09
2024	-106.11	63.20	-849.10	-216.06	895.85	-67.00	-1834.42	1767.42	27.28	-42.35	69.63
2025	-148.81	21.68	-867.02	-224.51	921.03	-85.52	-1879.06	1793.54	28.93	-44.36	73.29
2026	-196.66	-19.23	-883.79	-232.60	938.96	-107.35	-1919.69	1812.33	27.74	-44.68	72.41
2027	-243.73	-59.48	-900.26	-240.56	956.57	-128.75	-1959.38	1830.63	26.57	-44.98	71.55
2028	-290.03	-99.08	-916.42	-248.37	973.85	-149.72	-1998.18	1848.46	25.43	-45.28	70.70
2029	-335.58	-138.05	-932.29	-256.06	990.82	-170.27	-2036.09	1865.82	24.31	-45.56	69.87
2030	-380.39	-176.40	-947.86	-263.60	1007.47	-190.41	-2073.14	1882.72	23.22	-45.82	69.05
2031	-430.04	-213.90	-962.46	-270.75	1017.07	-202.99	-2105.75	1902.76	21.48	-45.36	66.84
2032	-478.79	-250.73	-976.75	-277.75	1026.44	-215.41	-2137.90	1922.49	19.80	-44.90	64.70
2033	-526.64	-286.89	-990.73	-284.61	1035.59	-227.66	-2169.60	1941.94	18.18	-44.45	62.63
2034	-573.62	-322.40	-1004.42	-291.34	1044.53	-239.77	-2200.87	1961.10	16.62	-44.00	60.62
2035	-619.74	-357.26	-1017.81	-297.93	1053.26	-251.71	-2231.69	1979.98	15.11	-43.56	58.67

续表

	ΔTW			ΔDW				ΔLW	ΔEW	ΔTOW
		$ΔTW_{TWI}$	$ΔTW_{TAV}$		$ΔDW_{DI}$	$ΔDW_{UR}$	$ΔDW_{P}$			
2003	0.00	0.00	0.00	0.00	0.00	0.00	0.00	0.00	0.00	0.00
2004	8.95	0.85	8.10	2.23	-4.91	4.54	2.60	25.12	3.42	227.40
2005	10.32	-7.77	18.09	20.32	5.81	9.20	5.31	26.75	10.31	312.60
2006	19.61	-11.18	30.79	27.81	5.93	14.12	7.76	31.48	12.91	474.60
2007	24.93	-20.40	45.33	35.54	5.80	19.55	10.19	26.45	24.93	498.30
2008	26.57	-28.36	54.93	48.93	12.78	23.45	12.70	33.86	38.38	589.50
2009	33.53	-32.03	65.56	65.45	21.64	28.60	15.22	65.15	21.60	644.80
2010	40.63	-36.22	76.85	70.28	24.38	28.32	17.58	85.47	40.63	701.60
2011	48.44	-40.32	88.76	77.52	24.51	33.01	20.01	116.44	36.23	786.80
2012	91.86	-21.61	113.47	85.69	23.78	39.37	22.55	67.09	30.56	810.80
2013	93.33	-30.30	123.63	96.37	28.48	42.71	25.18	97.98	25.29	863.00
2014	96.95	-37.85	134.80	106.96	32.66	46.31	27.99	134.62	23.79	774.60
2015	109.39	-41.41	150.80	119.90	37.86	51.25	30.79	77.09	42.26	782.80
2016	119.52	-46.03	165.55	138.27	49.35	54.65	34.28	30.22	65.16	719.80
2017	125.67	-53.40	179.07	144.62	48.93	58.53	37.16	33.13	83.36	723.00
2018	136.75	-58.40	195.15	159.96	57.91	62.43	39.62	65.90	118.70	695.10
2019	136.95	-67.83	204.78	166.55	58.89	66.10	41.55	67.43	167.07	700.80
2020	131.50	-73.08	204.58	182.80	64.12	69.15	49.53	57.90	185.12	659.75
2021	137.96	-79.30	217.26	189.97	67.27	71.95	50.75	57.90	204.48	629.17
2022	144.63	-85.72	230.35	197.34	70.43	74.92	52.00	57.90	225.26	601.42
2023	151.50	-92.35	243.84	204.94	73.59	78.09	53.25	57.90	247.57	576.63
2024	158.57	-99.19	257.77	212.75	76.77	81.44	54.53	57.90	271.50	554.88
2025	165.87	-106.26	272.13	220.78	79.96	84.99	55.82	57.90	297.18	536.31
2026	173.97	-112.16	286.14	224.87	81.05	87.86	55.96	57.90	324.74	505.20
2027	182.35	-118.27	300.62	229.20	82.14	90.95	56.10	57.90	354.31	477.84
2028	191.00	-124.58	315.57	233.76	83.23	94.28	56.25	57.90	386.04	454.38
2029	199.93	-131.10	331.03	238.56	84.32	97.83	56.41	57.90	420.10	434.94
2030	209.16	-137.84	347.00	243.59	85.40	101.61	56.58	57.90	456.64	419.71
2031	218.57	-143.08	361.65	244.97	85.20	103.17	56.60	57.90	495.85	405.74
2032	228.29	-148.48	376.77	246.41	84.99	104.79	56.63	57.90	537.93	396.13
2033	238.32	-154.06	392.38	247.92	84.78	106.47	56.66	57.90	583.09	391.10
2034	248.68	-159.80	408.49	249.49	84.57	108.22	56.70	57.90	631.55	390.85
2035	259.38	-165.73	425.11	251.13	84.37	110.03	56.73	57.90	683.55	395.61

附表 46　　干预情景 4 下用水总量达峰的时间情景分解结果

	ΔAW					ΔIW			ΔCW		
		ΔAW_{NIW}	ΔAW_{EUC}	ΔAW_{IP}	ΔAW_{EIA}		ΔIW_{IWI}	ΔIW_{IAV}		ΔCW_{CWI}	ΔCW_{CAV}
2003	0.00	0.00	0.00	0.00	0.00	0.00	0.00	0.00	0.00	0.00	0.00
2004	130.74	179.44	-35.72	-40.03	27.05	51.70	-80.32	132.02	5.24	3.05	2.19
2005	129.19	200.63	-71.03	-59.26	58.85	108.00	-162.08	270.08	7.71	1.14	6.57
2006	208.95	280.58	-142.23	-30.64	101.24	166.60	-262.40	429.00	7.24	-3.83	11.07
2007	153.97	238.65	-209.27	-19.19	143.78	226.90	-390.66	617.56	5.58	-9.38	14.96
2008	208.06	281.86	-244.87	-82.62	253.69	219.90	-518.45	738.35	13.80	-6.01	19.81
2009	235.80	287.02	-279.55	-69.53	297.87	213.70	-634.54	848.24	9.57	-14.22	23.79
2010	179.57	339.81	-407.19	-106.23	353.18	270.10	-750.88	1020.98	14.92	-14.90	29.82
2011	202.10	358.41	-471.90	-108.69	424.28	284.60	-877.65	1162.25	21.47	-14.14	35.61
2012	315.57	315.28	-518.09	44.39	473.98	203.50	-1024.44	1227.94	16.53	-20.03	36.56
2013	305.52	469.16	-561.06	-126.52	523.94	229.20	-1106.01	1335.21	15.31	-23.66	38.97
2014	218.93	380.61	-596.38	-135.81	570.52	178.80	-1213.63	1392.43	14.55	-26.95	41.50
2015	257.25	354.32	-636.15	-100.67	639.75	157.60	-1293.20	1450.80	19.31	-27.21	46.52
2016	216.04	271.88	-667.84	-84.82	696.83	130.80	-1373.90	1504.70	19.79	-29.54	49.33
2017	215.13	281.72	-703.00	-92.35	728.77	99.80	-1460.46	1560.26	21.29	-30.26	51.55
2018	110.84	209.58	-726.07	-110.90	738.22	84.40	-1538.48	1622.88	18.55	-32.89	51.44
2019	100.76	263.28	-753.19	-165.08	755.76	40.40	-1609.82	1650.22	21.64	-33.53	55.17
2020	68.67	232.06	-776.43	-180.89	793.92	7.78	-1648.12	1655.90	21.10	-34.92	56.01
2021	21.19	184.93	-797.40	-189.79	823.46	-15.57	-1695.99	1680.42	22.40	-36.71	59.12
2022	-25.57	138.50	-818.03	-198.55	852.52	-38.45	-1742.80	1704.35	23.75	-38.56	62.30
2023	-71.64	92.76	-838.32	-207.18	881.11	-60.89	-1788.59	1727.71	25.13	-40.45	65.58
2024	-117.01	47.70	-858.28	-215.67	909.24	-82.88	-1833.37	1750.49	26.55	-42.40	68.95
2025	-161.70	3.31	-877.91	-224.02	936.92	-104.44	-1877.17	1772.73	28.01	-44.40	72.41
2026	-211.44	-40.39	-896.33	-232.02	957.29	-129.13	-1916.81	1787.68	26.68	-44.71	71.39
2027	-260.34	-83.34	-914.41	-239.87	977.28	-153.25	-1955.39	1802.15	25.38	-45.01	70.39
2028	-308.40	-125.58	-932.14	-247.57	996.89	-176.81	-1992.95	1816.14	24.12	-45.29	69.40
2029	-355.66	-167.11	-949.53	-255.14	1016.13	-199.83	-2029.50	1829.66	22.88	-45.55	68.43
2030	-402.11	-207.94	-966.59	-262.57	1035.00	-222.33	-2065.07	1842.74	21.68	-45.80	67.48
2031	-451.15	-247.93	-980.70	-269.70	1047.18	-237.29	-2096.29	1859.01	19.86	-45.33	65.19
2032	-499.30	-287.20	-994.50	-276.69	1059.08	-252.01	-2126.97	1874.96	18.11	-44.87	62.98
2033	-546.58	-325.76	-1008.00	-283.54	1070.72	-266.51	-2157.11	1890.61	16.43	-44.41	60.83
2034	-592.99	-363.62	-1021.22	-290.25	1082.11	-280.77	-2186.72	1905.95	14.81	-43.95	58.76
2035	-638.56	-400.80	-1034.16	-296.84	1093.23	-294.82	-2215.81	1920.99	13.25	-43.50	56.76

续表

	ΔTW			ΔDW				ΔLW	ΔEW	ΔTOW
		ΔTW_{TWI}	ΔTW_{TAV}		ΔDW_{DI}	ΔDW_{UR}	ΔDW_{P}			
2003	0.00	0.00	0.00	0.00	0.00	0.00	0.00	0.00	0.00	0.00
2004	8.95	0.85	8.10	2.23	-4.91	4.54	2.60	25.12	3.42	227.40
2005	10.32	-7.77	18.09	20.32	5.81	9.20	5.31	26.75	10.31	312.60
2006	19.61	-11.18	30.79	27.81	5.93	14.12	7.76	31.48	12.91	474.60
2007	24.93	-20.40	45.33	35.54	5.80	19.55	10.19	26.45	24.93	498.30
2008	26.57	-28.36	54.93	48.93	12.78	23.45	12.70	33.86	38.38	589.50
2009	33.53	-32.03	65.56	65.45	21.64	28.60	15.22	65.15	21.60	644.80
2010	40.63	-36.22	76.85	70.28	24.38	28.32	17.58	85.47	40.63	701.60
2011	48.44	-40.32	88.76	77.52	24.51	33.01	20.01	116.44	36.23	786.80
2012	91.86	-21.61	113.47	85.69	23.78	39.37	22.55	67.09	30.56	810.80
2013	93.33	-30.30	123.63	96.37	28.48	42.71	25.18	97.98	25.29	863.00
2014	96.95	-37.85	134.80	106.96	32.66	46.31	27.99	134.62	23.79	774.60
2015	109.39	-41.41	150.80	119.90	37.86	51.25	30.79	77.09	42.26	782.80
2016	119.52	-46.03	165.55	138.27	49.35	54.65	34.28	30.22	65.16	719.80
2017	125.67	-53.40	179.07	144.62	48.93	58.53	37.16	33.13	83.36	723.00
2018	136.75	-58.40	195.15	159.96	57.91	62.43	39.62	65.90	118.70	695.10
2019	136.95	-67.83	204.78	166.55	58.89	66.10	41.55	67.43	167.07	700.80
2020	131.06	-73.28	204.33	182.70	63.73	69.45	49.52	57.90	185.12	654.32
2021	136.85	-79.64	216.49	189.75	66.49	72.57	50.68	57.90	204.48	617.01
2022	142.81	-86.18	229.00	197.05	69.26	75.93	51.86	57.90	225.26	582.75
2023	148.94	-92.92	241.86	204.61	72.03	79.52	53.06	57.90	247.57	551.61
2024	155.23	-99.86	255.09	212.44	74.81	83.35	54.27	57.90	271.50	523.71
2025	161.69	-107.01	268.70	220.53	77.60	87.43	55.50	57.90	297.18	499.16
2026	168.91	-112.99	281.90	224.32	78.40	90.30	55.62	57.90	324.74	461.97
2027	176.35	-119.15	295.50	228.36	79.20	93.41	55.75	57.90	354.31	428.70
2028	184.01	-125.51	309.52	232.63	80.00	96.75	55.88	57.90	386.04	399.48
2029	191.90	-132.06	323.96	237.14	80.80	100.31	56.02	57.90	420.10	374.42
2030	200.02	-138.82	338.84	241.89	81.61	104.11	56.17	57.90	456.64	353.69
2031	208.27	-144.09	352.36	242.99	81.13	105.68	56.18	57.90	495.85	336.43
2032	216.77	-149.51	366.27	244.16	80.65	107.31	56.20	57.90	537.93	323.55
2033	225.51	-155.09	380.60	245.39	80.17	109.01	56.21	57.90	583.09	315.23
2034	234.51	-160.83	395.34	246.70	79.70	110.77	56.23	57.90	631.55	311.70
2035	243.78	-166.73	410.51	248.07	79.22	112.59	56.25	57.90	683.55	313.17

附表 47　　干预情景 5 下用水总量达峰的时间情景分解结果

	ΔAW					ΔIW			ΔCW		
		$ΔAW_{NIW}$	$ΔAW_{EUC}$	$ΔAW_{IP}$	$ΔAW_{EIA}$		$ΔIW_{IWI}$	$ΔIW_{IAV}$		$ΔCW_{CWI}$	$ΔCW_{CAV}$
2003	0.00	0.00	0.00	0.00	0.00	0.00	0.00	0.00	0.00	0.00	0.00
2004	130.74	179.44	-35.72	-40.03	27.05	51.70	-80.32	132.02	5.24	3.05	2.19
2005	129.19	200.63	-71.03	-59.26	58.85	108.00	-162.08	270.08	7.71	1.14	6.57
2006	208.95	280.58	-142.23	-30.64	101.24	166.60	-262.40	429.00	7.24	-3.83	11.07
2007	153.97	238.65	-209.27	-19.19	143.78	226.90	-390.66	617.56	5.58	-9.38	14.96
2008	208.06	281.86	-244.87	-82.62	253.69	219.90	-518.45	738.35	13.80	-6.01	19.81
2009	235.80	287.02	-279.55	-69.53	297.87	213.70	-634.54	848.24	9.57	-14.22	23.79
2010	179.57	339.81	-407.19	-106.23	353.18	270.10	-750.88	1020.98	14.92	-14.90	29.82
2011	202.10	358.41	-471.90	-108.69	424.28	284.60	-877.65	1162.25	21.47	-14.14	35.61
2012	315.57	315.28	-518.09	44.39	473.98	203.50	-1024.44	1227.94	16.53	-20.03	36.56
2013	305.52	469.16	-561.06	-126.52	523.94	229.20	-1106.01	1335.21	15.31	-23.66	38.97
2014	218.93	380.61	-596.38	-135.81	570.52	178.80	-1213.63	1392.43	14.55	-26.95	41.50
2015	257.25	354.32	-636.15	-100.67	639.75	157.60	-1293.20	1450.80	19.31	-27.21	46.52
2016	216.04	271.88	-667.84	-84.82	696.83	130.80	-1373.90	1504.70	19.79	-29.54	49.33
2017	215.13	281.72	-703.00	-92.35	728.77	99.80	-1460.46	1560.26	21.29	-30.26	51.55
2018	110.84	209.58	-726.07	-110.90	738.22	84.40	-1538.48	1622.88	18.55	-32.89	51.44
2019	100.76	263.28	-753.19	-165.08	755.76	40.40	-1609.82	1650.22	21.64	-33.53	55.17
2020	66.04	228.80	-778.63	-180.81	796.68	5.29	-1648.87	1654.15	21.00	-34.95	55.95
2021	16.01	178.49	-801.75	-189.63	828.90	-21.58	-1696.53	1674.95	22.16	-36.75	58.91
2022	-33.24	128.96	-824.47	-198.31	860.58	-47.83	-1742.97	1695.14	23.34	-38.60	61.94
2023	-81.71	80.21	-846.80	-206.84	891.72	-73.48	-1788.21	1714.72	24.56	-40.50	65.05
2024	-129.40	32.23	-868.74	-215.22	922.33	-98.56	-1832.28	1733.72	25.80	-42.44	68.24
2025	-176.35	-15.01	-890.30	-223.47	952.43	-123.06	-1875.21	1752.15	27.08	-44.43	71.51
2026	-228.23	-61.44	-910.60	-231.35	975.16	-150.49	-1913.86	1763.37	25.62	-44.73	70.35
2027	-279.18	-107.05	-930.49	-239.08	997.44	-177.21	-1951.32	1774.11	24.20	-45.02	69.22
2028	-329.24	-151.86	-949.99	-246.66	1019.28	-203.23	-1987.63	1784.40	22.83	-45.29	68.11
2029	-378.40	-195.89	-969.10	-254.10	1040.70	-228.58	-2022.82	1794.24	21.49	-45.54	67.02
2030	-426.69	-239.13	-987.84	-261.40	1061.68	-253.26	-2056.91	1803.65	20.18	-45.77	65.96
2031	-475.34	-281.56	-1001.65	-268.50	1076.36	-270.52	-2086.66	1816.14	18.29	-45.29	63.58
2032	-523.12	-323.21	-1015.17	-275.45	1090.72	-287.46	-2115.78	1828.32	16.47	-44.82	61.29
2033	-570.02	-364.11	-1028.39	-282.28	1104.77	-304.08	-2144.26	1840.19	14.73	-44.35	59.08
2034	-616.06	-404.28	-1041.34	-288.96	1118.51	-320.39	-2172.13	1851.75	13.06	-43.88	56.94
2035	-661.27	-443.72	-1054.00	-295.52	1131.96	-336.39	-2199.40	1863.02	11.46	-43.42	54.88

续表

	ΔTW			ΔDW				ΔLW	ΔEW	ΔTOW
		$ΔTW_{TWI}$	$ΔTW_{TAV}$		$ΔDW_{DI}$	$ΔDW_{UR}$	$ΔDW_{P}$			
2003	0.00	0.00	0.00	0.00	0.00	0.00	0.00	0.00	0.00	0.00
2004	8.95	0.85	8.10	2.23	-4.91	4.54	2.60	25.12	3.42	227.40
2005	10.32	-7.77	18.09	20.32	5.81	9.20	5.31	26.75	10.31	312.60
2006	19.61	-11.18	30.79	27.81	5.93	14.12	7.76	31.48	12.91	474.60
2007	24.93	-20.40	45.33	35.54	5.80	19.55	10.19	26.45	24.93	498.30
2008	26.57	-28.36	54.93	48.93	12.78	23.45	12.70	33.86	38.38	589.50
2009	33.53	-32.03	65.56	65.45	21.64	28.60	15.22	65.15	21.60	644.80
2010	40.63	-36.22	76.85	70.28	24.38	28.32	17.58	85.47	40.63	701.60
2011	48.44	-40.32	88.76	77.52	24.51	33.01	20.01	116.44	36.23	786.80
2012	91.86	-21.61	113.47	85.69	23.78	39.37	22.55	67.09	30.56	810.80
2013	93.33	-30.30	123.63	96.37	28.48	42.71	25.18	97.98	25.29	863.00
2014	96.95	-37.85	134.80	106.96	32.66	46.31	27.99	134.62	23.79	774.60
2015	109.39	-41.41	150.80	119.90	37.86	51.25	30.79	77.09	42.26	782.80
2016	119.52	-46.03	165.55	138.27	49.35	54.65	34.28	30.22	65.16	719.80
2017	125.67	-53.40	179.07	144.62	48.93	58.53	37.16	33.13	83.36	723.00
2018	136.75	-58.40	195.15	159.96	57.91	62.43	39.62	65.90	118.70	695.10
2019	136.95	-67.83	204.78	166.55	58.89	66.10	41.55	67.43	167.07	700.80
2020	130.61	-73.47	204.08	182.54	63.35	69.68	49.51	57.90	185.12	648.49
2021	135.75	-79.97	215.72	189.35	65.71	73.09	50.55	57.90	204.48	604.06
2022	141.01	-86.64	227.65	196.47	68.08	76.77	51.61	57.90	225.26	562.91
2023	146.40	-93.49	239.89	203.89	70.46	80.74	52.68	57.90	247.57	490.77
2024	151.92	-100.52	252.44	211.62	72.84	85.00	53.78	57.90	271.50	418.91
2025	157.57	-107.74	265.31	219.66	75.22	89.55	54.89	57.90	297.18	459.98
2026	163.94	-113.78	277.72	223.20	75.73	92.47	54.99	57.90	324.74	416.67
2027	170.48	-120.00	290.48	226.98	76.25	95.63	55.10	57.90	354.31	377.46
2028	177.19	-126.39	303.58	231.00	76.77	99.01	55.22	57.90	386.04	342.49
2029	184.08	-132.97	317.04	235.27	77.30	102.64	55.34	57.90	420.10	311.86
2030	191.16	-139.72	330.88	239.79	77.82	106.49	55.48	57.90	456.64	285.71
2031	198.31	-145.01	343.32	240.69	77.08	108.13	55.48	57.90	495.85	265.17
2032	205.66	-150.43	356.08	241.66	76.34	109.84	55.48	57.90	537.93	249.04
2033	213.19	-156.00	369.19	242.71	75.61	111.61	55.48	57.90	583.09	237.53
2034	220.93	-161.71	382.64	243.82	74.88	113.45	55.49	57.90	631.55	230.82
2035	228.87	-167.58	396.45	245.01	74.16	115.35	55.50	57.90	683.55	229.14

附表 48　　干预情景 6 下用水总量达峰的时间情景分解结果

	ΔAW					ΔIW			ΔCW		
		$ΔAW_{NIW}$	$ΔAW_{EUC}$	$ΔAW_{IP}$	$ΔAW_{EIA}$		$ΔIW_{IWI}$	$ΔIW_{IAV}$		$ΔCW_{CWI}$	$ΔCW_{CAV}$
2003	0.00	0.00	0.00	0.00	0.00	0.00	0.00	0.00	0.00	0.00	0.00
2004	130.74	179.44	-35.72	-40.03	27.05	51.70	-80.32	132.02	5.24	3.05	2.19
2005	129.19	200.63	-71.03	-59.26	58.85	108.00	-162.08	270.08	7.71	1.14	6.57
2006	208.95	280.58	-142.23	-30.64	101.24	166.60	-262.40	429.00	7.24	-3.83	11.07
2007	153.97	238.65	-209.27	-19.19	143.78	226.90	-390.66	617.56	5.58	-9.38	14.96
2008	208.06	281.86	-244.87	-82.62	253.69	219.90	-518.45	738.35	13.80	-6.01	19.81
2009	235.80	287.02	-279.55	-69.53	297.87	213.70	-634.54	848.24	9.57	-14.22	23.79
2010	179.57	339.81	-407.19	-106.23	353.18	270.10	-750.88	1020.98	14.92	-14.90	29.82
2011	202.10	358.41	-471.90	-108.69	424.28	284.60	-877.65	1162.25	21.47	-14.14	35.61
2012	315.57	315.28	-518.09	44.39	473.98	203.50	-1024.44	1227.94	16.53	-20.03	36.56
2013	305.52	469.16	-561.06	-126.52	523.94	229.20	-1106.01	1335.21	15.31	-23.66	38.97
2014	218.93	380.61	-596.38	-135.81	570.52	178.80	-1213.63	1392.43	14.55	-26.95	41.50
2015	257.25	354.32	-636.15	-100.67	639.75	157.60	-1293.20	1450.80	19.31	-27.21	46.52
2016	216.04	271.88	-667.84	-84.82	696.83	130.80	-1373.90	1504.70	19.79	-29.54	49.33
2017	215.13	281.72	-703.00	-92.35	728.77	99.80	-1460.46	1560.26	21.29	-30.26	51.55
2018	110.84	209.58	-726.07	-110.90	738.22	84.40	-1538.48	1622.88	18.55	-32.89	51.44
2019	100.76	263.28	-753.19	-165.08	755.76	40.40	-1609.82	1650.22	21.64	-33.53	55.17
2020	63.73	225.56	-780.55	-180.74	799.46	2.79	-1649.61	1652.41	20.90	-34.98	55.89
2021	11.44	172.07	-805.55	-189.49	834.41	-27.57	-1697.06	1669.50	21.91	-36.80	58.71
2022	-39.99	119.46	-830.09	-198.09	868.73	-57.15	-1743.11	1685.96	22.95	-38.65	61.60
2023	-90.56	67.71	-854.19	-206.53	902.45	-85.96	-1787.79	1701.82	24.00	-40.54	64.55
2024	-140.29	16.81	-877.85	-214.83	935.58	-114.04	-1831.14	1717.10	25.08	-42.48	67.57
2025	-189.21	-33.26	-901.09	-222.98	968.12	-141.39	-1873.20	1731.81	26.19	-44.46	70.65
2026	-242.95	-82.42	-923.00	-230.76	993.23	-171.46	-1910.85	1739.39	24.60	-44.75	69.36
2027	-295.70	-130.68	-944.46	-238.39	1017.83	-200.65	-1947.18	1746.52	23.06	-45.03	68.09
2028	-347.48	-178.06	-965.49	-245.87	1041.93	-229.00	-1982.23	1753.23	21.58	-45.28	66.86
2029	-398.30	-224.57	-986.08	-253.19	1065.54	-256.53	-2016.05	1759.53	20.13	-45.52	65.65
2030	-448.18	-270.22	-1006.24	-260.37	1088.66	-283.25	-2048.68	1765.43	18.73	-45.74	64.47
2031	-496.25	-315.09	-1019.57	-267.46	1105.87	-302.64	-2076.96	1774.33	16.77	-45.25	62.02
2032	-543.44	-359.16	-1032.60	-274.40	1122.72	-321.60	-2104.52	1782.92	14.90	-44.76	59.66
2033	-589.79	-402.43	-1045.36	-281.21	1139.21	-340.16	-2131.37	1791.21	13.11	-44.28	57.39
2034	-635.28	-444.93	-1057.84	-287.88	1155.37	-358.31	-2157.53	1799.22	11.40	-43.80	55.20
2035	-679.96	-486.66	-1070.05	-294.43	1171.18	-376.07	-2183.01	1806.94	9.77	-43.33	53.10

续表

	ΔTW			ΔDW				ΔLW	ΔEW	ΔTOW
		$ΔTW_{TWI}$	$ΔTW_{TAV}$		$ΔDW_{DI}$	$ΔDW_{UR}$	$ΔDW_{P}$			
2003	0.00	0.00	0.00	0.00	0.00	0.00	0.00	0.00	0.00	0.00
2004	8.95	0.85	8.10	2.23	-4.91	4.54	2.60	25.12	3.42	227.40
2005	10.32	-7.77	18.09	20.32	5.81	9.20	5.31	26.75	10.31	312.60
2006	19.61	-11.18	30.79	27.81	5.93	14.12	7.76	31.48	12.91	474.60
2007	24.93	-20.40	45.33	35.54	5.80	19.55	10.19	26.45	24.93	498.30
2008	26.57	-28.36	54.93	48.93	12.78	23.45	12.70	33.86	38.38	589.50
2009	33.53	-32.03	65.56	65.45	21.64	28.60	15.22	65.15	21.60	644.80
2010	40.63	-36.22	76.85	70.28	24.38	28.32	17.58	85.47	40.63	701.60
2011	48.44	-40.32	88.76	77.52	24.51	33.01	20.01	116.44	36.23	786.80
2012	91.86	-21.61	113.47	85.69	23.78	39.37	22.55	67.09	30.56	810.80
2013	93.33	-30.30	123.63	96.37	28.48	42.71	25.18	97.98	25.29	863.00
2014	96.95	-37.85	134.80	106.96	32.66	46.31	27.99	134.62	23.79	774.60
2015	109.39	-41.41	150.80	119.90	37.86	51.25	30.79	77.09	42.26	782.80
2016	119.52	-46.03	165.55	138.27	49.35	54.65	34.28	30.22	65.16	719.80
2017	125.67	-53.40	179.07	144.62	48.93	58.53	37.16	33.13	83.36	723.00
2018	136.75	-58.40	195.15	159.96	57.91	62.43	39.62	65.90	118.70	695.10
2019	136.95	-67.83	204.78	166.55	58.89	66.10	41.55	67.43	167.07	700.80
2020	130.17	-73.66	203.84	182.38	62.96	69.92	49.50	57.90	185.12	642.98
2021	134.65	-80.30	214.95	189.03	64.94	73.61	50.47	57.90	204.48	591.84
2022	139.22	-87.10	226.31	196.03	66.92	77.64	51.47	57.90	225.26	544.23
2023	143.89	-94.05	237.93	203.40	68.91	82.01	52.48	57.90	247.57	500.23
2024	148.65	-101.16	249.82	211.13	70.90	86.72	53.51	57.90	271.50	459.93
2025	153.52	-108.44	261.97	219.24	72.90	91.78	54.56	57.90	297.18	423.42
2026	159.06	-114.55	273.61	222.54	73.13	94.75	54.65	57.90	324.74	374.42
2027	164.73	-120.81	285.54	226.09	73.38	97.97	54.74	57.90	354.31	329.73
2028	170.53	-127.23	297.76	229.90	73.63	101.42	54.85	57.90	386.04	289.46
2029	176.47	-133.81	310.28	233.95	73.88	105.11	54.96	57.90	420.10	253.73
2030	182.55	-140.56	323.11	238.26	74.15	109.03	55.08	57.90	456.64	222.65
2031	188.68	-145.84	334.52	238.91	73.15	110.70	55.07	57.90	495.85	199.23
2032	194.94	-151.25	346.19	239.64	72.16	112.43	55.05	57.90	537.93	180.27
2033	201.35	-156.79	358.14	240.45	71.18	114.22	55.05	57.90	583.09	165.96
2034	207.91	-162.46	370.37	241.34	70.21	116.08	55.04	57.90	631.55	156.50
2035	214.63	-168.27	382.89	242.30	69.25	118.01	55.04	57.90	683.55	152.11

附表 49　　干预情景 6 与干预情景 2 下用水总量达峰的空间情景分解结果

	ΔAW	ΔAW_{NIW}	ΔAW_{EUC}	ΔAW_{IP}	ΔAW_{EIA}	ΔIW	ΔIW_{IWI}	ΔIW_{IAV}	ΔCW	ΔCW_{CWI}	ΔCW_{CAV}	ΔTW	ΔTW_{TWI}	ΔTW_{TAV}	ΔDW	ΔDW_{DI}	ΔDW_{UR}	ΔDW_{P}	ΔTOW
2020	-9.55	-12.78	-9.26	0.00	12.49	-9.97	-9.97	0.00	-0.39	-0.39	0.00	-1.77	-1.77	0.00	-0.54	-1.06	0.52	0.00	-22.22
2021	-18.85	-25.24	-18.24	0.00	24.63	-23.97	-19.59	-4.37	-0.98	-0.79	-0.18	-4.43	-3.62	-0.81	-1.28	-2.12	1.21	-0.38	-49.51
2022	-27.87	-37.32	-26.94	0.00	36.40	-37.41	-28.83	-8.58	-1.60	-1.22	-0.38	-7.24	-5.57	-1.67	-1.84	-3.17	2.09	-0.76	-75.95
2023	-36.61	-49.04	-35.39	0.00	47.81	-50.31	-37.70	-12.61	-2.25	-1.67	-0.58	-10.20	-7.62	-2.57	-2.21	-4.22	3.16	-1.16	-101.58
2024	-45.08	-60.39	-43.57	0.00	58.87	-62.68	-46.20	-16.48	-2.95	-2.15	-0.80	-13.31	-9.79	-3.52	-2.41	-5.26	4.42	-1.57	-126.43
2025	-53.29	-71.39	-51.49	0.00	69.59	-74.55	-54.36	-20.20	-3.68	-2.65	-1.02	-16.59	-12.06	-4.53	-2.42	-6.30	5.87	-1.98	-150.53
2026	-61.10	-81.88	-59.05	0.00	79.83	-85.76	-61.97	-23.80	-4.21	-3.01	-1.20	-20.07	-14.47	-5.60	-3.48	-7.29	5.80	-1.99	-174.63
2027	-68.63	-91.99	-66.34	0.00	89.71	-96.42	-69.20	-27.22	-4.72	-3.35	-1.37	-23.75	-17.01	-6.74	-4.52	-8.25	5.74	-2.01	-198.03
2028	-75.88	-101.74	-73.37	0.00	99.22	-106.54	-76.07	-30.47	-5.20	-3.67	-1.53	-27.63	-19.69	-7.94	-5.53	-9.20	5.70	-2.02	-220.78
2029	-82.87	-111.13	-80.13	0.00	108.39	-116.15	-82.59	-33.56	-5.65	-3.98	-1.68	-31.72	-22.52	-9.20	-6.52	-10.14	5.65	-2.03	-242.91
2030	-89.60	-120.17	-86.65	0.00	117.22	-125.27	-88.77	-36.50	-6.08	-4.26	-1.82	-36.03	-25.50	-10.54	-7.49	-11.07	5.62	-2.05	-264.47
2031	-87.40	-128.71	-84.27	0.00	125.57	-134.74	-95.25	-39.49	-6.39	-4.46	-1.92	-40.55	-28.60	-11.95	-8.49	-11.99	5.55	-2.05	-277.57
2032	-85.25	-136.89	-81.94	0.00	133.59	-143.89	-101.51	-42.39	-6.66	-4.64	-2.02	-45.30	-31.86	-13.44	-9.48	-12.91	5.49	-2.05	-290.58
2033	-83.15	-144.73	-79.68	0.00	141.26	-152.73	-107.55	-45.18	-6.90	-4.80	-2.10	-50.30	-35.29	-15.00	-10.45	-13.81	5.42	-2.06	-303.52
2034	-81.09	-152.24	-77.47	0.00	148.62	-161.26	-113.38	-47.88	-7.12	-4.94	-2.18	-55.55	-38.90	-16.65	-11.40	-14.71	5.36	-2.06	-316.42
2035	-79.09	-159.43	-75.31	0.00	155.65	-169.49	-119.01	-50.48	-7.31	-5.06	-2.24	-61.07	-42.69	-18.38	-12.35	-15.59	5.31	-2.07	-329.30

附表 50　　干预情景 6 与干预情景 3 下用水总量达峰的空间情景分解结果

	ΔAW	ΔAW_{NIW}	ΔAW_{EUC}	ΔAW_{IP}	ΔAW_{EIA}	ΔIW	ΔIW_{IWI}	ΔIW_{IAV}	ΔCW	ΔCW_{CWI}	ΔCW_{CAV}	ΔTW	ΔTW_{TWI}	ΔTW_{TAV}	ΔDW	ΔDW_{DI}	ΔDW_{UR}	ΔDW_{P}	ΔTOW
2020	-7.25	-9.59	-7.02	0.00	9.36	-7.48	-7.48	0.00	-0.29	-0.29	0.00	-1.33	-1.33	0.00	-0.42	-0.79	0.37	0.00	-16.77
2021	-14.31	-18.93	-13.83	0.00	18.45	-18.03	-14.67	-3.36	-0.73	-0.59	-0.14	-3.32	-2.71	-0.61	-0.94	-1.58	0.90	-0.25	-37.33
2022	-21.14	-27.98	-20.43	0.00	27.26	-28.13	-21.56	-6.57	-1.20	-0.91	-0.28	-5.41	-4.16	-1.25	-1.31	-2.37	1.57	-0.51	-57.20
2023	-27.77	-36.74	-26.81	0.00	35.79	-37.80	-28.15	-9.65	-1.69	-1.25	-0.44	-7.61	-5.69	-1.92	-1.54	-3.15	2.39	-0.77	-76.40
2024	-34.18	-45.23	-33.00	0.00	44.05	-47.04	-34.44	-12.60	-2.20	-1.60	-0.60	-9.92	-7.30	-2.63	-1.61	-3.93	3.36	-1.04	-94.96
2025	-40.39	-53.45	-38.99	0.00	52.05	-55.87	-40.46	-15.41	-2.74	-1.97	-0.77	-12.35	-8.98	-3.37	-1.54	-4.70	4.48	-1.32	-112.89
2026	-46.29	-61.28	-44.70	0.00	59.69	-64.11	-46.05	-18.05	-3.13	-2.24	-0.90	-14.91	-10.75	-4.16	-2.33	-5.43	4.42	-1.33	-130.78
2027	-51.98	-68.83	-50.20	0.00	67.05	-71.90	-51.35	-20.55	-3.50	-2.49	-1.02	-17.62	-12.62	-5.00	-3.11	-6.15	4.37	-1.34	-148.11
2028	-57.45	-76.09	-55.49	0.00	74.14	-79.28	-56.36	-22.92	-3.85	-2.72	-1.13	-20.47	-14.59	-5.88	-3.87	-6.85	4.33	-1.34	-164.91
2029	-62.72	-83.08	-60.59	0.00	80.96	-86.25	-61.09	-25.16	-4.18	-2.94	-1.24	-23.46	-16.66	-6.80	-4.61	-7.55	4.30	-1.35	-181.22
2030	-67.79	-89.81	-65.49	0.00	87.52	-92.84	-65.56	-27.28	-4.49	-3.15	-1.34	-26.61	-18.83	-7.78	-5.33	-8.24	4.26	-1.36	-197.05
2031	-66.20	-96.19	-63.77	0.00	93.76	-99.65	-70.23	-29.41	-4.71	-3.29	-1.41	-29.90	-21.09	-8.81	-6.06	-8.92	4.23	-1.36	-206.51
2032	-64.66	-102.32	-62.09	0.00	99.75	-106.20	-74.73	-31.47	-4.90	-3.42	-1.48	-33.35	-23.46	-9.89	-6.77	-9.60	4.20	-1.37	-215.87
2033	-63.14	-108.18	-60.44	0.00	105.48	-112.50	-79.05	-33.45	-5.07	-3.53	-1.54	-36.97	-25.95	-11.02	-7.47	-10.27	4.17	-1.37	-225.14
2034	-61.66	-113.80	-58.84	0.00	110.98	-118.55	-83.20	-35.34	-5.21	-3.63	-1.59	-40.77	-28.55	-12.21	-8.16	-10.93	4.14	-1.37	-234.35
2035	-60.22	-119.18	-57.27	0.00	116.24	-124.36	-87.19	-37.17	-5.34	-3.71	-1.63	-44.75	-31.29	-13.46	-8.83	-11.58	4.12	-1.37	-243.50

附表 51　　干预情景 6 与干预情景 4 下用水总量达峰的空间情景分解结果

	ΔAW					ΔIW			ΔCW			ΔTW			ΔDW				ΔTOW
		ΔAW_{NIW}	ΔAW_{EUC}	ΔAW_{IP}	ΔAW_{EIA}		ΔIW_{IWI}	ΔIW_{IAV}		ΔCW_{CWI}	ΔCW_{CAV}		ΔTW_{TWI}	ΔTW_{TAV}		ΔDW_{DI}	ΔDW_{UR}	ΔDW_{P}	
2020	-4.95	-6.39	-4.79	0.00	6.23	-4.99	-4.99	0.00	-0.19	-0.19	0.00	-0.89	-0.89	0.00	-0.32	-0.53	0.21	0.00	-11.33
2021	-9.76	-12.61	-9.43	0.00	12.28	-12.00	-9.77	-2.23	-0.49	-0.40	-0.09	-2.21	-1.80	-0.40	-0.72	-1.05	0.52	-0.19	-25.18
2022	-14.41	-18.64	-13.92	0.00	18.14	-18.69	-14.33	-4.37	-0.80	-0.61	-0.19	-3.60	-2.77	-0.83	-1.02	-1.57	0.94	-0.38	-38.52
2023	-18.92	-24.47	-18.26	0.00	23.81	-25.08	-18.68	-6.40	-1.12	-0.83	-0.29	-5.05	-3.78	-1.27	-1.21	-2.09	1.46	-0.58	-51.39
2024	-23.28	-30.11	-22.47	0.00	29.30	-31.16	-22.82	-8.34	-1.46	-1.06	-0.40	-6.57	-4.83	-1.74	-1.30	-2.60	2.08	-0.78	-63.79
2025	-27.50	-35.57	-26.54	0.00	34.61	-36.96	-26.77	-10.19	-1.82	-1.31	-0.52	-8.17	-5.94	-2.23	-1.29	-3.12	2.82	-0.99	-75.74
2026	-31.51	-40.77	-30.41	0.00	39.67	-42.33	-30.42	-11.92	-2.08	-1.48	-0.60	-9.85	-7.10	-2.75	-1.78	-3.60	2.81	-1.00	-87.56
2027	-35.37	-45.77	-34.14	0.00	44.55	-47.41	-33.86	-13.55	-2.32	-1.64	-0.68	-11.62	-8.33	-3.29	-2.27	-4.07	2.81	-1.00	-98.97
2028	-39.08	-50.59	-37.73	0.00	49.24	-52.19	-37.11	-15.08	-2.54	-1.79	-0.75	-13.48	-9.61	-3.87	-2.73	-4.54	2.81	-1.01	-110.01
2029	-42.64	-55.22	-41.18	0.00	53.75	-56.69	-40.16	-16.53	-2.75	-1.93	-0.82	-15.43	-10.95	-4.47	-3.19	-5.00	2.82	-1.01	-120.70
2030	-46.07	-59.66	-44.49	0.00	58.08	-60.92	-43.03	-17.89	-2.95	-2.07	-0.88	-17.47	-12.36	-5.10	-3.63	-5.45	2.84	-1.02	-131.04
2031	-45.10	-63.91	-43.42	0.00	62.23	-65.35	-46.03	-19.32	-3.09	-2.16	-0.93	-19.60	-13.83	-5.77	-4.08	-5.90	2.85	-1.02	-137.20
2032	-44.14	-67.98	-42.37	0.00	66.20	-69.59	-48.90	-20.70	-3.21	-2.24	-0.97	-21.82	-15.36	-6.47	-4.51	-6.34	2.86	-1.02	-143.28
2033	-43.21	-71.88	-41.34	0.00	70.01	-73.65	-51.65	-22.01	-3.31	-2.31	-1.01	-24.16	-16.96	-7.20	-4.94	-6.78	2.87	-1.03	-149.27
2034	-42.29	-75.61	-40.34	0.00	73.66	-77.54	-54.28	-23.27	-3.41	-2.37	-1.04	-26.60	-18.63	-7.97	-5.36	-7.22	2.88	-1.03	-155.20
2035	-41.39	-79.19	-39.36	0.00	77.16	-81.26	-56.79	-24.47	-3.49	-2.42	-1.07	-29.15	-20.38	-8.77	-5.77	-7.65	2.90	-1.03	-161.06

附表 52　干预情景 6 与干预情景 5 下用水总量达峰的空间情景分解结果

	ΔAW	ΔAW_{NIW}	ΔAW_{EUC}	ΔAW_{IP}	ΔAW_{EIA}	ΔIW	ΔIW_{IWI}	ΔIW_{IAV}	ΔCW	ΔCW_{CWI}	ΔCW_{CAV}	ΔTW	ΔTW_{TWI}	ΔTW_{TAV}	ΔDW	ΔDW_{DI}	ΔDW_{UR}	ΔDW_{P}	ΔTOW
2020	-2.32	-3.20	-2.23	0.00	3.11	-2.49	-2.49	0.00	-0.10	-0.10	0.00	-0.44	-0.44	0.00	-0.16	-0.26	0.10	0.00	-5.51
2021	-4.57	-6.31	-4.40	0.00	6.13	-5.99	-4.88	-1.11	-0.24	-0.20	-0.04	-1.10	-0.90	-0.20	-0.33	-0.53	0.26	-0.06	-12.23
2022	-6.75	-9.31	-6.49	0.00	9.06	-9.32	-7.14	-2.18	-0.39	-0.30	-0.09	-1.79	-1.38	-0.41	-0.43	-0.78	0.48	-0.13	-18.68
2023	-8.85	-12.22	-8.51	0.00	11.88	-12.48	-9.30	-3.18	-0.55	-0.41	-0.14	-2.51	-1.88	-0.63	-0.49	-1.04	0.75	-0.19	-24.88
2024	-10.89	-15.03	-10.47	0.00	14.61	-15.48	-11.34	-4.14	-0.72	-0.53	-0.19	-3.27	-2.40	-0.86	-0.48	-1.30	1.07	-0.26	-30.84
2025	-12.86	-17.75	-12.36	0.00	17.25	-18.33	-13.28	-5.05	-0.89	-0.65	-0.24	-4.05	-2.95	-1.10	-0.42	-1.55	1.45	-0.33	-36.56
2026	-14.72	-20.34	-14.16	0.00	19.77	-20.97	-15.07	-5.90	-1.02	-0.73	-0.29	-4.88	-3.52	-1.36	-0.66	-1.79	1.46	-0.33	-42.25
2027	-16.52	-22.82	-15.88	0.00	22.19	-23.44	-16.75	-6.70	-1.14	-0.81	-0.33	-5.75	-4.12	-1.63	-0.89	-2.02	1.47	-0.33	-47.73
2028	-18.24	-25.21	-17.55	0.00	24.51	-25.77	-18.32	-7.44	-1.25	-0.89	-0.37	-6.66	-4.75	-1.91	-1.11	-2.25	1.48	-0.34	-53.02
2029	-19.90	-27.51	-19.14	0.00	26.75	-27.95	-19.80	-8.15	-1.35	-0.95	-0.40	-7.61	-5.40	-2.20	-1.32	-2.48	1.50	-0.34	-58.13
2030	-21.49	-29.71	-20.68	0.00	28.89	-29.99	-21.18	-8.80	-1.45	-1.02	-0.43	-8.60	-6.09	-2.51	-1.53	-2.70	1.51	-0.34	-63.06
2031	-20.90	-31.82	-20.04	0.00	30.96	-32.12	-22.62	-9.49	-1.52	-1.06	-0.45	-9.63	-6.80	-2.84	-1.78	-2.92	1.49	-0.34	-65.94
2032	-20.33	-33.85	-19.41	0.00	32.93	-34.15	-24.00	-10.15	-1.57	-1.10	-0.47	-10.71	-7.54	-3.17	-2.02	-3.14	1.47	-0.34	-68.78
2033	-19.77	-35.79	-18.81	0.00	34.83	-36.08	-25.31	-10.78	-1.62	-1.13	-0.49	-11.84	-8.31	-3.53	-2.25	-3.36	1.45	-0.34	-71.57
2034	-19.22	-37.65	-18.22	0.00	36.64	-37.93	-26.55	-11.38	-1.66	-1.16	-0.50	-13.02	-9.12	-3.90	-2.49	-3.57	1.43	-0.34	-74.32
2035	-18.69	-39.43	-17.64	0.00	38.38	-39.68	-27.74	-11.94	-1.69	-1.18	-0.51	-14.24	-9.96	-4.28	-2.72	-3.79	1.41	-0.34	-77.03